U1070809

2021年联合国世界水发展报告

珍惜水、爱护水

联合国教科文组织 编著

中国水资源战略研究会（全球水伙伴中国委员会） 编译

中国水利水电出版社
www.waterpub.com.cn
·北 京·

内 容 提 要

《联合国世界水发展报告》由联合国教科文组织发起的世界水评估计划牵头，联合国水机制的各成员机构及合作单位共同撰写，是联合国关于全球水问题的旗舰报告。报告每年出版一册，专注于和水相关的不同战略问题。2021 年的报告主题为“珍惜水、爱护水”，在更广泛的可持续发展议程的背景下，探讨了水的价值问题。

图书在版编目（CIP）数据

2021 年联合国世界水发展报告：珍惜水、爱护水 / 联合国教科文组织编著 . -- 北京：中国水利水电出版社，2025.3

ISBN 978-7-5226-2113-5

Ⅰ. ① 2… Ⅱ. ①联… Ⅲ. ①水资源开发—研究报告—世界—2021 Ⅳ. ① TV213

中国国家版本馆 CIP 数据核字（2024）第 027938 号

责任编辑：徐丽娟

北京市版权局著作权合同登记号：图字：01-2024-5629 号

审图号：GS 京（2023）1042 号

书　　名	2021 年联合国世界水发展报告 珍惜水、爱护水 2021 NIAN LIANHEGUO SHIJIE SHUI FAZHAN BAOGAO ZHENXI SHUI AIHU SHUI
外文书名	The United Nations World Water Development Report 2021: Valuing Water
原著编者	联合国教科文组织　编著
译　　者	中国水资源战略研究会（全球水伙伴中国委员会）　编译
出版发行	中国水利水电出版社 （北京市海淀区玉渊潭南路 1 号 D 座　100038） 网址：www.waterpub.com.cn E-mail：sales@mwr.gov.cn 电话：（010）68545888（营销中心）
经　　售	北京科水图书销售有限公司 电话：（010）68545874、63202643 全国各地新华书店和相关出版物销售网点
排　　版	北京圈圈点点文化发展有限公司
印　　刷	北京中献拓方科技发展有限公司
规　　格	210mm×297mm　16 开本　13 印张　430 千字
版　　次	2025 年 3 月第 1 版　2025 年 3 月第 1 次印刷
定　　价	**118.00** 元

Published in 2023 by the United Nations Educational, Scientific and Cultural Organization (UNESCO), 7, place de Fontenoy, 75352 Paris 07 SP, France, and China Water & Power Press (CWPP), No.1 Yuyuantan Nanlu, Haidian District, Beijing, 100038, China

原标题：The United Nations World Water Development Report 2021: Valuing Water。2021 年由联合国教科文组织出版（ISBN 978-92-3-100434-6）。

本报告由联合国教科文组织代表联合国水机制出版。联合国水机制成员和合作伙伴的名单可见于：http//www.unwater.org。

目录

目录

序一

什么是水资源价值？这个问题看似简单，但却并不容易回答。一方面，水资源是无价之宝——没有水，就不会有生命存在。另一方面，水被认为是理所应当的，每天都在被浪费。

根据经济学理论，商品价值取决于商品的稀缺性——有限资源与无限需求之间的差距。人类理直气壮地使用水就好像水资源是无限的：约 80% 的工业和城市废水未经处理直接排放。

实际上淡水资源很稀缺，而且越来越稀缺。目前，全球有 20 多亿人生活在缺水地区。约 34 亿人（占全球人口的 45%）仍然未享有经安全管理的卫生设施。根据独立评估结论，到 2030 年，全球 40% 的人口将会面临水资源短缺的问题。新型冠状病毒感染和气候变化等全球性挑战将使这一状况更加恶化。

更重要的是，经济理论并不是确定水价值的唯一方法。文化价值观即使不比经济理论更加有效，但至少同样重要。例如，许多土著部落赋予水和河流以特殊地位，新西兰的毛利人就是如此，2017 年通过的《Te Awa Tupua 法案》承认旺格努伊河是“一个从山脉到海洋的、不可分割的生命体”。印度的恒河和亚穆纳河也被视为与人类享有同等权利的生命体。对于这些群体，水如同他们的挚爱，因此也是无价的。

那么，是否应该给予水价值？《2021 年联合国世界水发展报告》重点讨论了这一关键问题。它评估了水在不同行业中的价值（重要性），并且提出了怎样提升水的价值、怎样使水对我们的社会更有价值的方法。

正如本报告所强调的，无论是在行业内还是行业之间，评估水资源价值并无标准方法。此外，这些方法也未必被不同信仰、不同文化、不同性别和不同科学学科的群体所认可。只有将不同的观点和看法结合，我们才能实现更加可持续、更包容、更能促进性别平等以及更公平的决策过程，并朝着实现 SDG 6，即“为所有人提供水和环境卫生并对其进行可持续管理”（参与联合国中文网站）的方向迈出一步。

本报告由联合国教科文组织协调编撰，意大利政府和意大利翁布里亚地区长期以来支持联合国教科文组织的世界水评估计划，对本报告做出了重要贡献。感谢参与这一共同事业的所有人，特别是密切持续合作的全体联合国水机制参与者。我们从该报告认识到，水资源问题不是发展问题，而是一项基本人权问题。通过共同努力，我们可以找到步入可持续和繁荣社会的解决方案，而不落下任何一人。

人类的命运与水的命运密不可分。正如旺格努伊河部落的谚语所言：Ko au te awa，ko te awa ko au（我就是河流，河流就是我）。

Audrey Azoulay

奥德蕾・阿祖莱

序二

落实《2030 年可持续发展议程》是道义责任。为了子孙后代，我们应该落实 2030 年可持续发展议程。

没有水，地球上就没有生命。可持续发展目标 6（SDG 6）呼吁为所有人提供水和卫生设施，并实施可持续管理。只有实现了 SDG 6，我们才不会面临无法实现很多其他可持续发展目标的风险，包括与减贫、粮食和营养、人类健康、性别平等、能源、经济增长、可持续发展的城市和环境相关的目标。新型冠状病毒感染的毁灭性影响不仅提醒我们获取水、环境卫生和个人卫生服务的重要性，还凸显了有太多人无法获取上述服务的现实。

《2021 年联合国世界水发展报告》旨在呼吁人们珍惜水、爱护水。只要我们有效地利用和管理水资源，就有足够的水供所有人使用。但是，我们没有做到。我们投入太少，浪费太多。我们使用了太多的水，引发了短缺问题，水质堪忧，进而影响到环境。

水资源价值因人而异，取决于使用人群以及使用目的。给水赋予价值可以引导我们确定水应该用到哪里，需要采取什么措施，以及应该把钱投到哪里。许多问题源于我们没有足够重视水的价值；甚至通常情况下，水没有得到起码的珍惜。

是时候让所有的利益相关者明确、阐明、分享他们对水资源价值的看法了。

本报告介绍了水价值在环境、基础设施、饮用、水处理和卫生方面的评估方法。着眼于水在粮食和农业、商业、工业、能源和金融领域的价值评估问题，展示了不同价值体系和文化背景以及相关的社会和性别群体的不同观点。

感谢联合国教科文组织及其世界水评估计划项目组协助编写本报告，同时感谢联合国水机制的参与成员、合作伙伴以及其他重要文件的撰稿人。

相信本报告将有助于更好地理解水资源的价值，并且会加快我们实现可持续发展目标的进程。

吉尔伯特・洪博

前言

人们常说，我们低估了水资源价值，更确切地说，我们需要认识水资源的“真正”价值，以便为如何保护、共享和使用水资源做出更好的决策。但这又意味着什么呢？水资源价值可以衡量吗？如果可以，如何衡量？谁来确定水资源价值？换言之，水资源价值到底是什么？对谁有价值？

问题看似很简单，回答起来却绝非易事。关键在于，水的“真正”价值并不存在。相反，水资源价值可能因地理位置、丰富或稀缺程度、水质状况以及可利用性等存在较大的差异。水资源价值还取决于它的用途及其带来的效益。

部分水资源价值可以量化，甚至可以货币化，例如，当水用于特定的工业生产过程或农业灌溉，并且以单位用水量产出的产量（或收益）表示时。然而，在不同的经济部门之间以及部门内，仅用这些指标也很难表示出水资源的综合“价值”。例如，粮食安全对任何家庭、社区或国家都至关重要，但在评估农业用水价值时，很少考虑水资源在粮食安全方面体现出的价值（如果有的话）。

水对于人类福祉的价值远远超出其维持生命生理功能或经济方面的直接价值，它还包括心理健康、精神健康、情感平衡和幸福方面的价值。水所具有的这些社会文化价值往往是无形的、无法量化的，但是它们仍可被视为最高层次的价值之一。

这就引出了“认知”的概念。即便来自同一源头的水资源，在相同的情况下用于相同目的，价值也会因使用者不同而异。产生这种现象的根本原因往往在于个体和社会文化差异，如性别、年龄、种族、阶级、地位甚至信仰等因素起着决定性作用。“价值”概念的高度主观性强调了需要接纳不同利益相关者的不同观点。

《2021 年联合国世界水发展报告》是系列年度专题报告之八，从水资源、基础设施、供水和卫生设施服务、经济用途和文化价值等与水相关的各个视角说明了水资源的价值。本报告分析了不同水资源价值的评估方法，提供了这些方法的使用指南。

本报告呈现了不同用水部门评估用水价值的多种方式和方法，阐述了如何应用这些方法提高水资源的管理水平，说明了水资源的价值评估如何能潜在地引导做出更好的融资、治理、知识和能力建设决策。

我们努力以事实为根据，完成这份平衡各方观点、中立的关于水资源价值最新发展状况的报告，特别是将高度重视水资源价值可能带来的挑战和机遇提了出来。尽管这份报告主要针对政策制定者和决策者、水资源管理者、专业学者以及更广泛的群体，但我们希望报告也将有助于那些参与减轻贫困和解决人道主义危机、追求享有供水和卫生设施人权的经济学家、社会学家，推动《2030 年可持续发展议程》中可持续发展目标的实现。

最新版的《联合国世界水发展报告》是各章牵头部门共同努力的结果：联合国粮食及农业组织（FAO）、全球水伙伴（GWP）、荷兰国际水利环境工程学院（IHE-Delft）、联合国开发计划署（UNDP）、联合国教科文组织政府间水文计划

（UNESCO-IHP）项目组、联合国人类住居规划署（UN-HABITAT）、联合国工业发展组织（UNIDO）、世界水评估计划（WWAP）项目组和世界银行（World Bank），同时还纳入了由联合国欧洲经济委员会（UNECE）、联合国拉丁美洲和加勒比经济委员会（UNECLAC）、联合国亚洲及太平洋经济社会委员会（UNESCAP）、联合国教科文组织（UNESCO）驻内罗毕办事处和联合国西亚经济社会委员会（UNESCWA）提供的区域角度得出的观点。该报告在很大程度上得益于联合国水机制其他成员和合作伙伴的投入和贡献，以及众多科学家、专业人士和非政府组织（NGO）提供的各类相关材料。

我们谨代表世界水评估计划秘书处，向上述机构、联合国水机制的成员和合作伙伴、作者以及其他撰稿人致以诚挚谢意，感谢他们在新型冠状病毒感染疫情期间，在我们都面临额外困难的情况下，共同编写了这份独家权威报告。

我们非常感谢意大利政府为该计划提供资金，并感谢翁布里亚大区将世界水评估计划秘书处设在佩鲁贾的拉科隆贝拉别墅。他们对编写该报告做出了贡献。

特别感谢联合国教科文组织总干事奥德蕾·阿祖莱女士对世界水评估计划以及《联合国世界水发展报告》编制的持续支持；也要感谢国际农业发展基金（IFAD）主席兼联合国水机制主席吉尔伯特·洪博先生。

我们向世界水评估计划秘书处的所有同事表示最诚挚的感谢，他们的名字均列于团队成员名单页。没有他们的专业精神和奉献精神，这份报告不可能完成。

感谢愿意将《联合国世界水发展报告》翻译成不同语言版本的机构。非常感谢他们为扩大本报告的宣传范围所提供的支持和付出的努力。

最后，谨以此报告献给一线医疗服务人员和基本服务工作者，是他们的不懈努力使我们在新型冠状病毒感染疫情期间能够健康安全。

米切拉·米勒托　　　　理查德·康纳

译者序

《联合国世界水发展报告》(*World Water Development Report*)由联合国教科文组织(UNESCO)发布,是对全球水资源发展状况进行综合分析的权威年度出版物。报告关注全球日益严重的水问题,与世界水日主题相呼应,分析全球水资源的不同管理方式,以及对水资源产生影响的跨学科问题,如能源,气候变化,农业和城市发展等,探讨如何以更加可持续的方式管理水问题。

2015 年始,联合国教科文组织驻北京办事处和中国水利水电出版社将报告引入中国,由中国水资源战略研究会(全球水伙伴中国委员会)每年组织编译出版中文版本,得到广泛关注和认可。

2021 年《联合国世界水发展报告》主题是"珍惜水、爱护水"。报告指出,认识、衡量和表现水的价值,并将其纳入决策,对于实现可持续和公平的水资源管理以及联合国《2030 年可持续发展议程》中确定的可持续发展目标(SDGs)至关重要。报告从五个相互关联的视角对当前水的价值评估方式和方法进行了归纳:水源的价值评估,本地水资源和生态系统;水利基础设施的价值评估,包括水的储存、使用、再利用或增加供水的基础设施;水服务的价值评估,主要体现在饮用水、卫生和人类健康方面;水作为生产和社会经济活动投入的价值评估,如粮食和农业、能源和工业、商业和就业;其他水的社会文化价值,包括娱乐、文化和精神方面。除此之外,还要考虑全球不同地区的经验,尽可能通过更综合和更全面的治理方式来协调水的各种价值,更多发挥融资的作用,想办法解决知识、研究和能力提升方面的需求。

本报告由中国水资源战略研究会(全球水伙伴中国委员会)秘书处组织编译。参加翻译和审校的中国水利水电科学研究院人员有(按姓氏笔画排序):马依琳、王妍炜、王婷、石秋池、田雨、吴娟、张代娣、贾仰文、蒋云钟、游进军等,全文由石秋池和蒋云钟负责统稿。本书的编译工作得到水利部国际合作与科技司、中国水利水电科学研究院的关心指导和大力支持,在此表示衷心的感谢!

中国水资源战略研究会(全球水伙伴中国委员会)
2024 年 10 月

编写团队

出版负责人

Michela Miletto

主编

Richard Connor

流程协调员

Engin Koncagül

出版助理

Valentina Abete

美术设计

Marco Tonsini

文字编辑

Simon Lobach

联合国教科文组织世界水评估计划秘书处（2020—2021）

协调人：Michela Miletto

项目组：Richard Connor，Laura Veronica Imburgia，Engin Koncagül，Paola Piccione 和 Laurens Thuy

出版：Valentina Abete，Martina Favilli 和 Marco Tonsini

联络：Simona Gallese

管理和支持：Barbara Bracaglia，Lucia Chiodini 和 Arturo Frascani

信息技术和安全：Fabio Bianchi，Michele Brensacchi，Francesco Gioffredi 和 Tommaso Brugnami

实习生：Marianna Alcini，Hanouf Alyami，Giulia Cadoni，Han Chen，Lorenzo Barrasso Mazza，Ahmed Assah Quatah 和 Yani Wang

致谢

本报告由联合国教科文组织代表联合国水机制组织发表，联合国教科文组织世界水评估计划项目组负责协调工作。感谢联合国水机制组织的成员和合作伙伴以及编制本报告内容的其他撰稿人。

章节牵头机构

联合国粮食及农业组织（FAO）、全球水伙伴（GWP）、荷兰国际水利环境工程学院（IHE-Delft）、联合国人类住居规划署（UN-HABITAT）、联合国开发计划署（UNDP）、联合国教科文组织（UNESCO）（政府间水文计划 -IHP、内罗毕办事处和世界水评估计划）、联合国工业发展组织（UNIDO）、联合国区域委员会（联合国欧洲经济委员会 -UNECE、联合国拉丁美洲和加勒比经济委员会 -UNECLAC、联合国亚洲及太平洋经济社会委员会 -UNESCAP 和联合国西亚经济社会委员会 -UNESCWA）和世界银行（World Bank）

撰稿人

亚太水论坛（APWF）、联合国粮食及农业组织（FAO）、全球水伙伴（GWP）、全球水伙伴（GWP）技术委员会、水/水务法律数据库、国际水利与环境工程学会（IAHR）、国际水文科学协会（IAHS）、水合作国际中心（ICWC）、国际私人水务运营商联合会（AquaFed）、荷兰国际水利环境工程学院（IHE-Delft）、国际应用系统分析研究所（IIASA）、国际劳工组织（ILO）、国际移民组织（IOM）、世界自然保护联盟（IUCN）、国际水资源管理研究所（IWMI）、南非国际水资源管理研究所、斯德哥尔摩国际水资源研究所（SIWI）、联合国开发计划署（UNDP）、联合国开发计划署—斯德哥尔摩国际水资源研究所水治理处、联合国欧洲经济委员会（UNECE）、联合国教科文组织（UNESCO）、联合国教科文组织政府间水文计划（UNESCO-IHP）项目组、联合国教科文组织世界水评估计划（UNESCO-WWAP）项目组、联合国儿童基金会（UNICEF）、普马兰加大学、牛津大学、联合国大学入海物质通量与资源综合管理研究所（UNU-FLORES）、联合国大学可持续发展高等研究所（UNU-IAS）、联合国大学水、环境与健康研究所（UNU-INWEH）、珍惜水、爱护水的倡议组织（VWI）、水世界、水援助组织、联合国供水和卫生合作理事会（WSSCC）、妇女署水伙伴（WfWP）、世界可持续发展工商理事会（WBCSD）和世界青年水问题议会（WYPW）。

捐助方

意大利政府和翁布里亚大区为本报告编写工作提供了财政支持。感谢所有提供实物资助的国家及其捐赠者。

执行摘要

视角、挑战与机遇

水资源现状凸显了改善水资源管理的必要性。认识、衡量和表现水的价值，并将其纳入决策，对于实现可持续和公平的水资源管理以及联合国《2030 年可持续发展议程》中确定的可持续发展目标（SDGs）至关重要。

谁能决定如何评估水的价值，谁就能决定如何使用水。价值是水资源管理中体现权力和公平的核心要素。未能充分重视水在各种不同用途中的价值，是造成政策上对水资源不够珍惜、对水资源管理不善的根本原因或表现。在很多情况下，水的价值，或者说其各种不同价值的总和，在决策过程中根本未能得到凸显。

虽然术语“价值”和“价值评估”已有明确定义，但不同的用水群体和利益相关方对“价值”的具体含义仍持不同的观点和视角，也有不同的价值计算方法和衡量标准。

水价值的评估方式不仅在不同的利益相关方之间存在差异，在同一个利益群体内部也普遍存在差异。这些关于水的价值及其最佳计算和表达方式的不同观点，加上对水资源认知的局限，使得快速改善水的价值评估困难重重。例如，曾有人试图量化比较家庭用水、人的水权、习俗或宗教信仰用水以及生态流量用水中水的不同价值，但最后都徒劳无功。不应为实现价值评估方法的一致而牺牲水的任何一种价值。

传统的经济核算通常是一种支持政策决策的关键方式，该方法倾向于用大多数其他产品的价值评估方式来评估水的价值，即：将发生经济交易时的成交水价或成本水价作为水的价值。然而，就水而言，其价格与价值之间并没有明确的关系。水一旦被定价，就意味着消费者需要支付水费来使用水，水价往往反映的是希望回收的成本，而并非水所提供的价值。尽管经济学在这方面的应用需要进一步完善，但在价值评估方面，它仍然是一门十分重要、强大和有影响力的学科。

尽管如此，仍需要对水的不同价值进行统筹和权衡，并将其纳入系统且全面的规划和决策过程。因此，今后将在可行的情况下进一步开发通用的价值评估方式，但优先考虑能够比较、对比和整合不同价值的更好的评估方法，进一步改进政策和规划，使其体现公平和公正。

本报告从五个相互关联的视角对当前水的价值评估方式和方法进行了归纳：**水源**的价值评估，本地水资源和生态系统；**水利基础设施**的价值评估，包括水的储存、使用、再利用或增加供水的水利基础设施；**水服务**的价值评估，主要体现在饮用水、卫生和人类健康方面；**水作为生产和社会经济活动投入**的价值评估，如粮食和农业、能源和工业、商业和就业；**水的其他社会文化价值**，包括娱乐、文化和精神方面。除此之外，还要考虑全球不同地区的经验，尽可能通过更综合和更全面的治理方式来协调水的各种价值，更多发挥融资的作用，想办法解决知识、研究和能力提升方面的需求。

环境的价值评估

水来自环境，人类所取用的水最后会连同一切加入其中的杂质回归环境。因此，可以通过所谓的“基于自然的解决方案”，积极管控环境与水之间的联系 / 关系，从而应对与水有关的挑战。

然而，环境与水之间相互作用的现状和趋势清楚地表明，需要更好地将环境价值纳入水资源管理中。在大多数研究中，与水有关的生态系统服务没有被视为一个不同或单独的类别，通常须与其他服务捆绑分析才能得到与水相关的结论。

不同的用水群体和利益相关方对“价值”的具体含义仍持有不同的观点和视角

生态系统服务在支持生态韧性或降低灾害风险方面同样能产生重要价值。相关生态系统服务的缺位会加剧许多灾害风险，因为这些服务在预防灾害方面发挥了首位作用。这些服务的价值是可以计算的，但常常未能得到认可并纳入经济计划，因为相较于可持续发展，经济计划更倾向于短期收益。

用货币来表达生态系统服务的价值，可以使其更容易与其他同样使用货币来表征的经济评估结果相比较。然而，环境所蕴含的重要价值，这些价值不能或不该受货币形式的约束或定义。

不同价值体系的存在意味着采用一个统一的体系和指标来衡量水和环境的价值是有问题的。可行的方法是开发一种通用方法，让不同的环境价值或价值体系能够得到比较、对比和利用。

水利基础设施的价值评估

水利基础设施通过蓄水、输水实现可观的社会和经济效益，从而体现水对社会的价值。在水利基础设施不足的国家，社会经济发展便受到限制。一方面我们需要建设更多的水利基础设施，与此同时，过去的经验又表明，现有水利基础设施的价值评估存在严重缺陷。

水利基础设施投资巨大，但却没有很好地制定基础设施成本和效益的评价方式，并对其进行规范和广泛应用。由此带来的社会利益通常未能量化，成本（特别是外部成本）核算不充分，备选方案往往没有得到充分评估和比较，水文数据经常缺失或更新不及时。

水利基础设施的价值评估无论在概念定义还是在操作方法上都存在困难，特别是在非消耗性使用、间接使用和非使用价值方面。大多数水利基础设施的价值评估方法都集中于成本—效益分析，但都倾向于高估收益而低估成本，特别是并没有将所有成本都包括在内。

最关键的问题之一是“对谁的价值”。价值评估往往过分关注目标受益人，而其他利益相关者可能受益较少甚至受到负面影响。

很多方法都有一个重大缺陷，即主要关注财务成本（现金流、资本和运营支出）和财务回报，常常忽略间接成本，特别是被视为外差因素的社会和环境成本。

价值评估中的一个关键问题是，是否将大额资本和运维成本纳入最终用途的后续价值评估中。全成本水服务收费是个例而非惯例。在许多国家，收回的只有部分或全部的运营成本，而资本投资成本则由公共基金承担。

只有当决策过程是基于公平的价值评估时，价值评估才有用。太多项目，尤其是像大坝等备受瞩目的水利基础设施项目，本质上仍是面子工程，往往出于政治动机，或存在腐败的可能性。在这种情况下进行的价值评估是不透明的、选择性的、受操纵的或被忽略的，即使对价值评估做再多的引导也改变不了这一事实。从根本上来说，对水利基础设施的价值评估与良好治理相关。至少，必须尝试更好的管理，才能让恰当的价值评估发挥其作用。

供水、公共卫生设施和个人卫生服务的价值评估

水在家庭、学校、工作场所和医疗保健设施中的作用往往被忽视，或没有被赋予与其他用途相当的价值

水在家庭、学校、工作场所和医疗保健设施中的作用往往被忽视，或没有被赋予与其他用途相当的价值。水是人类的基本需求，是保障饮用、保持卫生和清洁、维持生命和健康所必需的资源，水与卫生设施的获得是人权。直接扩大供水、公共卫生设施和个人卫生服务的覆盖范围，不仅可以提高受教育机会和劳动生产率，而且有助于人们过上有尊严和平等的生活。供水、公共卫生设施和个人卫生服务还可以通过营造更健康的环境来间接增加价值。

据估计，从 2016 年到 2030 年，如果 140 个中低收入国家实现普遍获得安全饮用水与卫生设施目标（SDG 6.1 和 6.2），其成本约为 1.7 万亿美元，即每年 1140 亿美元。在大多数地区，这项投资的效益成本比已呈现出显著的正回报。个人卫生方面的回报率甚至更高，因为在许多情况下，个人卫生服务可以大大改善健康状况，而且几乎不需要额外建设昂贵的基础设施。

2020 年，新型冠状病毒感染疫情在全球蔓延，受到打击最为严重的是世界上最弱势的群体，其中很多人生活在非正规居住区和城市贫民窟。手部清洁对预防新型冠状病毒感染的传播极为重要。在全球范围内，超过 30 亿人和 2/5 的医疗机构缺乏足够的手部清洁设施。

由于获得供水、公共卫生设施和个人卫生服务对于生命和公共健康至关重要，许多国家（甚至是高收入国家）都将这项工作纳入政府工作范畴并提供政府补贴。

然而，补贴并不一定能确保贫困人口也能够获得这些基础服务。供水补贴最终惠及的可能是那些已经使用了城市供排水管网的人群，而这其中很多人并非贫困人口。结果，一方面贫困人口无法享受到补贴，另一方面水服务提供商损失了本可以从较富裕家庭获得的水费收入。水服务提供商因收入降低而损失了价值，与此同时因无法获得供水、公共卫生设施和个人卫生服务而造成的旷课、旷工等负面影响也没有减轻。

重要的是要从弱势群体的角度来审视他们对供水服务的承受能力，包括他们的收入、所在地和他们所面临的社会经济挑战等。

粮食和农业用水的价值评估

全球淡水资源使用中大部分为农业用水（69%）。然而，由于部门间用水竞争和水资源短缺的加剧，粮食生产用水正受到质疑。此外，在世界许多地区，粮食生产的用水效率较低，这也是导致环境退化的主要原因，包括地下水过度开采、河川径流减少、野生动物栖息地退化和环境污染等。

与其他用途相比，粮食生产用水的价值被总体低估。用于粮食和饲草料灌溉的水价通常很低（一般低于 0.05 美元 / 立方米），而实际上蔬菜、水果和花卉等经济作物的水价可以相对高一些（与家庭用水和工业用水的价值水平相同）。

估算粮食生产用水价值时，通常只考虑用水的直接经济效益（即对用水户的价值），而很多其他与水相关的直接和间接效益，如经济、社会文化或环境效益，未计入或仅部分量化。这些效益包括改善营养、适应消费模式的转变、创造就业和提供生计恢复力，特别是对小农而言，有助于减轻贫困和振兴农村经济，减缓和适应气候变化。在确保粮食安全方面，水具有很高的价值，却很少被量化，往往只被当成一种不计其他价值的政治必要。

• • •

提高雨养农业和灌溉农业中粮食生产的用水安全，可以直接和间接地减少贫困和缩小性别差距

可以实施若干管理战略使粮食生产用水的多重价值最大化，包括从改进雨养地区的水管理模式，逐步过渡到可持续集约化用水，为灌溉农业寻找水源，特别是从基于自然的和非传统水源提供灌溉用水，提高用水效率，减少对粮食及后续用水的需求，提高对粮食生产用水的认识和理解。

提高雨养农业和灌溉农业中粮食生产的用水安全，可以直接和间接地减少贫困和缩小性别差距。直接影响包括提高产量、减少作物歉收风险和提高作物多样性、创造就业机会并增加工资收入、稳定当地粮食生产和价格。间接影响包括农场以外的收入和就业乘数效应，以及减少移民。收入的增加和稳定可以改善妇女的教育和技能状况，从而促进她们积极参与决策。虽然提高水资源生产率可以产生重大的积极影响，但也要考虑到其可能对减贫产生的意料之外的不利影响（即攫取土地和加剧不平等）。

能源、工业与商业

在能源、工业和商业领域，水既被视为一种资源，其抽取和消耗成本都由价格决定，又被视为一种责任，涉及处理成本和监管处罚，导致人们在销售和遵循监管时将水当作一种成本或风险。企业倾向于关注节约运营成本和提高短期收益，而较少关注管理成本、自然资本、财务风险、未来增长和运营以及创新等方面的水价值。

促使企业对水资源进行价值评估既有一些推动因素，也有一些拉动因素。前者是全球趋势和监管趋势，涉及自然资本核算、水的价值评估和水的定价。后者是商业对可预期效益的日益关注，包括更好的决策、更高的收益、更低的成本、更好的风险管理和更好的声誉。

与水风险相关的高成本、低收益和财务损失问题十分严重

与水风险相关的高成本、低收益和财务损失问题十分严重。由于水资源短缺加剧、洪水泛滥和气候变化，随之而来的相关风险包括运营成本上升、供应链中断、供水中断、增长受限和品牌受损等。

由于其自身特点，能源、工业和商业领域高度关注货币化。这使人们更倾向于注重某些方面的价值（如 1 立方米水的价格），而有时又对其他方面的价值漠不关心（如水对其他利益相关方的有形和无形价值）。最直接的货币化价值评估是按照体积来计算——每立方米的价格乘以用水量，再加上水处理和污水处理成本。在能源、工业和商业领域，衡量用水的商业功能的指标相对简单，包括水生产率，定义为单位体积产生的利润或价值（美元 / 立方米）；用水强度，定义为产生单位附加值的水量（立方米 / 美元）；用水效率，定义为单位水量增加的价值（美元 / 立方米）；以及随时间变化的用水效率（SDG 6.4.1）。

能源、工业和商业领域水的整体经济生产力（GDP/m^3）在地方、区域和国家层面也带来了各种协同效益，如创造就业机会和催生新的企业。这些效益不容易被量化，因为还有很多因素在起作用，水只是其中之一。

要更好地了解水管理领域企业利益背后的动机，就要更好地了解水资源管理机构追求水资源综合管理规划方式的初衷。循环经济对水的珍视将达到每升水都被一次次反复利用，使得水本身就成为基础设施的一部分，而不是一种消耗性资源。

水的文化价值

文化直接影响到如何认识、提取和利用水的价值。每个社会、群体或个人都存在于自身的文化中，这种文化环境是由遗产、传统、历史、教育、生活经验、对信息和媒体的接触、社会地位和性别以及许多其他因素的不同组合塑造而成。

有些文化会主张一些难以量化或在某些情况下难以表达的价值。人之所以向往水，是精神上的原因，或是因为风景优美，或是因为水对野生动物或休闲娱乐十分重要，或是这些因素兼而有之。这些价值很难与通过其他正式手段（如经济学）得出的价值相比较，因此，这些价值往往不通过此类价值评估手段体现。此外，文化还会随着时间的推移而变化，而且有时这种变化很快。

宗教或信仰与道德之间有着密切的关系。例如，遵纪守法、德高望重的生命体得到的回报是雨水和水源，如当地宗教所描述，此类例子往往是缺水地区叙事的显著特点。相比之下，水的现代经济概念的特点在于，水从社会、文化和宗教背景中剥离出来，并被抽象化。在全球经济发展的背景下，水往往被认为是社会可支配的资源，这与许多土著民族宗教和信仰体系中认可的水有所不同，水正在创造相当多样化和可能相互矛盾的价值维度。

在与水有关的冲突、和平与安全背景下，水的各种价值是矛盾的。一方面，水在促进和平方面具有积极价值，相关论述已有很多，但在许多情况下，水本身是引发冲突的因素。

水对于人类福祉的价值远不止维持生命运转，水还能促进人的心理和精神健康，保持情感平衡和幸福感。

水对于人类福祉的价值远不止维持生命运转，水还能促进人的心理和精神健康，保持情感平衡和幸福感。

在了解、归类或整理水的文化价值之后，就需要明确如何将这些价值纳入决策中来。一些类似于文化地图的工具可以帮助我们更好地理解水的文化价值，调和对立价值，并增强应对当前和未来挑战（如气候变化）的抵御能力。其中一项基本需求就是让所有利益相关方在充分考虑性别平等的前提下充分、有效地参与到决策中来，使每个人都能以自己的方式表达自己的价值观。

区域视角

撒哈拉以南非洲地区

据估计，非洲的淡水资源约占世界淡水资源总量的 9%。然而，这些资源的分布并不均匀，非洲中部和西部六个水资源最丰富的国家拥有非洲大陆水资源总量的 54%，而 27 个最缺水的国家却仅占 7%。

《非洲水愿景 2025》为非洲实现水安全和水资源可持续管理提供了基础。然而，非洲大陆要想实现 SDG 6，还将面临一系列挑战，其中最主要的挑战包括人口的快速增长、水治理和体制安排不当、污染导致的水资源枯竭、环境恶化、森林砍伐、供水与卫生投资不足且投资不可持续。

对很多科研工作者和发展专家而言，在撒哈拉以南非洲地区评估水的价值一直是一项艰巨的任务，至少部分原因是基线历史数据有限。科研工作者研究水的价值主要采用条件价值评估法，从消费者的角度出发，用实际支付的价格或愿意支付的价格来研究水的价值。对撒哈拉以南非洲地区水资源价值的研究主要集中在生活用水方面。

泛欧地区

在任何一个单一辖区内进行水资源价值评估已经不易，跨界流域水资源价值评估则更是挑战重重。虽然泛欧地区越来越重视水价值评估，但是受制于跨界流域以及评估方法的不同，相关工作仍然有限。

已知的用于跨界流域定量评估水价值的方法更多地集中在洪水管理、减少灾害风险、预警系统和生态系统服务等方面。在这些方面的跨界合作所带来的集体经济效益要比单方面的集体投资成本高出好几倍。

计算基数的经常性短缺导致跨国界定量评估水的价值困难重重。因为共享水源的国家往往对涉水部门的价值、需求和优先度的重视程度不同，许多要素的价值只能基于近似值计算，特别是缺乏数据和无法量化间接利益，导致这些要素价值经常被低估。但是，几种内容广泛的方法可以逐案确定跨国界水合作的部门间利益，如果这些利益得到强化保障，则有助于提高跨国界水管理的价值，减少共享水源流域内的由于“不作为”或非充分合作产生的经济成本和其他成本。

拉丁美洲和加勒比地区

该地区的水资源紧张加剧了一系列冲突，包括农业、水电、采矿，甚至饮用水与卫生在内的各个领域都在争夺稀缺的水资源。

管理不善、激励措施不到位或投资不足等是水资源有效分配的主要障碍，这些因素最终都反映出水在该地区被赋予的价值普遍偏低。水的使用或维护费用（一旦获得特许或使用权）对于水力发电厂、矿业公司甚至农民来说通常为零或者微不足道，有时这些成本甚至没有体现在他们的财务状况上。这是一种隐性补贴，不能反映出水在多种生产过程中和在气候变化背景下的战略价值。

拉丁美洲和加勒比地区大多数国家并未划拨足够的资金用于水污染或过度开发案件的适当执法

该地区大多数国家并未划拨足够的资金用于水污染或过度开发案件的适当执法。尽管法律规则十分重要，但在该地区，监管和监督以及建立相应的激励措施也十分关键，特别是在持续的气候变化不稳定的背景下，不仅要确保更好地重视水的作用和价值，还要防止其被过度开发和污染。

亚洲及太平洋地区

由于人口增长、城市化和工业化的不断发展，部门间用水竞争更加激烈，在威胁农业生产和粮食安全的同时也影响着水质，水污染问题凸显。在该地区，水往往是相对稀缺和宝贵的资源，而且由于气候变化的影响，水资源短缺的状况可能还会进一步加剧。

不可持续的取水是该地区的一个主要问题，一些国家的取水比例已经超过了本国水资源总量的一半，全球地下水开采量最大的 15 个国家中有 7 个在亚洲和太平洋地区。

该地区的废水资源仍然没有得到充分利用。因此，亚洲及太平洋地区迫切需要开发利用废水资源，同时解决水污染问题，并提高包括工业部门在内的各个部门的用水效率，尤其是在该地区最不发达的国家、岛屿国家和极端缺水国家。

该地区已经出现了各式各样积极进行水价值评估的计划，计划中采用了新的金融、治理和伙伴模式，澳大利亚、中国、日本和马来西亚等国的相关计划尤为突出。

阿拉伯地区

很少有像缺水的阿拉伯地区一样珍视水的地方，这里 85% 以上的人口生活在缺水条件下。这种稀缺性增加了该地区对跨界水资源、不可再生地下水资源和非常规水资源的依赖。如果考虑水质的话，那么可持续提取的淡水量还会更低。

水在该地区的价值非常高，双边和多边国家的交流都将水作为安全议题。在阿拉伯地区，超过 2/3 可利用的淡水资源跨越了一个或多个国境边界，使问题更加严重。然而，跨界水资源经济价值的联合评估方法尚未纳入本地区国与国合作事项中，用于支撑跨界水联合管理的资金也仍然有限。尽管有些新倡议提出要重视跨界水合作，重视在中东和北非跨界水条件下针对气候安全和风险控制进行有关分析，但目前，国家安全和水权仍然是沿岸各国协商的重点。

为了充分挖掘水的价值，并让所有人将水的全部价值视为一项人权，有必要在基础设施、适用技术和非常规水资源的利用方面进行大量投资，以提高水的生产力、可持续性和普遍可获得性。

治理

运用多元价值方法进行水治理，既需要承认价值在驱动关键水资源管理决策中的作用，也需要更多元的主体积极参与到决策中来

目前的全球趋势是，人们越来越认识到涉水决策中的经济和财政考虑是由一套多元化的价值观来驱动的。除了需要认识到水的多元价值，还急需一套更可靠的计量和价值评估方法来帮助进行各种权衡。运用多元价值方法进行水治理，既需要承认价值在驱动关键水资源管理决策中的作用，也需要更多元的主体积极参与到决策中来，因此必然会将更加多元化的价值观纳入水治理当中。要做出更加合理合法的水与相关土地资源管理决策，就需要吸纳不同群体的内在或相关价值观，而这通常就意味着需要让经常被排除在涉水决策之外的群体或利益方直接参与其中。这种做法可能会带来对生态和环境的更多关注，将人们关注的重点转移到水资源利益的分享上，而不是如何将水量分配给价值最高的经济优先事项。

向认可多元价值且有各种主体积极参与的水治理系统过渡也会带来一系列挑战。首先就是承认水的治理是由一套隐性或显性的价值观体系所驱动。其次是不同用途的水的价值，其中不仅有计量问题，也包括可以计量和应该计量什么，以及由谁来计量的问题。最后则是普遍存在的公共决策过程与实际行动之间的脱节问题，包括行动计划被既得利益者控制的风险。

向多元价值治理过渡时，各国可以基于现有的治理框架，如水资源综合管理机制，该机制整合了不同政治级别和政策领域的不同利益相关方的利益。通常认为，水资源综合管理涵盖了人居用水、粮食用水、生态用水、工业用水和其他用水，其旨在兼顾所有社会、经济和环境考量。扩大和加强各利益相关方的参与至关重要，要承认并协调各种价值，包括在水治理中进行利益共享，以及将生态和环境价值纳入具备气候韧性的水管理。

水服务的融资与资金

在效益无法货币化的情况下，可以使用其他价值评估工具，如成本—效益分析法

在投资决策中最大化体现水的价值需要仔细评估项目的成本和收益。为此，必须考虑到包括经济、社会或环境在内的所有效益。这些投资所产生的意外影响，不论是正面还是负面影响，都必须考虑到。汇总各类效益有一定的困难，因为有些效益不容易转换成货币形式。在效益无法货币化的情况下，可以使用其他价值评估工具，如成本—效益分析法，将成本与非金钱结果（如挽救的生命、服务的人数或实现的环境指标）进行比较。衡量项目效益的另一个关键方法是将其与项目未实施时的情况进行比较。

如何为项目提供资金是价值评估分析的另一个关键组成部分，因为一个项目如

果没有资金渠道，当资金不足以支撑运营和维护，投资成本无法偿还时，其服务最终会中断。同样，资助类型的动态将会影响投资本身的净收益，以及谁将获得这些收益。

对于供水投资，例如供水、卫生或灌溉服务，设计适当的水价组成是难点所在，因为需要考虑到各种不同且往往相互冲突的政策目标。在提供这些服务时，还应考虑到贫困人口的承受能力，以及尽可能地普惠到个人，同时提供资金来确保服务的稳定性和服务网络的改进。设定水费（即价格）时必须精心考虑，以尽可能多地实现这些目标。水的价格、运输成本和水的价值并不是同义词，价格只是将水的使用与其价值相统一的一个工具。

从经济、社会和道德的角度来看，为供水、公共卫生设施和个人卫生服务提供大量补贴是合理的，但往往因为补贴目标不明确，导致结果很糟糕。事实上，大量的、没有针对性的供水、公共卫生设施和个人卫生服务补贴反而可能会产生反效果，降低水服务的效益，进而损害供水、公共卫生设施和个人卫生服务投资的价值评估。事实上，在那些管道水被认为非常便宜或免费的国家，贫困人口往往得不到供水服务或者得到的供水服务远远不够，反而被迫支付比富裕人群高得多的价格来买水。

知识、研究与能力建设

作为知识建设与共享的核心内容，与水相关的数据和信息对于了解和评价水资源至关重要。这些数据和信息可以来自其他途径，如地球观测、传感器网络和公民数据，包括社交媒体等。然而，要想全面了解水所产生的潜在价值，需要有关社会、经济和环境对水需求的相关数据和信息，以便全面了解水可能产生的价值；还需要进一步的努力和投资，来维持跨部门和规模数据和信息的收集、分析、共享和应用的供应链。

为促进水的价值评估的包容性和革命性改变，除需重视主流或传统的科学或学术知识外，还必须承认地方和土著知识的独特作用，这点具有重要的战略意义。另外还需扩大公民科学，让地方利益相关者代表参与到数据和信息的核实工作中也很重要。

在水的价值评估中，能力建设意味着要建立专门的知识体系，进而以包容和恰当的方式来评估水价值，并在这些价值的基础上有效地管理水资源，将这些知识在不同条件下应用于不同的层级，带来不同的产出。

结论

与大多数其他自然资源不同，真正的水“价值”很难被确定

与大多数其他自然资源不同，真正的水“价值”很难被确定。因此，这一关键资源的总体重要性在世界许多地区的政治关注和财政投资中没有得到充分体现，这不仅导致水资源和涉水服务的获得不平等，也导致供水服务本身的低效与不可持续乃至退化，影响了几乎所有可持续发展目标的实现，也影响了基本人权。

综合各种方法和手段对水进行多维度和多视角的价值评估，可能仍然极具挑战。即使在某个特定的用水部门，不同的方法也会导致截然不同的价值评估结果。试图协调不同部门的价值评估通常会增加整体难度，因为这需要考虑水在不同的社会文化背景中一些更无形的价值。虽然在某些情况下我们可以降低复杂性或采用标准化的指标，但我们真正需要的是能够识别、维护和适应不同价值的更好的方法。

尾声

水显然是有价值的，尽管并不总是为所有人认可；在一些观点中，水的价值是无限的，因为没有水就没有生命，而且水是无可替代的。人类不断地努力寻找地球以外的水资源，并对最近在月球和火星上发现了水而兴奋不已，这些或许就是水的无限价值的最好说明。令人遗憾的是，在地球上，水却往往被当作理所当然的存在。低估水的价值，其风险之大，绝不容忽视。

序言

水资源现状

世界水评估计划
Richard Connor 和 David Coates

需水量及其用途

在过去 100 年里，全球淡水使用量增长了 7 倍（图 1），而且自 20 世纪 80 年代以来，仍以每年约 1% 的速度增长（AQUASTAT，未注明日期）。尽管大多数经济合作与发展组织（OECD）成员国淡水使用量的增长速度有所下降，但这些国家的人均用水量仍居世界前列。在大多数新兴经济体和中低收入国家，用水量增长速度也在不断上升（Ritchie 和 Roser，2018）。这种增长现象很大程度上是人口增长、经济发展和消费模式转变等综合作用的结果。

图 1

1900—2010 年全球用水量

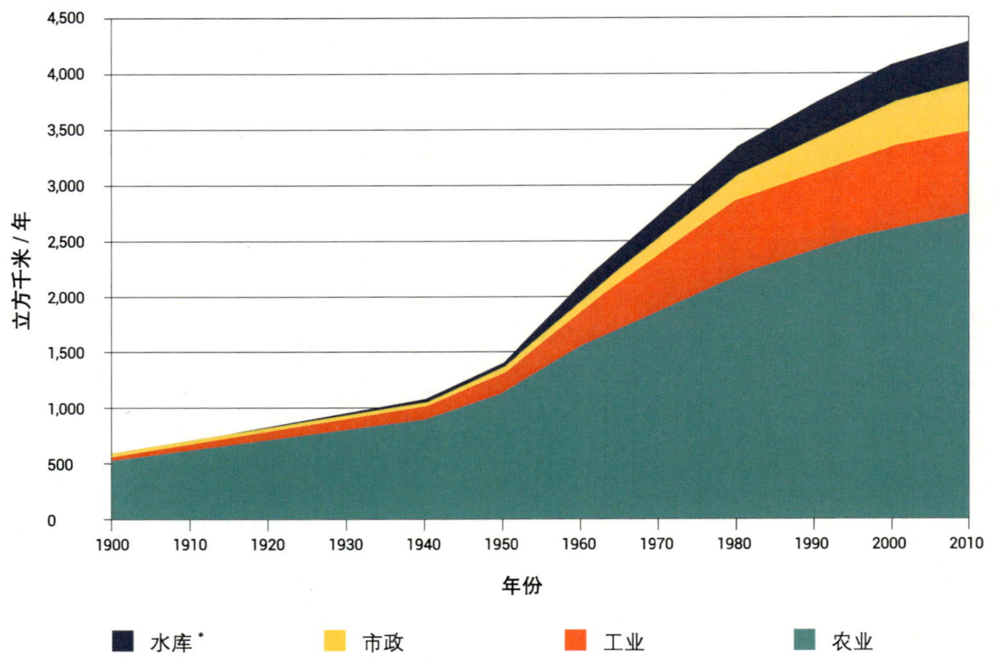

* 人工湖蒸发

资料来源：AQUASTAT（2010）。

目前农业用水量占全球用水量的 69%，主要用于灌溉，但也包括牲畜和水产养殖用水量。在一些发展中国家，这一比例可达到 95%（联合国粮食及农业组织，2011a）。工业用水量（包括能源和发电行业）占全球用水量的 19%，而市政用水量所占的比例仅为剩余的 12%。

一些研究曾试图预测未来的用水趋势，得出了不同的结果。例如：

- 2030 水资源小组（2009）得出的结论是，一如既往地发展下去，到 2030 年，全球水资源将短缺 40%。
- 经济合作与发展组织（2012）预测，2000 年至 2050 年期间，全球需水量将增加 55%。
- Burek 等（2016）估计，全球用水量可能会继续以每年约 1% 的速度增长，进而导致到 2050 年用水量将比当前水平增加 20%~30%。

尽管全球用水量的实际确切增长幅度仍不确定，但是大多数作者认为，农业所面临的用水竞争会越来越激烈，用水量增长情况主要受工业和能源行业、市政以及家庭日益增加的需求驱动，根本原因在于发展中国家和新兴经济体工业发展以及供水和卫生设施服务覆盖面的不断扩大（经济合作与发展组织，2012；Burek 等，2016；国际能源署，2016）。

农业需水量的变化情况最难预测。基于现状，联合国粮食及农业组织（FAO，以下简称粮农组织）预测，到 2050 年，世界粮食需求量将会增加约 60%，同期灌溉粮食产量将增加 50% 以上（粮农组织，2017a）。现有的水资源量是无法满足这些用水需求的。粮农组织认识到，农业用水量仅能增加 10%。幸运的是，提高灌溉系统特别是雨养农业的用水效率（粮农组织，2017a）、减少粮食浪费（粮农组织，2019a）、转变消费方式、减少水的消耗，尚有很大的空间。综合应用这些措施，将能够在可持续的限度内满足预计的粮食需求，甚至有可能在较长时期减少当前取水量，进而减小与其他行业间的用水竞争。

水资源可利用量

水资源紧张程度实际上是衡量有多少水能够被使用，水资源紧张对世界很多地方都造成了一定的影响（图 2）。全球有 20 多亿人口面临着水资源紧张的问题（联合国，2018）。然而，水的物理性紧缺通常是季节性的，并非年度现象，图 3 的可供水量的季节性变化可以解释这点。约有 40 亿人生活在缺水地区，这些地区每年至少有一个月要面临严重的缺水问题（Mekonnen 和 Hoekstra，2016）。

还应该指出的是，约有 16 亿人面临着“经济型”缺水问题，意思是可用的水资源实际上是有的，但缺少必要的基础设施来获取（农业用水管理综合评估，2007）。

气候变化可能会增加季节性变化，造成更加不稳定和不确定的供水，从而加剧缺水地区的水源紧张问题，在一些尚未反复出现此类气候现象的地区，供水压力也可能产生。

世界上若干主要含水层的缺水问题越来越严重，30% 的大型地下水系统正在枯竭（Richey 等，2015）。地下水位下降幅度最大的区域如图 4 所示。灌溉用水是全球地下水枯竭的主要影响因素（Burek 等，2016）。

图 2　年度水资源压力基准

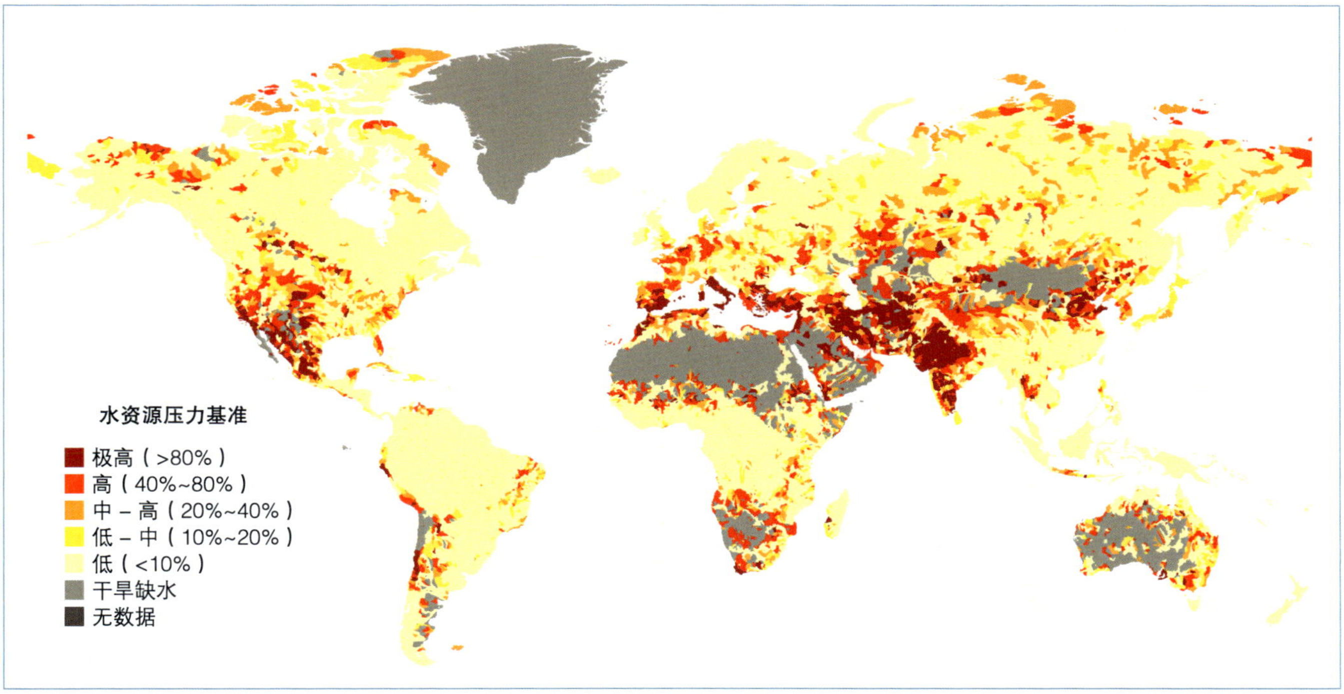

注：水资源压力基准用于衡量总取水量与可用再生水供应之间的比率。取水包括家庭、工业、灌溉和牲畜的消耗性用水和非消耗性用水。可用再生水供应包括地表水和地下水供应，并考虑了上游消耗性用水户和大坝对下游水可用性的影响。数值越高表明用户之间的竞争越激烈。

资料来源：世界资源研究所（2019），“知识共享”国际许可协议 4.0 版本（CC BY 4.0）。

图 3　可供水量的季节性变化

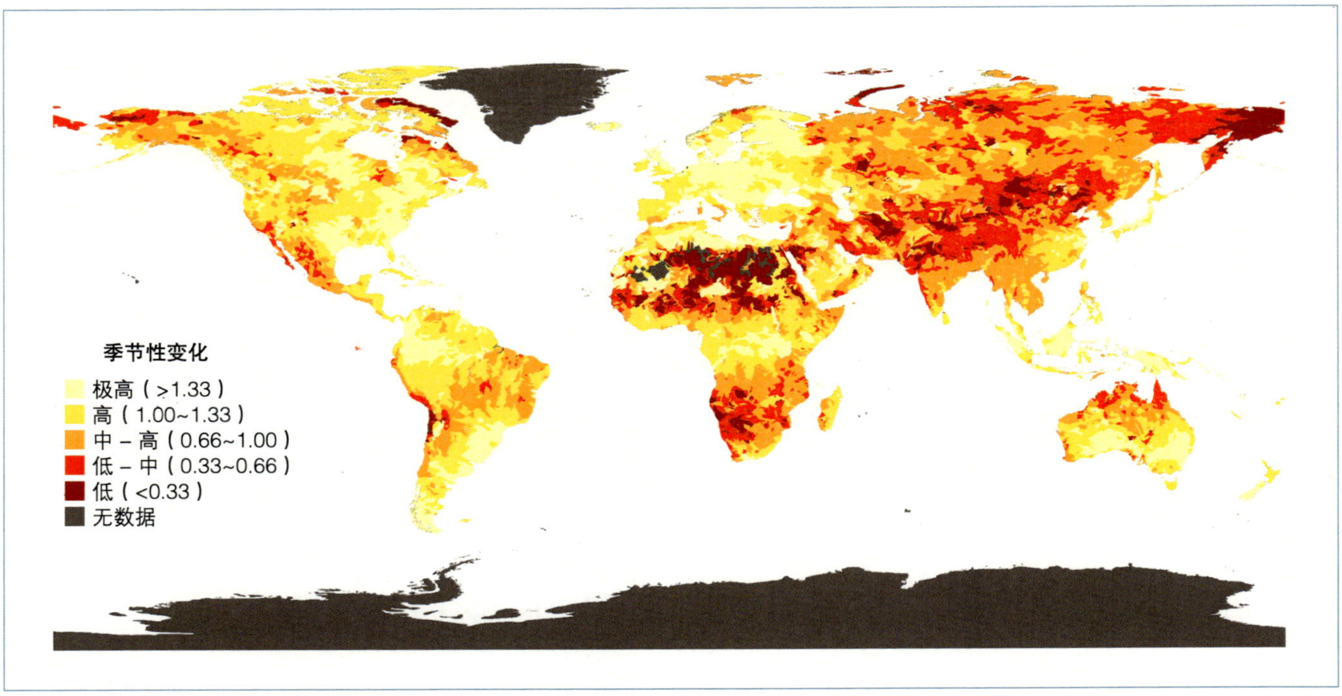

注：季节性变化衡量年内平均可供水量的变化，包括再生地表水和地下水供应。数值越大表示一年内可供水量变化越大。

资料来源：世界资源研究所（2019），“知识共享”国际许可协议 4.0 版本（CC BY 4.0）。

图 4　地下水位下降

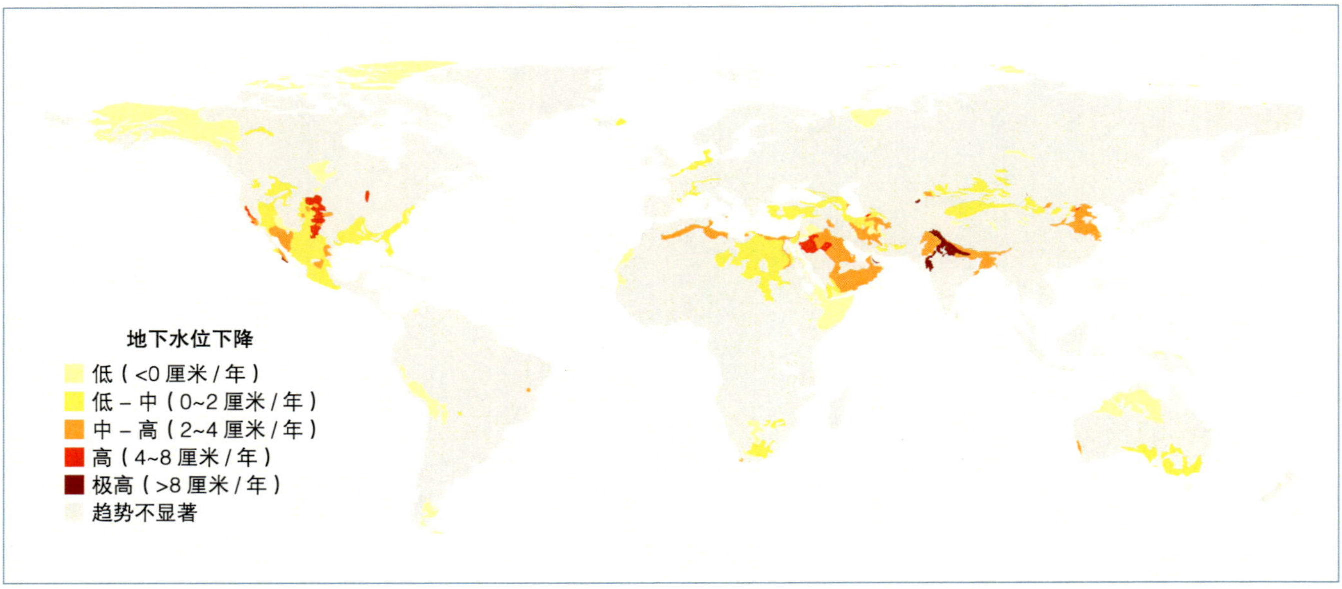

注：地下水位下降指的是地下水位下降情况，表示研究期（1990 年至 2014 年）的平均变化情况。结果以厘米 / 年单位表示。数值越大表示不可持续的地下水开采程度越高。

资料来源：世界资源研究所（2019），“知识共享”国际许可协议 4.0 版本（CC BY 4.0）。

水质

由于监测和报告能力/机制存在欠缺，全球水质数据仍然稀少，特别在许多最不发达国家，尽管如此，一些趋势还是能够被反映出来。非洲、亚洲和拉丁美洲的主要河流几乎都受到了污染，水质已经恶化。水体营养负荷往往伴随着病原体负荷，是最普通的污染源之一（联合国环境规划署，2016）。

在全球范围内，约 80% 的工业和城市污水未经事先处理就排放到环境中，对人类健康和生态系统产生了有害影响。在极不发达国家，这一比例要高得多，这些国家严重缺乏卫生设施和污水处理设施（世界水评估计划，2017）。管理农业径流中多余的养分也是全球最常见的与水质相关的挑战之一（经济合作与发展组织，2017a）。数百种化学物质也对水质产生了负面影响。与新兴污染物（包括有机微污染物）相关的风险早在 21 世纪初就已得到确认（Bolong 等，2009）。

极端事件

洪水和干旱是与水相关的两大主要灾害。2009 年至 2019 年期间，近 55,000 人死于洪灾（仅2019年就有5,110人死于洪灾），另有 1.03 亿人受到洪灾影响（仅 2019 年就有 31,000 人受到洪灾影响），同时造成了 768 亿美元的经济损失（仅 2019 年就造成了 368 亿美元经济损失）（灾害流行病学研究中心，2020）。在同一时期，受干旱影响的人数超过 1 亿人，死亡人数超过 2,000 人，直接造成了 100 多亿美元的经济损失（灾害流行病学研究中心，2020）。

在全球范围内，近 10 年来的洪水和极端降雨事件增加了 50% 以上，是 1980 年的 4 倍多（欧洲科学院科学咨询理事会，2018）。气候变化预计将会进一步增加洪水和干旱灾害的发生频率及其严重程度（政府间气候变化专门委员会，2018）。

供水、公共卫生设施和个人卫生服务

2017 年，53 亿人（占全球 75.5 亿人口的 70%）获得了安全管理的饮用水——设置在各种场所，随时可用且无污染（图 5）。34 亿人（约占全球人口的 45%）获得了安全管理的卫生设施服务——改进的非公用厕所，排泄物可在现场进行安全处理或在场外进行处理（图 6）。

图 5　2000—2017 年全球饮用水覆盖率

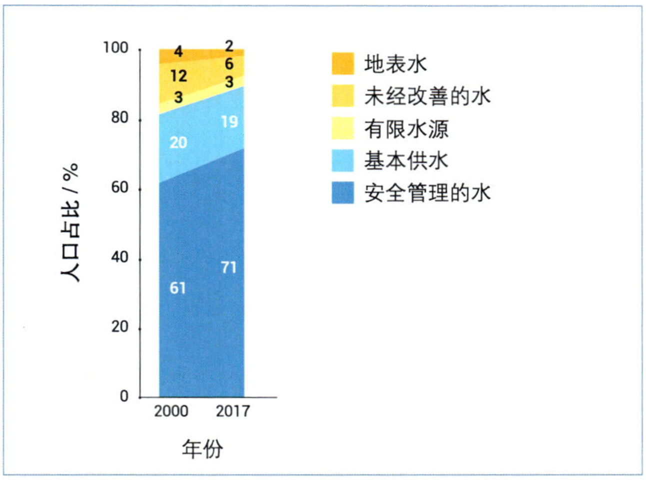

资料来源：世界卫生组织/联合国儿童基金会（2019a，图 1，第 7 页）。

图 6　2000—2017 年全球卫生设施覆盖率

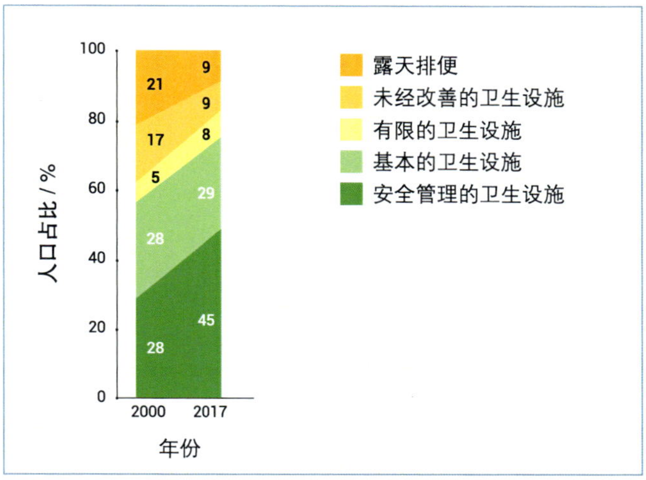

资料来源：世界卫生组织/联合国儿童基金会（2019a，图 4，第 8 页）。

与水相关的生态系统服务

在 18 类对“人类有益的自然资源”（包含一系列生态系统服务）中，有 14 类资源正在减少。其中 3 类明显与水相关：淡水水量调节、沿海及淡水质量以及危险品和极端事件（生物多样性和生态系统服务政府间科学政策平台，2019a）。这些资源的减少也会导致大多数其他服务类别的减少，进而威胁到目前正在增加的服务（能源、粮食、饲料和原料）的可持续性。考虑到可持续发展目标是综合的、不可分割的并以国家为单位实施的，目前，生物多样性和生态系统方面的消极趋势可能危及 80% 相关可持续发展目标的实现进程（44 个目标中的 35 个）。这些可持续发展目标涉及无贫困（SDG 1）、零饥饿（SDG 2）、健康与福祉（SDG 3）、清洁饮水和卫生设施（SDG 6）、可持续城市和社区（SDG 11）、气候行动（SDG 13）、水下生物（SDG 14）和陆地生物（SDG 15）。这些可持续发展目标涉及贫困（SDG 1）、饥饿（SDG 2）、健康（SDG 3）、水（SDG 6）、城市（SDG 11）、气候（SDG 13）、海洋（SDG 14）和土地（SDG 15）（生物多样性和生态系统服务政府间科学政策平台，2019a）。

第 1 章

水资源价值评估：视角、挑战和机遇

世界水评估计划
David Coates，Rebecca Tharme
和 Richard Connor

撰稿人：
David Hebart-Coleman（斯德哥尔摩国际水资源研究所）

1.1 简介

水的价值是无限的——没有水就没有生命。认识、衡量和表现水的价值，并将其纳入决策，对于实现可持续和公平的水资源管理至关重要。虽然术语“价值”和“价值评估”的过程已有明确定义（如框注 1.1 所示），但水有多种用途，还可以重复利用。不同的利益相关者对“价值”的具体含义仍持有不同的观点。还有不同的价值计算方法和衡量标准。识别和协调这些差异是《联合国世界水发展报告》的主题。

框注 1.1　价值和价值评估：定义

价值评估是个人或机构赋予某物价值的过程。

在自然资源方面，“价值”一词通过三种方式体现：

（1）交换价值：市场上商品或服务价值（即市场价值）。

（2）公共服务：商品或服务的使用价值，可能与市场价值存在很大的区别（例如，水的市场价值很低，但它的使用价值很高；反之亦然，例如，钻石或其他奢侈品）。

（3）重要性：我们赋予了商品或服务的欣赏或情感价值（例如，人们在观赏水景时获得的情感或精神体验，或者通过文化或宗教赋予水的重要性）。

资料来源：牛津英语词典

认识、衡量和体现水的价值，并将其纳入决策，对于实现可持续和公平的水资源管理至关重要

众所周知，水资源支撑着经济和可持续发展的方方面面。水资源的价值评估结果（至少就基本层面而言）隐含在大多数的水资源管理决策中。因此，水资源的价值评估结果与人权框架体系、《2030 年可持续发展议程》及其五大支柱（人类、繁荣、地球、和平与正义、伙伴关系）以及水资源综合管理（IWRM）等相关。为了给决策提供更精确和定量的信息支持，最近一些倡议则直接聚焦到水资源价值评估。例如，水问题高级别小组（HLPW，2017a）及其贝拉吉奥原则（HLPW，2017b）、水与和平问题全球高级别小组（2017）、众多水务部门和 / 或私营部门的倡议，以及生物多样性和生态系统服务政府间科学政策平台（IPBES，2019a）最近针对生态系统的综合评估等。在水资源核算体系方面，关于水资源价值评估的最先进工作是联合国经济和社会事务部自 2003 年以来开发的环境经济核算体系（联合国经济和社会事务部，2012）。

本报告从五个相互关联的视角对当前水的价值评估方法和步骤进行了归纳：**水资源**价值评估，从本地水资源和生态系统的角度（第 2 章）；**水利基础设施**价值评估，即那些用于储存、使用、再利用水资源或增加供水的基础设施的价值评估（第 3 章）；**水服务**价值评估，即为饮用、卫生和人类健康提供的价值（第 4 章）；**水作为生产和社会经济活动提供的**价值评估，即粮食和农业、能源和工业、商业和就业等（第 5 章和第 6 章）；其他**水的社会文化价值**，包括娱乐、文化和精神等方面（第 7 章）。还包括全球不同地区的实际情况（第 8 章）。第 9 章阐述了这五个视角的相关性，以及通过更综合和更全面的治理方式来协调水的各种价值的必要性。第 10 章涉及融资，第 11 章则侧重于知识、研究和能力建设。第 12 章提出了总体结论和未来发展方向。

1.2 为什么要评估水资源价值

综合对比所有利益相关者的观点可以发现，人们往往忽视水的真正价值，为了某种利益不惜浪费和滥用大量的水资源。有时，关于水资源价值的争议集中在价值评估方法上。还有争议甚至冲突的产生是因为价值比较的领域不同，例如，经济价值与无形的文化价值。谁能决定如何评估水的价值，谁就能决定如何使用水。在水资源管理中，价值是体现权力和公平的核心要素。

水资源的现状（参见序言）指出了提高水资源管理水平的必要性。日益严重的水资源紧张、干旱、洪灾、污染、生物多样性和生态系统服务丧失，以及其他与水相关的环境恶化问题造成的系列负面影响仍然没有得到足够重视。这充分说明了提高水的价值的必要性（Damania 等，2017）。例如，尽管水资源短缺问题越来越严重，但是农户、企业和居民并没有意识到要少用水，或者保护水质，或将水合理地分配给生态系统或人类社会（水问题高级别小组，2018）。那些水资源短缺的国家比水资源丰富的国家用水量更大，浪费更为严重（图 1.1），这种情况比比皆是。造成这种现象的原因往往由于政策、法规和激励措施不当，这些政策、法规和激励措施在一定程度上不但没有提倡人们高效谨慎地使用稀缺的水资源，反而纵容人们浪费水资源以及过度用水的行为。一般情况下，技术解决方案都有，问题在于如何将其转化为具体计划：谁负责什么，从哪个层面着手，以及如何做，这些问题的解答往往没有下文（水问题高级别小组，2018）。

图 1.1

对比分析水资源短缺且用水量大的经济体

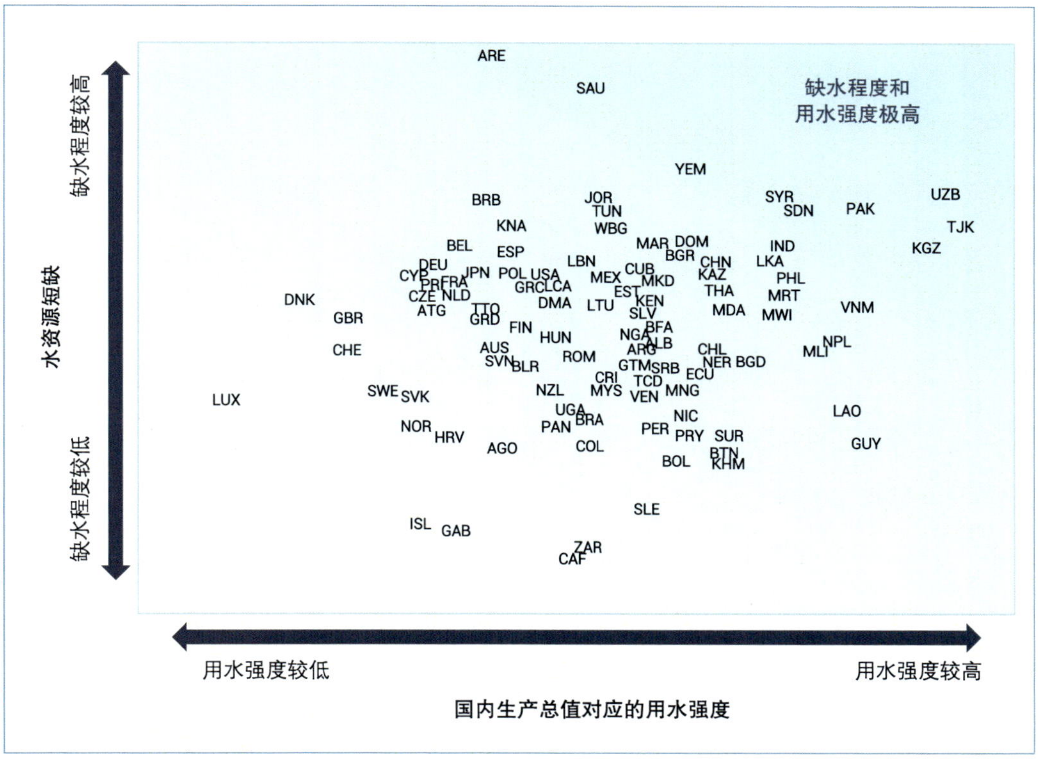

注：图 1.1 对比分析了国内生产总值（GDP）对应的用水强度和缺水程度。国内生产总值对应的用水强度以经济总产量与总用水量之比进行衡量，缺水程度以总用水量与可再生淡水资源总量之比进行衡量。国家名称的缩写采用国际标准化组织制定的标准。

资料来源：Damania 等（2017，图 1.1，第 10 页）。

未充分评估各种用途的水资源价值是政策上不重视水资源以及管理不善的根本原因（世界水评估计划，2012）。有人认为，在水资源综合管理和其他与水相关的目标实现方面效果不明显，以及水治理方面的失败，主要原因就是未充分体现水资源的价值。从根本上看，水治理关系到水资源的价值（Groenfeldt，2019）。

对水资源价值所持观点的两极分化要么会制约良好管理模式，要么会因不良管理而加剧分化。并且可能导致：忽视水资源的重要性；在国家发展计划、减贫战略和其他政策中，水资源政策没有优先地位；水利基础设施投资水平不理想；甚至无法实现全球社会经济目标（世界水评估计划，2012）。

人们在一定程度上承认水资源的总体价值及其对人类福祉的贡献。例如：“水是生命之源，是人类赖以生存和发展的基本条件，是维系社会和自然环境的基础”（水与和平问题全球高级别小组，2017，第 11 页）。2010 年联合国大会（UNGA，2010）将享有安全和清洁饮用水和卫生设施的权利确定为一项人权，该项权利是人们充分享有生活的必要条件，也是所有人权的根基。关于水资源的总体价值，还有很多其他类似的声明。然而，水资源的现状表明，这些基本的价值观在提高管理水平方面收效甚微。通常，水资源的价值，或者它的多重价值并没有在决策中突显出来。迄今为止，每一份《联合国世界水发展报告》都指出对水资源各自为政的管理，尤其是具体部门或政治阶层主导水资源管理决策，是正确评估水资源价值的主要挑战。

随着影响水资源安全的因素迅速增加（图 1.2），其对社会的重要性依据水的本质及其多样化的价值也在与日俱增。全球、区域、流域以及地方各级更加关注社会如何评估水资源价值、为什么要评估水资源的价值以及如何使用水资源，强调了迫切需要从多种不同的视角给予水的各种不同价值以更加平衡的、透明的、包容的细致阐述和协调（水问题高级别小组，2017a）。

图 1.2

2019 年碳信息披露项目调查报告中企业认为的与水相关的十大风险影响因素

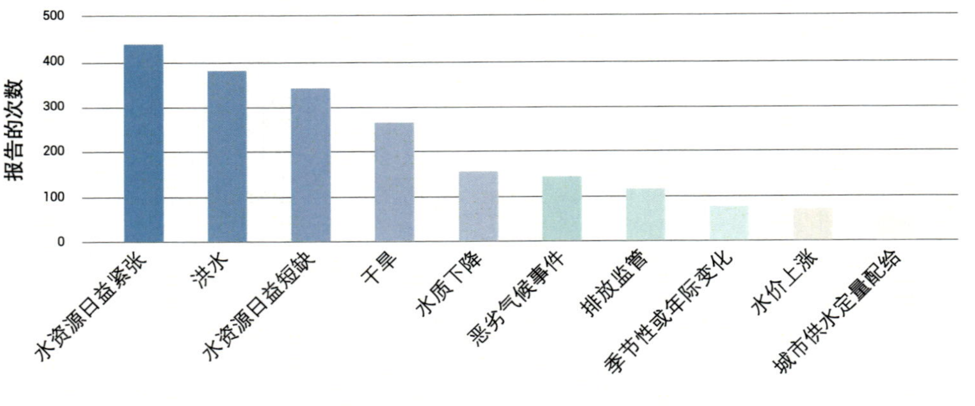

注：这些类别通常不是相互独立的。

资料来源：碳信息披露项目（2020，第 33 页）。

《2021 年联合国世界水发展报告》认为，认真衡量、监测和了解水资源的价值，并且将其纳入完善的决策框架中，有利于公平比较多个利益相关者群体多元的水资源价值观，对实现可持续水资源管理至关重要。

1.3 水资源的社会价值

1.3.1 评估水资源价值的不同观点

因利益相关群体之间以及内部（通常是利益相关者群体内部）价值观的优先次序、具体含义、衡量方式以及指标选取等方面的差异，使政策、管理和投资决策十分复杂。人们本能地认识到，水资源“已不只是一种物质：它还承载着多重价值和意义”（水问题高级别小组，2017a，序言，第 1 页）。人们的文化传承、世界观、道德标准和既定规范构建了人与水的关系，影响着人们的观点、思维方式以及对这一自然资源的评估方式（Johnston 等，2012；Bakker，2012；Krause 和 Strang，2016）。世界各地不同的文化、社会和社区，包括土著居民，对水资源价值的理解和定义大相径庭，试图根据不同的资源价值及其用途协调这些价值可能很困难，甚至行不通。

有多种方式确定水的价值，如指定的（效用 / 经济）价值、道义上的（正确的观念）价值、拥有的（公平、勇气）价值以及关系价值（Chan 等，2018）。关系价值含义广泛，这些价值深藏在人们期望的关系中，包含人与人之间的理想关系，以及因特定原则或道德责任而持有的理想关系，不论这些关系是否暗含着某种权衡或交易。出于这个原因，这种关系价值可能会偏离经济估值框架。（生物多样性和生态系统服务政府间科学政策平台，2019a）。关系价值可以成为内在价值和实用价值之间的桥梁。然而，其他人认为文化和宗教价值以及信仰所带来的无形的好处是一种文化生态系统服务（可联系生态系统服务，生态系统服务可进行经济估值，故文化生态系统服务也可估值），因此可进行经济分析（例如 Russi 等，2013）。当然，并不是说这些理念、类别或方法比其他的更重要，如关系价值、文化价值或其他无形价值可能高于决策中的“经济”价值（例如，第 2 章和第 9 章所述）。但是，给不同价值理念赋予不同的权重对评估价值和决策具有重大影响。从业者需要敏锐地意识到评估所采用的是哪种价值体系。

> 就水资源而言，价格与价值之间无明确的关系。在对水资源定价的地方，意味着消费者用水需要付费，通常此价格仅体现试图收回的成本，并非创造的价值

经济学框架在水资源估值时应用最广泛。本报告对其范围做了全面的分析。经济“价值”类别众多（框注 1.2）。在实践中，经济方法的适用范围往往较为有限，通常不能完整地表达水资源的真正经济价值。传统的经济核算方法通常是为政策决策提供信息，水资源的价值评估方式通常采用大多数其他产品所用的价值评估方式——经济交易时记录的水价或成本。但就水资源而言，价格与价值之间无明确的关系。在对水资源定价的地方，意味着消费者用水需要付费，通常此价格仅体现试图收回的成本，并非创造的价值（见第 1.5 节和第 10 章）。然而，就价值评估而言，经济学仍然是最贴切、最有效和最有影响力的科学。因此，需要更加全面地应用经济学。

水资源的独特特征也使其很难以市场价格来评估其价值。水资源是一种受到严格监管的商品，通常无自由交易市场。由于规模经济，水资源的储存和分配一般是独家垄断。此外，缺少对市场竞争至关重要的产权。水资源也是大宗商品，重量价值比非常高，市场仅限于当地。最后，大量被抽取的水资源可能没有记录在案（联合国经济和社会事务部，2012）。

不仅在利益相关者之间也包括在他们群体内部，评估水资源价值的方式可能

框注 1.2 经济价值的类别

本报告中所说的经济学是一门社会科学，涉及商品的生产、分配和消费以及相关的服务（牛津英语词典），商品和服务，包括从水资源、材料或其他方面获得的一切利益。重要的是，经济评估和分析不限于货币价值评估。

与水相关的经济价值类别很多，例如：

使用价值：

直接使用价值涉及消耗性用水（如农业、制造业和居民用水）和非消耗性用水（如水力发电、娱乐、航海和文化活动）。

间接的使用价值指由水提供的间接环境服务，如废物利用、栖息地和生物多样性保护以及水文作用（联合国经济和社会事务部，2012，专栏Ⅷ.2，第 123 页）。

选择价值是指为我们的未来做出抉择的价值，即为了获得未来直接或间接用水，需要当下付出一定的价值或费用。例如，污染目前未使用的地下水不会对直接价值造成立竿见影的损失，但会减少资源的未来使用价值（联合国经济和社会事务部，2012，专栏Ⅷ.2，第 123 页）。

非使用价值：

遗产价值指为子孙后代的利益而留存的与水相关的生态系统价值；代际公平概念属于与此相关的一种价值体系。

存在价值指水资源和水生态系统的内在价值，包括生物多样性，例如，“人们知道一条河存在的价值，尽管人们可能从未去过那条河”。

都不同。例如，有多种方法可反映和计算农业用水的价值，这些方法的核算内容不同。这就产生了各种各样的价值评估方式（框注 1.3）。

全面地测量、建模和核算水资源是评估水资源价值的基础，也是实现水资源可持续发展的必要步骤。然而，是将水存储在人造基础设施中还是留在大自然中流动，我们的认知是有差距的，当我们考虑到水对人类福祉所具有的重要性时，更会特别令人意外（Garrick 等，2017）。

这些关于水资源价值的不同观点与最好的计算方式和表达，加之我们对资源真实价值的有限认知，说明快速完善水资源价值评估将面临挑战。

一个很强的经济投资理由在于提高水资源利用率，从而使更多的水资源可用于其他具有更高价值的用途，或减少与这些用途之间的用水竞争

1.3.2 协调水资源的价值和用途

某种用水途径产生的经济效益低下，并不代表这种用水途径就要被叫停。水资源的价值评估越全面，就越有利于确定所需投资、提高水资源利用率，包括减轻对水质的影响。以粮食生产用水为例，经济回报极低（美元 / 立方米）并不意味着要停止粮食生产，而将这部分水用于经济回报较高的用途，因为这将危及发展中国家的粮食安全和生计。提高水资源利用率是有很好的经济效益的，可以使更多的水资源用于其他具有更高价值的用途，并减少与这些用途之间的用水竞争。这说明，评估水资源价值有助于确定投资管理的价值。

框注 1.3 粮食生产和农业用水的价值——显示价值评估方式的多样性和主要挑战

应使用哪些参数来评估农业用水的价值，以及如何评估？方法各有千秋，几乎无法相提并论。不同群体不可避免地都会选择最契合自身利益的价值评估方式。

农业用水占全球用水量 69%。然而，在全球范围内，农业用水量仅占全球各国 GDP 耗水量总和的 4% 左右，平均到各国只占 GDP 的 10.39%，最高占比为 57.39%(塞拉利昂)，最低占比为 0.03%（新加坡），而且占 GDP 的比例还在呈下降趋势（世界银行，2020）。这些数字表明，农业用水的附加值非常低。

例如，卢旺达最近编制了详细的水量账户系统（卢旺达政府，2019）。农业用水占全部抽取水量的 96%（包括土壤中的水），主要用于对该国国家粮食需求和乡村经济发展至关重要的低价值作物（参见下图）。

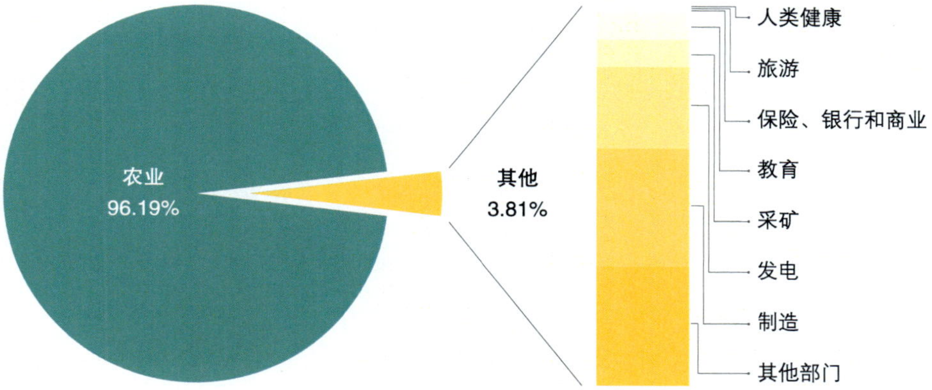

卢旺达各行业的用水量

资料来源：卢旺达政府（2019，图 8，第 34 页）。

但在所有经济部门中，农业用水回报率最低，和其他行业相比，回报率差距非常大（参见下表）。

表 1.1　2015 年卢旺达各行业的水生产率或“总的水资源利用率”

经济部门	生产率或利用率=国内生产总值/用水量（卢旺达法郎/立方米）	用水量占比（%）
农业	118.4	91.12
采矿业	6,236.1	0.15
制造	523.0	4.36
发电	138.4	2.41
供水与垃圾管理	576.1	0.35
旅游	6,297.8	0.11
金融服务	2,352,460.5	0.0005
教育	699.3	1.47
卫生	33,876.9	0.03
文化、市政和其他服务	2,133,843.5	0.001
所选行业每立方米水的附加值（国内生产总值）（卢旺达法郎 / 立方米）	204.0	

资料来源：卢旺达政府（2019，表 11，第 37 页）。

然而，在解释这类数据时，有一些重要的细微差异需要考虑到。例如，供水和污水处理部门并不直接利用水获取经济效益，而主要是实施水处理并将水分配给其他用水部门。在这种情况下，采用“国内生产总值贡献度”作为衡量标准会产生误导。此外，从抽水到净化再到分配，这一过程有水量损失，从经济效益的角度，又会造成用水量大的后果。

如果从国内生产总值贡献度或就业的角度看水资源价值，那完全是另外一幅场景。采用这类标准时，农业用水似乎由于其对国内生产总值和高就业水平的高贡献而得分较高；电力（主要是水力发电）得分很低（尽管电力提供了很大的附加值，而且大多数水实际上被返还给了环境）；服务部门在用水效率方面的收益最高（参见下图）。

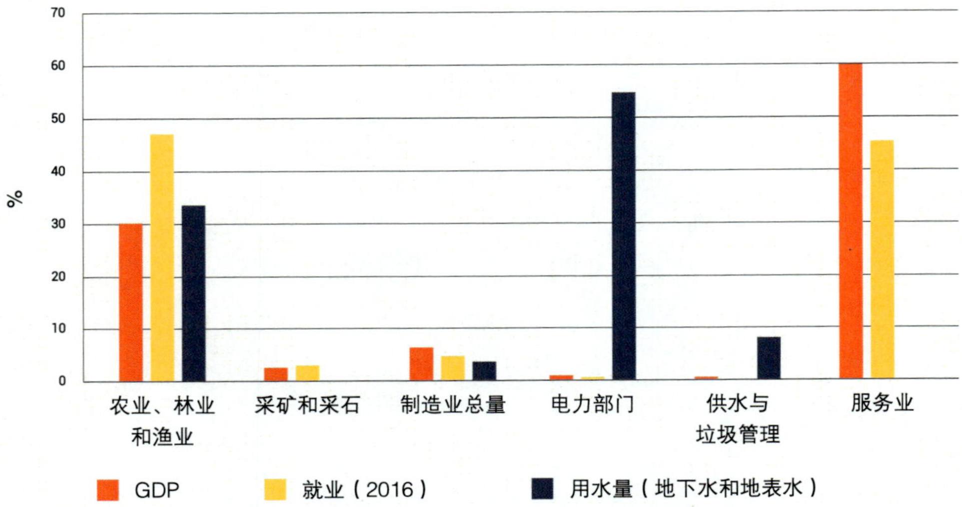

2015 年卢旺达工业部门的国内生产总值贡献度、就业以及用水量

资料来源：卢旺达政府（2019，图 9，第 36 页）。

在考虑农产品的价值以及相应的水资源利用效益时，有多种选择：例如，农场交货价、批发或零售价，或附加值（例如服务业预制食品的价格）。上述这些可能有着数量级的差别。还要考虑的是计算农场总收入还是净收入。例如在纳米比亚，采用总收入计算时，农场收益为 3.88 美元 / 立方米，而考虑到投入的成本后，净收入仅为 0.14~0.51 美元 / 立方米（Lange，2006）。

在计算单位用水量的价值时，如果把到底“用”了多少水也计算在内，事情就变得更加复杂。例如，对灌溉农业，回归水量是需要计入消耗量（即净取水量），但是农田的退化是需要计入成本的。从会计角度，水利基础设施、运营和维护的投入都应计入成本——但实际却很少被计入。雨养农业很少将自然界降水量（土壤水分 / 降雨量）计入“取”水量中。但是，雨养农业的土地使用会减少当地地表和地下水的储存和流动，因此存在“耗水”因素。另一方面，也可能会增加当地地表水和地下水的储备量以及流动性，在这种情况下，会增加水资源的可利用量。最后一个例子是，在雨养和灌溉农业中，大多数人将农作物蒸腾掉的水当作实际“消耗”的水，但是，这些水都将会以降雨形式回到地面——那么它是属于“消耗”水还是“可再生”水呢？

1.3.3 认识到水资源的价值可能为负

“价值”本身是中性词，但人们往往视其为褒义（受益）。如果水在“错误”的时间出现在“错误”的地方，或者受到了污染，那么它的价值明显为负；也就是说，只产生净成本（或费用）。例如，洪水可以带来好的效益（例如，支持渔业生产，或者补充洪泛区的营养物以支持季节性放牧），但是也可能带来严重的负面影响。因此，防洪投资的价值要体现在减小水的这些负值上。如果某些水体中断了交通，其价值或可认为是负的——在其上方建造桥梁的成本，反映出其负值。尽管可将废水看作资源（世界水评估计划，2017），但未经处理就排放到环境中的废水的价值为负，可以根据它降低环境中的水资源价值（污染影响的代价，包括影响人类健康）来估算。实际上，废水处理的净值，除了从废水中回收的有价值的物质之外，还体现在废水负价减少上。其他例子包括水资源利用情况导致经济收益为负；例如，所有相关的投入和成本（例如补贴）核算结果表明，水资源的使用造成了净经济损失（案例参见下文）。

1.4 水资源价值计算方法

计算水资源的价值常用方法有多种（框注 1.4）。但是，不同方法得出的价值结果可能存在很大差异。此外，得出的价值并不一定都是驱动投资的价值。例如，居民普遍认为市政供水的价值高于公共卫生特别是废水处理的价值（联合国教科文组织/联合国水机制，2020），但投资卫生设施带来的回报约为投资饮用水供给的两倍（世界卫生组织，2012）。

对于某些价值或价值领域，无“方法论”可用——价值却存在。例如，在习俗或宗教信仰体系下所持有的一些内在价值或无形价值。这些通过科学评估得出的价值更有影响力。

1.5 考虑价值评估中的补贴和其他激励措施

政府通常会补贴关键性投入项目的成本，并且会固定对主要商品的支付价格，该价格通常低于商品的边际价值。还有一些国家通过贸易保护来维持商品的高价（框注 1.5）。例如，第 3 章强调，通常无法从用户处收回水利基础设施的运营成本，特别是资本成本，因此，这些成本也没有体现在用户对水的价值评估中。如果要得出较为准确的价值，就必须在价值评估时考虑到这些失真因素。

1.6 协调不同的价值观

价值观体系或世界观以及价值计算方法和衡量标准的多样性有利于利益相关者选择最适合自身目的的价值评估方法。价值评估的困难与水系统的水资源管理相辅相成。即使对公正程度持乐观态度，也不太可能让所有的利益相关者轻易达成一致的估值方法。反而维持价值观的多样性却有着有力的论据，这就是：试图用量化方法比较生活用水的价值、人权用水、习俗或宗教信仰的价值，以及维持水流以保护生物多样性的价值都是徒劳的。这些价值都不应为了实现一致的估值方法而被牺牲。

框注 1.4　水资源价值计算方法的一些案例

通过**剩余价值**可以估算净收入的变化情况；剩余价值指产出价值与生产过程中非水投入总成本之间的差额（剩余）。这种方法对所用参数的细微变化、市场预测和政策环境都相当敏感。如果一项投入被忽略或者被低估，就会误将其价值都算在水资源上。例如，根据联合国经济和社会事务部（2012）引用的纳米比亚农业数据，假设资本投资成本为 5%，则水资源的剩余价值约为 19 纳米比亚元 / 立方米。然而，如果资本的实际成本涨到 7%，则农民的收入甚至不足以支付资本成本，水资源的价值将为负的——这意味着农业用水会造成经济损失。

已经开发的**数学规划模型**可以为水资源分配和基础设施发展提供决策信息。这些模型确定了一个目标，比如在一定的供水量等生产投入、体制和行为因素条件范围内使产出价值最大化。经济学分析方法用线性规划或模拟来比较各部门之间的水的边际值（例如 Renzetti 和 Dupont，2003）。更常见的是，就像在摩洛哥所做的那样，采用可计算的一般均衡模型来确定贸易改革对农业用水影子价格[1]的影响（Diao 和 Roe，2000）。

重置成本或重置价值指机构根据当前价值重置资产而必须支付的金额。通常在无法准确评估水资源的市场价格或影子价格时才会使用这种方法。例如，通过管道输送饮用水的居民家中停水时，可通过购买瓶装水来估算供给同样水量的成本。这种方法常用于估算生态系统服务的价值（Russi 等，2013）。例如，在一定程度上，损失流域水净化服务的价值可通过水处理设施的资本和运营成本来估算。

条件价值评估法不依赖市场数据，而是询问个人愿意为所讨论的项目支付多少费用。在确定无市场价格的生态系统产品和服务的价值时，如生物多样性、良好的水质或娱乐活动，这种方法特别有用。通过询问消费者愿意为水支付多少费用来评估消费者的用水需求，这种方法具有一定的实用性。

需求函数法根据水资源的实际销售情况（显示性偏好）或根据条件价值评估法得出的用水情况（叙述性偏好）绘制需求曲线，涉及用于衡量总经济价值的经济计量分析过程。然而，即使在发达国家，通常也无法绘制出准确的需求曲线（Walker 等，2000）。

可交易水权在水资源价值延伸中逐渐获得了一定的市场。在澳大利亚、智利、伊朗、南非和西班牙的加那利群岛以及美国西部的一些州可以找到相应的案例，这些区域已经制定了水权交易计划。有些国家，特别是南亚国家，也具有非正式的水权交易计划（Carey 和 Sunding，2001）。澳大利亚墨累河—达令河盆地的水市场是全球公认的最先进的水市场（Seidl 等，2020a），但缺乏标准化的价值评估方法，导致水的价值差异很大（Seidl 等，2020b）。人们对水市场功能的预判、对消费者和环境的影响，以及应用的道德规范持有不同的观点（例如 Garrick 等，2020a）。

水足迹是淡水使用情况的一个指标，着眼于消费者或生产者的直接和间接用水情况，可计算出特定产品在明确界定消费者或生产者群体之中的水足迹。当单位时间内的水足迹除以收入（对于消费者）或营业额（对于企业）时，水足迹可通过用水量和货币单位来表示。水足迹可持续性评估是从环境、社会和经济角度如生物多样性、人类健康、福利和安全来评估水足迹是否可持续，因此增加了一个重要的评估维度（Hoekstra 等，2011）。

---

[1] 无市场价格的商品或服务的计算价格（柯林斯英语辞典）。

框注 1.5 核算水资源价值时纳入补贴和其他激励措施的影响

核算欧洲联盟农业补贴费用时，发现英国部分地区冬小麦、薏米、油籽和甜菜灌溉用水的价值为负值（Bate 和 Dubourg，1997）。对这些农作物，其净负值是不加补贴计算得出的正值的 2.5~15 倍。这意味着对这些农作物实施灌溉，会产生净经济损失。包括补贴在内，只有土豆产生了净正值，但补贴将这一价值减少了约一半。另外，纠正贸易异常现象对约旦农作物单位用水量所创造的价值的影响，导致水果用水价值减少 7%，蔬菜用水价值减少 50%，但是这两种情况下的净值仍然为正（Schiffler，2014）。

尽管如此，仍然需要协调水资源的不同价值，价值间的权衡需得到解决并被纳入系统且包容的规划和决策过程。因此，未来将在可行的情况下进一步开发通用的价值评估方法，但更应优先改进用于比较、对比和融合不同价值的方法，以及将公平公正的结论纳入改进后的政策和规划中。

对性别问题敏感的利益相关者之间相互协商以及弱势和边缘化群体在内的所有用户和受益者的积极参与，对确保开始阶段以及整个发展过程中能够充分体现各方观点和价值至关重要（Horne 等，2017a）。从供水和卫生设施到农业、能源和工业领域，在整个水利开发或设计阶段，通过规划、初步可行性研究、适应性管理以及监测过程，更好地整合水资源价值，所有利益相关者和社会经济部门都将受益。水的机遇和风险无法由单个机构进行管理，需要在有意义的规模上采取集体行动。

1.7 确保可持续发展的水资源价值评估原则

水资源的价值评估是一个永恒的主题，与发展密切相关。过去 30 年来，为评估水资源价值所做的努力取得了一定的进展，呈现为一个从愿意为饮用水和生态系统服务付费，到能够描述出水资源多元文化效益的参与式进程。然而，鉴于水资源的物理、政治和经济特性，水资源的价值评估仍然困难，而且存在争议（Garrick 等，2017）。在确认、衡量和协调现有的各种价值方面，仍然极其缺乏清晰度。就如何最有效地利用水资源的价值并且给予应有的重视，仍然争论不休。

联合国《2030 年可持续发展议程》以赋予水资源的价值为核心（参见第 7.5 节）。水资源的价值评估是人类共同的社会责任（水问题高级别小组，2017a）。水问题高级别小组关于水资源价值评估的贝拉吉奥原则给出了一个全面的评估方法，即通过五项基本原则重新思考水资源的价值（框注 1.6）。这些大原则更加明确地阐述了在确定和最大化水资源利用效益方面的最佳实践和经验。

1.8 《2021 年联合国世界水发展报告》中的方法

这份《2021 年联合国世界水发展报告》评估了在确定水资源多元价值时所面临的机遇和挑战。后续章节从主要利益相关者或利益群体的多重视角探讨了评估问题。阐述了每个视角下水资源价值过去和现在的情况，它们为水资源提供了哪些机会、益处和综合集成的方法。数据和监测之间的重要差距可能会制约未来关于水资源价值评估的行动议程。第 12 章确定了应对当前评估水资源价值所面临挑战的备选方案。

框注 1.6　评估水资源价值的贝拉吉奥原则

1. 认识水资源的多元价值：在与水相关的所有决策中，需考虑到不同利益相关者所具有的多元价值。必须考虑到人类需求、经济福祉、精神信仰和淡水生态系统活力之间有着密切的关联。

2. 建立信任：在所有需要实施的过程中，要以公平、透明和包容性的多元价值观协调各种价值。不可避免地要取舍各类价值，特别是在水资源匮乏的时期。如果不采取行动可能付出权衡上的更大代价。这些过程需要适应局部变化和全球性变化。

3. 保护水源：为了子孙后代的利益，应珍惜和保护所有水源，包括流域、河流、含水层以及相关的生态系统。水资源日益匮乏。保护水源和控制污染物和其他压力是可持续发展的必要条件。

4. 教育赋能：提高教育水平与公众对水资源的重要作用及其内在价值的认识。这有助于形成更加明智的决策和更可持续的用水模式。

5. 投资和创新：增加对机构、基础设施、信息和创新的投资，以便充分发挥水资源的潜能和价值。复杂的水资源挑战更能激发出协同行动、创新以及体制的强化和调整。利用新的观念、工具和解决方案，同时结合当地已有的知识与实践来支持未来领导人。

资料来源：水问题高级别小组（2017b）。

第2章

环境的价值评估

世界水评估计划
David Coates 和 Richard Connor

撰稿人：
Rebecca Welling（世界自然保护联盟）
和 Manzoor Qadir（联合国大学水、环境与健康研究所）

> **我们利用自然，因为它有价值——但我们失去它，因为它是免费的。**
>
> *Pavan Sukhdev*[1]

2.1 简介

环境是水资源管理的核心。水源于环境，环境也是水资源利用的竞争者。水作为生态系统不可或缺的组成部分的价值，环境在推动水、沉积物、营养物质、能源和生物群流动中的作用，以及这些物质流动在自然界的相互关系，构成了水资源所面临的主要挑战。现在绝大多数水资源分配机制都将生态用水分配作为一个价值领域。这些机制涉及：水资源储量、消费上限、可持续汲取限制、水市场、基础设施运营商的许可条件以及大坝的泄水规则和制度（Horne 等，2017a）。有关水污染的法规是涉及面最广、历史最长的与水相关的法规之一（世界水评估计划，2017）。

但是，环境与水相互作用的现状和趋势（见序言）清楚地表明，需要将环境的价值更好地纳入水资源管理中。水在多种环境方面的价值，包括生物多样性的价值，常常被忽视（Arthington 等，2018；生物多样性和生态系统服务政府间科学政策平台，2019a）。

本章主要从经济角度来评估自然与水的关系所具有的价值。正如第 1 章指出的那样，应全面理解这里所说的“经济学”的范畴。特别是不应将“经济学”仅局限于货币价值评估，或通过以市场为基础确定水的价值。在一些群体或社会中，水和自然被赋予了重要价值，这些价值等无法通过经济手段体现。如精神、宗教和文化价值或信仰体系（第 7 章）。这些不只存在于土著居民当中，也可能存在于社会各个角落，并且发挥着重要作用。虽然这些价值一直都存在，但并没有利用它们进行经济价值评估——它们只是存在着。这些价值是需要考虑的重要因素，而且可能会超越经济价值。

2.2 资源的环境维度——主要考虑因素

环境是水文循环的核心要素，是水资源管理各方面的重要环节。水源于环境，人类所取用的水最后会连同一切加入其中的杂质回归环境。环境变化会影响人类用水的地点、数量、时间以及质量。人类对环境的影响通常会对水资源不利。然而，可以通过广为人知的“基于自然的解决方案”，积极管控环境与水之间的相互影响，从而应对与水相关的挑战（世界水评估计划 / 联合国水机制，2018）。这种方案以绿色或自然基础设施的概念为主，其功用与灰色基础设施（常规基础设施）并无二致（图 2.1）。

---

[1] Pavan Sukhdev，环境经济学家，生态系统和生物多样性经济学（TEEB）倡议的发起人，兼世界自然基金会（WWF）国际协会主席，联合国绿色经济倡议的前负责人等（R. Cohn，2012）。“为自然资源的真实价值定价”，Pavan Sukhdev. Yale Environment. 360. yale.edu/features/putting_a_price_on_the_real_value_of_nature.

图 2.1　水资源管理的绿色基础设施

* 混合解决方案，包含构建一些与自然相互作用元素并能提高与水相关的生态系统服务功能

绿色或半绿色基础设施提供水资源管理服务，其效益与传统（已建的）“灰色”水利基础设施相当或类似。

流域内绿色基础设施资产的组成、结构和功能，以及它们与已建“灰色”基础设施的相互作用的方式将决定主要服务和所产生共同效益。

参见联合国环境规划署—丹麦水文研究所 / 世界自然保护联盟 / 大自然保护协会的大自然保护协会，进一步了解详情（2014）。

资料来源：信息图“用于水资源管理的绿色基础设施”，© 世界自然保护联盟，2015。

2.3 环境的价值评估

环境的价值可体现在为人类直接供水方面，如饮用、灌溉或工业用途，也可体现在抵御洪灾等极端事件，或应对污染方面。但是，环境也可能是竞争用水的一方，例如，为了支持渔业发展或出于审美需要，要将水分配给环境。这两个过程并非完全相互独立，在这两种情况下，水的价值评估方法相似。

2.3.1　价值评估依据——大自然对人类的贡献，包括生态系统服务

环境或生态系统的各种价值通常被分类并衡量给人们带来的惠益。“大自然对人类的贡献”是当前政府间公认的用词，“指人类从大自然中获得的所有利益：生态系统产品和服务，无论是单独还是综合考虑，都属于这一范畴”（生物多样性和生态系统服务政府间科学政策平台，2019a，第 51 页）。与水相关的生态系统服务，或者捆绑服务，是指通过调节水流和水质而在水文循环中发挥特殊作用的服务：例如，洪水调控和沿海风暴保护、水蚀控制和泥沙流移、供水、水净化（养分回收和污染吸收）以及气候和降水调节。这些服务会影响到水量、地点、可用时间以及质量。此外，所有生态系统服务均以水为基础，无论它们在水文学中的作用如何。没有水，生态系统就停止运转。

在大多数研究中，与水相关的生态服务系统通常不被视为一个不同的或单独的门类，通常必须与其他服务捆绑分析，才能得到与水相关的结论。不同生态系统过程及其功能之间的相互关系可能很复杂。这些功能给人们带来的好处也可分为不同的类别。例如，生物多样性和生态系统服务政府间科学政策平台（2019a，第 23 页）将“淡水量及其地点和时间的调节”及“淡水和沿海水质的调节”列为大自然对人类的贡献，这些贡献明确与水相关，但是“气候的调节”“灾害和极端气候事件的调节”以及“身心体验”（例如，与景观水相关的体验）也与水密切相关。这些贡献中有很多是相互关联的；例如，上文所述的淡水量、时段和地点是灾害事件（例如洪水）的基本参数。

其他分析中使用了不同的分类方法。例如，Barredo 等（2019）使用“供应服务”（“供水”）、“调节服务”（“水流调节、废物处理——水净化”）和“文化礼仪服务”（例如“精神体验、灵感和审美信息”）。陆地和水中的泥沙调节服务（包括形成、流移和沉积过程）通常不易归类，作为与水有关的服务，它的重要性常常被忽视。有人认为，这是一种重要的生态系统功能或生态系统服务，其益处可以归为调节水质或侵蚀、土地形成或稳定和/或减少灾害风险（DRR）。重要的是必须铭记，这些与水相关的生态系统服务价值当中哪些服务包括在内，哪些服务不包括在内。

重要价值可以归为生态系统服务，因为它能够提高生态系统的韧性，降低风险

2.3.2 生态系统服务的总体价值

大自然对人类贡献的价值超过了包括全球国内生产总值（GDP）在内的其他经济价值。有估算认为，2011 年大自然对人类贡献的理论经济价值为每年 125 万亿美元，约比当时全球各国的国内生产总值高出 2/3（Costanza 等，2014）。那么对于生态系统的消失和退化，如果不采取行动，所要付出的代价将会很高。据经济合作与发展组织报告（2019，第 9 页），“1997 年至 2011 年期间，仅地表覆盖变化，全球每年损失的生态系统服务价值约 4 万亿～20 万亿美元，因土地退化每年损失的价值约 6 万亿～11 万亿美元。”

生态系统服务在支持生态韧性或降低风险方面具有显著价值。2019 年，按可能性计算，环境相关风险占 5 大风险中的 3 种，按影响计算，占 5 大风险中的 4 种（2019 年世界经济论坛）。大多数灾害风险和成本都与水相关。例如：2000—2006 年期间，有 2163 起灾害与水相关，造成了 4220 亿美元的损失，影响到 15 亿人（Adikari 和 Yoshitani，2009）；慕尼黑再保险公司 2019 年登记的 820 起自然灾害中有 45% 与洪水、山洪和山体滑坡相关（慕尼黑再保险公司，2020）。相关的生态系统服务丧失加剧了很多灾害风险（世界水评估计划/联合国水机制，2018），因为这些服务在预防灾害方面具有关键作用。这些服务的价值可以计算（例如 Batker 等，2010），但它们往往得不到认可，也没有充分纳入经济规划，因为经济规划更喜欢短期收益，而不是长期可持续的发展（生物多样性和生态系统服务政府间科学政策平台，2019b）。

生态系统服务价值估算因研究地点、评估方法、服务类别和生物种类而变化。回顾已发表的价值评估研究发现，De Groot 等（2012）表示，不同生物区系的单位面积内总经济价值（TEV）差异很大，从每年每公顷不到 1,000 美元到超过 100 万美元不等。到目前为止，湿地生物群落单位面积价值最高，其价值可达若干个数量级。然而，这一类别包括珊瑚礁，因其具有很高的旅游价值，所以成为一个特例。

可归为与水相关的生态系统服务的总价值比例尚未得到系统性计算，但是它可能占了所有生态系统服务价值的大部分：对海岸系统和海岸湿地，各项研究得出的平均比例为 89%（包括供水、气候调节、预防侵蚀、减轻干扰、废物处理和养分循环）；对热带雨林，所占比例为 83%；而内陆湿地，所占比例为 65.5%；河流和湖泊，所占比例为 46%；但温带森林、林地和草地，所占比例还不到 15%（De Groot 等，2012）。

2.4 价值计算方法

生态系统服务的概念，极大地推动了人们记录生态系统价值，包括在水资源管理系统中的绿色基础设施的价值（Russi 等，2013；Gilvear 等，2017）。相关学者正以越来越清晰、专业的经济术语来记录这些价值和效益（Vörösmarty 等，2018）。

计算生态系统服务价值的方法多种多样。这些方法在不同类别的生态系统中基本相似。其中一些用于计算与水相关的服务价值如森林（Barredo 等，2019）、大范围的生态类型（De Groot 等，2012）和湿地（Russi 等，2013）中的服务，通常采用的方法包括：条件价值评估法、选择建模、规避行为法[1]、价值转换、相关商品市场分析方法、生产函数、间接机会成本、修复成本、娱乐价格法、重置成本和预防性 / 防御性支出。

2.4.1 货币估价法

采用货币来表示生态系统服务的价值时，更容易与其他通常以货币单位来表示的经济价值比较。生态系统服务的货币价值研究可以追溯到 20 世纪 60 年代初，随着 Costanza 等（1997）发布的研究成果而受到广泛关注。从此以后，人们逐渐认识到了自然资源和生态系统服务的货币估价法。部分人拒绝采用货币估价法，因为他们认为这种方法低估了自然资源的价值，还将自然资源商品化，或者暗示它可以交易（Conniff，2012；Bresnihan，2017），虽然这未必是货币价值评估法的本意。然而，货币估价法一直是促使人们关注环境的主要驱动力，因为采用这种方法通常可以产生很高的价值，尤其在涉及水资源时。

2.4.2 非货币价值

环境具有重要的价值，但是不能或不应采用基于货币的方法限定或定义这些价值

环境具有重要的价值，但是不能或不应采用基于货币的方法限定或定义这些价值。尤其在提供精神体验、文化、艺术和设计灵感、审美价值、认知发展信息以及其他常被归类为文化服务的生态系统服务时（生态系统与生物多样性经济学，2010）。正如期权、存在或遗赠价值、内在价值或关系价值（见第 1 章）等尤其难以用货币来衡量。这些价值大多也很难量化。无论如何，将它们纳入整体价值评估和不同方法下价值的比较中是十分重要的。

价值也可根据宗教信仰决定，例如，印度教教徒对恒河的敬畏。也有一些地方拒绝采用经济学方法评估自然资源的价值并将其商品化为例如“地球母亲”这个概念的权利，而有些地方则通过赋予自然资源合法权利来反映自然资源的价值。这种价值体系可能会对政策产生强大的影响，还可能否决根据经济或货币估价法评估的

[1] 规避行为法旨在分析行为变化、支出和环境质量变化之间的替换率，以推断某些非市场环境属性的价值。

结果。第 7 章更加详细地讨论了这些方面的价值。

不同价值体系的存在意味着，很难制定一个统一的体系和标准来评估水资源和 / 或环境的价值。可行的方法是制定一种通用的方法，来比较、对比和利用不同的环境价值或价值体系，从而确定明智的政策选择。该方法的基本要素，是利益相关方能充分且有效地参与评估过程和具有性别敏感度的决策过程。也许这是利用各种价值的最有效且最公平的途径。通常仅有利益相关者了解能够作用于自身的真正价值。

2.4.3 核算自然资本

将自然资源视为自然资本，则可以采用较为传统的经济思维比较和理解自然资源的价值及其利益，这种思维通常决定了与水有关的决策

将自然资源视为自然资本，则可以采用较为传统的经济思维比较和理解自然资源的价值及其利益，这种思维通常决定了与水有关的决策。自然资本指可再生和不可再生资源（例如，植物、动物、空气、水、土壤、矿物质）的存量，这些资源结合起来不断地为人类提供利益（联合国，2014）。“自然资本核算体系”系统地衡量和报告了自然资本的存量和流动性。与传统经济学一样，资产价值在于产生或可能产生的利益，包括非使用价值、未来使用价值或可选择的价值，这里我们指的是（潜在的）生态系统服务。这些实际是资产利息。可以使用货币或非货币估价法。基本前提是，应将环境视为必须维护和管理的资产，并将其贡献（服务）充分纳入支持经济分析的通用会计架构中（框注 2.1）。

框注 2.1 水资源的环境经济核算体系（SEEA—Water）

水资源环境经济核算体系可用于得出与水相关的指标，如：使用权；人均用水量或者国内生产总值（GDP）及其附加值；供水率；人均可利用量和类型；生产率和利用效率（可持续发展目标 6.4）；按国内生产总值或人口计算的污水排放量（污染负荷）；水资源紧张程度（可持续发展目标 6.4）；大部分可持续发展目标 6 中的其他目标和可持续发展目标中的一些重叠指标（联合国经济和社会事务部，2012）。最近不同国家将水资源环境经济核算体系用于辅助实现各种目标：如 2016 年加拿大统计局将其作为参考指南或工具，组织统计数据，从国家层面评估水资源状况；卢旺达政府编制国家水量账户系统（例如卢旺达政府，2019）；在伊朗含水层规模的案例研究中用于综合评估水安全状况（Mahdavi 等，2019）；用作芬兰高度细化水量账户系统的编制程序（Salminen 等，2018）；支持厄瓜多尔城市水资源管理的决策过程（López 等，2019）等。

资本核算方法通常应用于基于自然的解决方案（世界水评估计划 / 联合国水机制，2018），以计算实际价值。众所周知，环境退化会造成与水相关的成本；例如，在估算流域服务价值，计算生态系统服务方案的潜能、规模以及投入时就会碰到这种情况（案例参见第 3 章）。

如英国（UK）的案例所示，国家、大型组织和企业、城市、保护区和较小规模的土地和水域（例如私人庄园和公共公园）都可以生成自然资本账户[1]。世界银行

---

1 参见案例：ecosystemsknowledge.net/resources/themes/accounting.

图 2.2　在评估环境或生态系统资产的总经济价值（TEV）时，主要应考虑的因素

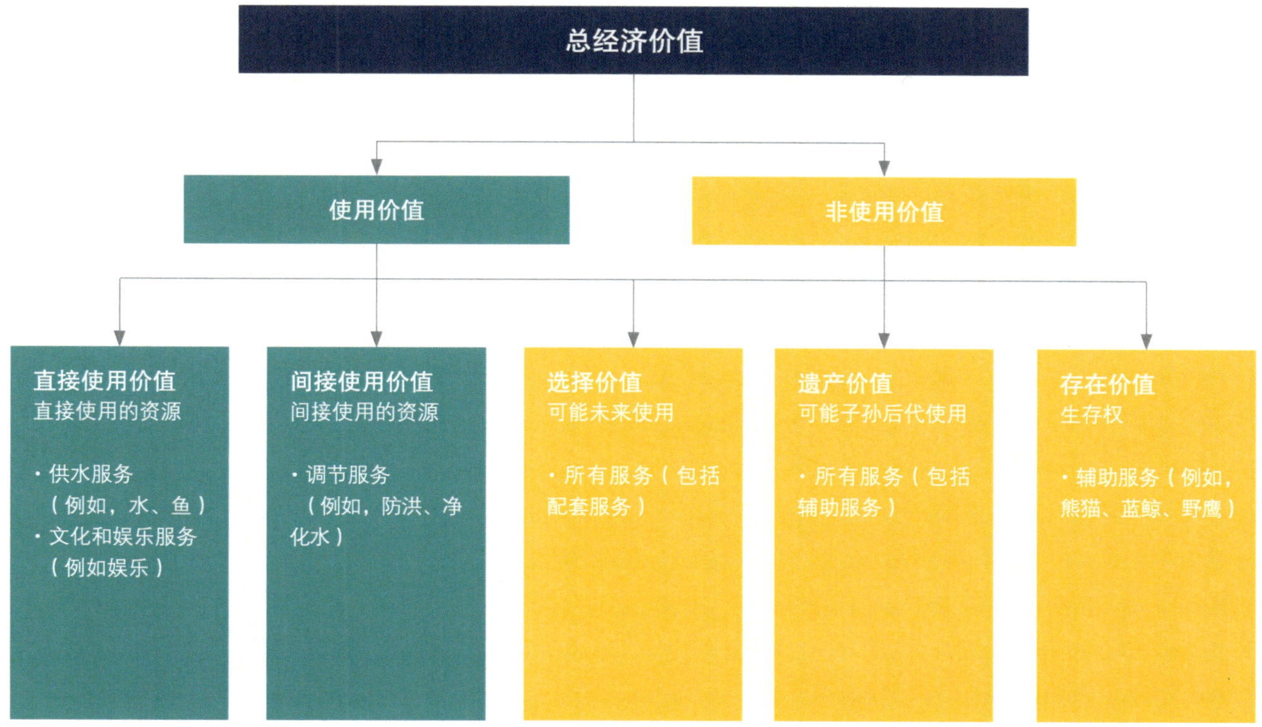

资料来源：改编自 De Groot（2006，图 6，第 23 页），经拉姆萨尔湿地公约秘书处 / 生物多样性公约（CBD）秘书处许可转载。

发起的财富核算和生态系统服务价值评估机制合伙人鼓励将环境价值纳入国家经济账户和发展规划中。

2.4.4　评估总值

可以结合多种方法反映环境的整体价值。通常通过评估总经济价值，得出环境的整体价值，总经济价值反应的是所有成套的相关价值，可采用不同的方法计算每种价值（图 2.2）。

2.4.5　所需的精度

对与水相关的生态系统及其各种服务的价值进行全面评估可能具有很大的挑战性。但是不同的用途需要不同的空间尺度和精准方法。例如，Costanza 等（2014）建议：从区域到全球层面，使用精度低的总价值和宏观总和，以提高人们的意识和关注度；对城市和区域用地规划，使用低 – 中等精度的随土地利用场景变化的价值，在多层级的生态系统服务付费问题，使用中 – 高精度的随行为变化的数据。

2.4.6　将价值纳入决策框架的方法

在一定阶段，汇总的水资源和生态系统价值信息应在连贯一致的决策框架下。McCartney 等（2019）提供了一个完整的案例，介绍了生态系统如何服务于肯

框注 2.2 应用逐步式方法确定优化斯里兰卡迦罗奥耶河流域生态系统服务的方案

斯里兰卡迦罗奥耶河流域采用传统的灌溉系统，以人工湿地蓄水（称为人工蓄水池）。日益增长的用水需求和不可持续的用地情况导致入水量减少，泥沙量增加。

第 1 步：详细说明问题，与利益相关者就问题达成一致

确定了两个挑战：(1) 传统用户、水力发电和现代农业之间相互竞争的用水需求；(2) 亟须提高蓄水池管理水平。

第 2 步：确定哪种生态系统服务是最与之相关的（与决策密切相关，涉及主要利益相关者）

很明显，除了人工蓄水池对水稻种植有益外，湿地还提供了其他重要的生态系统服务——鱼类资源、荷花、饲料和饮用水。

第 3 步：当研究设计决定你得到了什么类别的信息时确定信息需求，选择适当的方法

首先，评估蓄水池提供服务的价值，可以了解人们对蓄水池的依赖程度。经研究决定采用参与式评估法、市场价格和劳动力成本。其次，结合文献资料和专家论断，选取水补给、水土保持和生境服务进行定性趋势分析。

迦罗奥耶河流域 Rajangana 和 Angamauwa 子流域人工蓄水池水资源和生物资源的价值（每个人工蓄水池）

资源	每户占比（%）	每户价值（美元/户/年）	单位面积价值（美元/公顷/年）
水稻种植	13	177	161
蔬菜种植	7	86	39
香蕉种植	3	1,150	209
椰子种植	13	239	216
生活用水	93	226	1,469
牲畜用水	13	369	335
商业用水	2	132	12
渔业	16	309	351
荷花	10	106	72
藕	7	235	107
		总计	**2,972**

第 4 步：评估生态系统服务可用性和分布的预期变化

一直以来水稻生产是主要的收益。但结果显示，每年每公顷水稻的平均价值约为 161 美元，而蓄水池提供的其他服务，包括供水，平均价值约为 2,800 美元。这对于未来协商分配水资源非常重要。

第 5 步：根据对生态系统服务预期变化的分析，确定和评估政策方案

为提高人工蓄水池的管理水平，分析研究了四种方案，并结合关于调控 / 生境服务的定性信息（表中的间接使用价值趋势，根据专家意见得出的可能结果进行评估）同时考虑未来可能的成本与效益（参见下表；–7 表示最坏情况：持续损失和减少，+7 表示最佳情况：恢复和复原）。

方案 4（即清除淤泥，并且修复人工蓄水池）是考虑所有指标后的最佳方案。

评估备选任务管理方案的成本效益

情景	净现值（单位：千美元）			间接使用价值趋势（指数）	30年后的成本与效益情况
	成本	递增的人工蓄水池效益	可量化的净收益		
S1：不采取任何措施	0	0	0	−7	↓↓
S2：提高溢出水位	0.4	24.2	23.8	−4	↓
S3：提高溢出水位并修复	35.8	64.6	28.8	+6	↑
S4：清除淤泥，并且修复人工蓄水池	62.8	120.7	57.9	+7	↑↑

第 6 步：评估政策方案的社会和环境影响，因为生态系统服务变化会对不同的人群产生不同的影响

修复人工蓄水池蓄水能力的预案费用非常高，需要人工清除淤泥（参见上表）。由于人工蓄水池为 93% 的家庭提供了一个功能完备的安全供水系统，所以当地接受了这些费用。

资料来源：摘自 Russi 等。（2013，框注 3.9，第 32~33 页），经拉姆萨尔湿地公约秘书处 / 欧洲环境政策研究所（根据比利时法律成立的欧洲环境政策研究所）许可转载。

尼亚塔纳河盆地的居民。如何评估肯尼亚塔纳河流域为人类生态系统服务，在这个案例中，人们受惠于自然，充分利用基础设施，增加了总体经济收益。

生态系统和生物多样性经济学（2010）概述了在地方和区域管理中整合生态系统服务可行的六步选择法。框注 2.2 以斯里兰卡迦罗奥耶河流域为例说明了这一方法。

2.4.7 评估水资源对废物吸纳和水质的环境服务

生态系统对污染物有一定的吸纳能力，取决于所涉及的化学物质、天然背景值（浓度）以及相关水质标准。这种生态系统服务具有很高的价值——免去了处理排放物所需的成本——但几乎从未量化过，因为人们认为它是“免费的”。造成污染的人员理所当然地认为水可以稀释污染物，使水质保持在好于商定的标准，但这却对水资源的可利用性产生了不利影响。超出天然的承载能力会造成污染、危害健康、对生物多样性产生不利影响，并且增加水处理成本，加剧水资源紧张局势（世

框注 2.3　评估上游生化需氧量对下游国内生产总值的影响

为了评估生化需氧量不断增加对下游经济活动的影响，当地的国内生产总值数据与最近的上游水质监测站的生化需氧量数据进行了匹配。新增已知的会影响国内生产总值增长的其他因素作为一组限制因素，包括气候、人口、地理环境、水质的年际变化以及反映经济转型的国家具体时间趋势。如果不出意外的话，结果会很惊人。当生化需氧量水平超过 8 毫克 / 升时——在这个水平上，就会认为河流受到了严重污染——国内生产总值的增长幅度就会减少 1/3 左右。对于中等收入国家，如果生化需氧量问题较为严重，将会导致国内生产总值的增长幅度几乎减少一半。在生化需氧量水平较低的高收入国家，国内生产总值仅有小幅度下降。

实际上，这种方法是通过国内生产总值来评估污染成本，因此，传达的价值在于减少环境污染。

资料来源：改编自 Damania 等（2019a，第 10 页）。

框注 2.4　估算中国地表水污染造成的经济损失

对因地表水污染事故而造成的经济损失，估算方法如《中华人民共和国环境保护法》所述。因地表水污染事故而造成的损害可分为 8 种类型：对人体健康的损害；暂停供水；对渔业发展、娱乐功能以及生物多样性的损害；环境财产损失；事故；以及其他间接损失。评估对人们生活造成的损害时，所用的程序与交通事故赔偿程序相同。功能重置成本法被用于估算因暂停供水和丧失水上娱乐功能造成的经济损失。通过回收成本分析估算对生物多样性造成的损害，使用污染物清除成本计算环境财产损失。决策者可以使用价值评估程序估算因地表水污染事故而造成的经济损失。估算因污染事故而造成的经济损失也有助于量化与湖泊或河流沿线风险源增加相关的潜在成本，并且突出清洁水对整个社会的价值。

资料来源：改编自 Yao 等（2016，第 1 页）。

界水评估计划，2017）。

生化需氧量（BOD）是常用的水质指标之一。生化需氧量用于监测污染负荷超出生态系统承载能力到何种程度将会导致水中氧气缺损（需氧量）。可以使用生化需氧量数据，通过多种方法计算与环境污染相关的数值；例如，最近一项研究评估了生化需氧量对国内生产总值增长情况的影响（框注 2.3）。

通常根据损害成本直接评估因水污染引起的环境退化导致的经济损失：要么根据预防环境退化的成本（维护成本法，例如减少损害的基础设施的成本），要么根据规避损害的效益（例如，人类疾病和过早死亡或者因水质变化而造成的生产力损失）（联合国经济和社会事务部，2012）。也可将多种方法结合来估算污染成本（框注 2.4）。这些至少在一定程度上反映了自然状态下的水资源价值。

基于成本的方法有三种。减排成本：使用最广泛的方法，衡量引进水污染防治技术所产生的成本；结构调整成本：调整经济结构（生产和 / 或消费模式）以达到将水污染或其他形式的环境退化程度降低到给定标准所产生的成本，通常需要采用复杂的总体经济模型；修复成本：用于衡量将受损水体或生态系统恢复到合格状态所产生的成本（联合国经济和社会事务部，2012）。

2.5 有助于对环境与水的关系进行价值评估的方法

想要逐步提高对环境与水的关系的多种价值的认识，需要改进价值评估方式，并将上述价值纳入完善的决策框架机制。

2.5.1　基于自然的解决方案

基于自然的解决方案使用或模拟自然过程。这些方案正在以前所未有的速度被投入使用，改善效果备受瞩目，尽管部分与水相关的融资还在外围（世界水评估计划 / 联合国水机制，2018）。《水管理绿色基础设施指南》（联合国环境规划署 / 联合国环境规划署—丹麦水文研究所 / 世界自然保护联盟 / 大自然保护协会，2014）介绍了各种与水相关基于生态系统的基础设施项目的管理方法。基于自然的解决方案在不断创新，几乎没有放缓的迹象（Vörösmarty 等，2018）。已经制定了洪涝灾害风险管理的具体原则和标准化实施指南（Van Wesenbeeck 等，2017）。基于自然的解决方案在适应和减缓气候变化方面也发挥着重要作用（联合国教科文组织 / 联合国水机制，2020）。

生态系统服务价值评估在评价基于自然的方案中发挥着核心作用，可通过减少与水相关的运营成本或资本投入或者提高生产率来计算生态系统服务价值（案例参见第3章）。人们逐渐认识到，保护高价值的集水区和水源对下游乡村和城市用水是有益的（Abell等，2017）。保护水源的价值通常通过下游用户供水的明显改善情况，以及与提高水质和降低处理成本相关的成本节约情况进行计算。在流域保护方面进行投资，每4个城市中就有1个能够产生回报（McDonald和Shemie，2014）。水利基金是推动产生这些效益的创新性工具（大自然保护协会，2018）。通常采用生态系统服务付费的方式，将效益由服务受益者转移到服务供应者（框注3.2）。

评估生态系统服务价值在评估基于自然的解决方案中发挥着核心作用，可通过减少与水相关的运营成本或资本成本或者以提高生产率的方式计算生态系统服务价值

基于自然的解决方案可以带来第二个显著的环境协同效益，即联合提供多种与水有关的服务和其他生态系统服务（世界水评估计划/联合国水机制，2018）。例如，它们可以创造出提升的效益，比如生物多样性的保护、垂钓或娱乐和旅游业的改善，进而有利于投资决策（联合国环境规划署/联合国环境规划署—丹麦水文研究所/世界自然保护联盟/大自然保护协会，2014；世界水评估计划/联合国水机制，2018）。因此，基于自然的解决方案可以创造出符合可持续发展目标要求的社会、经济和环境协同效益，其中包括：获得供水和卫生设施服务、粮食和能源安全、人类健康和生计、经济增长、提供就业机会、改善人类居住环境、减少与水相关的灾害和气候风险，以及同样重要的生态系统功能恢复和对生物多样性的保护。它们也有利于提高整个系统的恢复力。

2.5.2 环境流

河流中能够维持一系列复杂的水生生境和生态系统过程的具体流态被称为环境流。类似但不一定完全相同的概念包括溪流流量需求、生态保护区、生态需水量、水资源分配（或者需求）、补偿流和最小径流（世界气象组织，2019）。生态水文学科和社会学科之间的跨学科桥梁很好地融合了水资源的社会文化价值和生态价值（Poff等，2017；Jackson，2017；Arthington等，2018）。在有能力的机构的支持下，市场适应环境用水需求的能力日益增强（Garrick等，2017；Horne等，2017b），创新出了可以将水返还环境的途径，不仅不会影响城市用水需求，还能提高农业生产率。

就环境流的有效性而言，能够建立特定河流（包括河口）中水文、生态和生态系统服务关系的评估方法极为重要（Acuña等，2013）。对这些服务进行价值评估，有助于确定一系列所需的生态系统服务，以及后续所需提供的水文体制。从压力进入生态系统，到怎样影响了生态系统，再到影响其对社会的服务价值，这是一个循序渐进的过程（图2.3）。环境流即代表了这个过程状况最优化且可持续的水量。

对环境流量需求的测算正被明确地纳入可持续发展目标指标6.4.2，以便生成监测水资源短缺的国家数据集（联合国粮食及农业组织，2019b）。环境流的供应有助于实现其他与水相关的目标和指标，如从渔业、洪灾后的农业、人类健康方面解决粮食安全和营养等问题（Arthington等，2018；Vörösmarty等，2018）。

2.5.3 私营部门的倡议和水资源管理

除了企业社会责任之外，企业逐渐意识到不考虑与水相关的影响所要面临的风

图 2.3　将流量变化与对生态系统的影响（对终端以及最终利益价值的影响）联系起来的模型

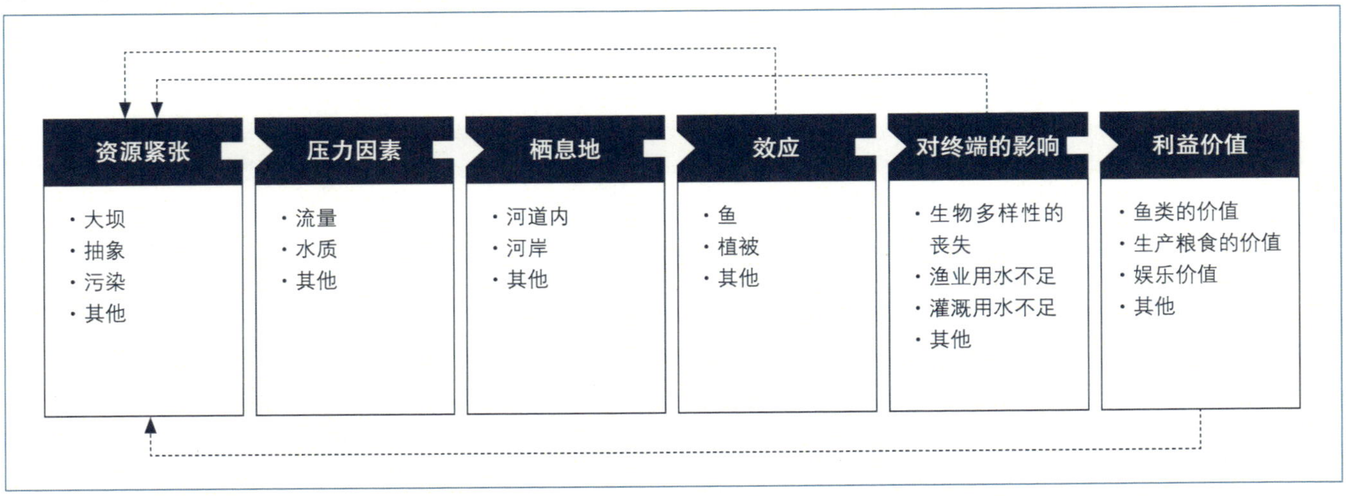

注：虚线表示管理压力源的反馈时机。

资料来源：基于 O' Brien 等（2020）。

险，进而促使其采取行动，建立相关的联盟（Newborne 和 Dalton，2016）。水资源管理旨在辅助主要用户了解自身的用水情况及其影响，以及为可持续水资源管理开展合作性和透明化的工作（框注 2.5）。在这一领域有几个积极的倡议：例如，**CEO 水使命和为水管理而经营**。就后者而言，美国（USA）有 1,200 多家公司从事水环境管理工作，改善了 720 亿升水的质量，创造了 1.4 万亿美元的经济价值。

2.6 替代资源：水资源的再利用、脱盐和增加供应量

水资源的再利用是保护水、使各种污水和农业退水有更多的机会为特定目的重复利用的关键。其他能够开发为水资源的机会还有海水淡化为饮用水。其他非常规水资源，如城市生活污水和脱盐水的水量分别为 380 立方千米和 35 立方千米。获取这些水源有助于缓解干旱地区的缺水状况（联合国水机制，2020）。

2.6.1　水的再利用

从废水中回收水、养分、贵金属和能源等同于创造附加值（世界水评估计划，2017）。每年可从产生的废污水中回收约 3,800 亿立方米的水。按照这种回收方式，预计到 2030 年将回收 4,700 亿立方米水，到 2050 年将能回收 5,740 亿立方米（Qadir 等，2020）。充分回收废水中的氮、磷和钾，可使全球农业对这些养分的需求量降低 13.4%，但是，目前已有的技术尚不能回收废水中的所有营养成分

框注 2.5　水资源管理

水资源管理联盟（AWS）制定了一套详细的指导方针，即该联盟国际水资源管理标准 2.0，其目的是着重驱动“用水点”认知和应对水资源危机和机遇，从流域层面共同面对挑战，提高经济、社会和环境效益。在共享价值创造（考虑到经济价值、社会价值和环境价值，包括对场地以外的利益相关者有利的价值）的同时全面评估与水相关的投入与产出。

资料来源：水资源管理联盟（未注明日期）。

（Fernández-Arévalo 等，2017；Ward 等，2018）。除了回收营养元素、提高经济收益之外，回收利用还具有重要的环境效益，如减少富营养化（Mayer 等，2016）。

废水的能源潜力尚未得到充分开发（Frijns 等，2013）。废水中所含的能源超过了处理废水所需的能源，越来越多的污水处理厂正在逐步实现内部能源的自给自足（Tarallo 等，2015）。加强废水能源回收是一个很好的商机（Maktabifard 等，2018）。废污水处理设施有可能产出超出自给量的过剩能源。根据污水系统生命周期的成本分析，在能效和回收活动方面进行投资，可能会带来很高的回报率。通过现行的最佳管理实践，以及循序渐进地整合相关因素，可能会实现跨越式的可持续发展，特别是在尚未规定必须进行废水收集和处理的区域和国家（Lackey 和 Fillmore，2017）。作为循环经济的一个重要组成部分，从城市污水中回收资源可以创造出新的商机，同时还可以改善供水和卫生设施服务。

灌溉农业排放的含盐水可重新用于种植耐盐的农作物，特别是那些为生产能源或可再生能源所需的耐盐农作物，从而缓解日益加剧的水资源和能源紧张问题（Qadir 等，2010）。有很多植物种类可使用含盐水灌溉，即生产生物质能和可再生能源的植物。耐盐树种有麻风树、牙刷树、沙枣和甜秆高粱（Lamers 和 Khamzina，2008）。通过上述操作，可以生产生物质能，积累土壤碳储量并促进碳封存，从而减轻对全球变暖的影响。此外，位于含盐水排放和收集网调节门控点的液压头可用于运行微型涡轮机。作为生产分散能源和离网能源的源头，这些水轮机可提供一种清洁能源，用于抽水、照明和取暖，同时能帮助相关的农村地区增强抵御气候变化的能力（Qadir 等，2010）。

2.6.2 海水淡化

在过去的 10 年里，海水淡化技术在膜技术和材料科学进步的推动下得到了快速发展

脱盐水是一种重要的水资源，使供水形式超出了水循环的范围，供水过程可以不受气候影响，能够稳定供应优质水（联合国水机制，2020）。投入运行的海水淡化厂约有 16,000 个，每天生产的清洁脱盐水达到 9,500 万立方米（每年约 350 亿立方米），用于工业、商业、家庭、旅游和高价值农业。中东市场有几乎一半的海水淡化产能（44%）处于持续增长，但其他区域的市场增长更快，尤其是中国、美国和拉丁美洲（Jones 等，2019）。

在过去的 10 年里，海水淡化技术在膜技术和材料科学进步的推动下得到快速发展。海水淡化成本稳步下降，加上监管要求日益严格，使常规水处理和水资源再利用的成本不断增加，预计依赖海水淡化作为具有吸引力和竞争力水源的趋势将加快（框注 3.5）。这些趋势可能会持续下去，未来 15 年内海水淡化将会作为全球沿海国家可靠的抗旱备选方案（联合国水机制，2020）。

目前，超过 174 个国家采用各种海水淡化方式来满足各个行业的用水需求，为超过 3 亿人提供饮用水（国际脱盐协会，2020）。尽管成本下降，但是大多数海水淡化设施均在高收入国家（67%），占全球海水淡化能力的 71%。相反，低收入国家的产能不足 0.1%（Jones 等，2019）。

2.6.3 增加供水量

基于自然的解决方案，包括流域管理，是通过补充地下水、维持地表水流动、提高土壤含水量或者管理区域降水作为增加供水量的主要途径（参见第 2 章和世界水评估计划 / 联合国水机制，2018）。还有各种与其他基础设施相关的方法可用于增加供水量。雨水集蓄设施可作为替代大型水坝的有效方案，通常需要建设微型蓄水池，并要结合地下水或土壤蓄水等绿色基础设施。

2.7 制约因素和挑战

尽管经验越来越丰富，价值评估工具也有所改进，但价值评估仍存在局限性。例如，Barredo 等（2019）列出了以下局限性：（1）对生态系统及其服务的相互依赖性的知识不足——就某项服务的价值而言，可能不太考虑对其他服务的影响机制；（2）重复计算：在汇总所有价值之前，必须区分各种互补性和竞争性的服务；（3）空间问题：生态系统服务价值在整个地理范围内得到了最好的评估，但并不一定符合评估应满足的空间尺度要求；（4）时间问题：生态系统及其服务的影响时间可能远远超过评估某一特定政策（项目）所需的标准时间期限；（5）环境限制：生态系统提供的服务不仅取决于生态系统的规模和功能，更重要的是，还取决于生态系统的状况和生物多样性水平，研究中通常会评估需求曲线上几个点的边际变化，但是将这些值应用于非边际变化问题是不合理的；（6）应对不确定性：往往在某些方面没有达成肯定的共识，但是评估不确定性的一个选项就是进行敏感性分析；（7）数据转换和知识空白：由于不同的社会和环境背景、特征和时间周期，以及无法评估的那些新影响，数据传输具有挑战性——很多措施都在试图通过建立数据库辅助知识转换，例如森林生态系统服务价值评估研究数据库（Thünen 研究所，未注明日期）、林地价值评估工具（苏格兰政府，未注明日期）以及生态系统和生物多样性价值评估数据库（Van der Ploeg 和 De Groot，2010）。

与水相关的政策决策通常仅是基于一套有限的价值做出的。在很多情况下已知其他价值，但是并未包括在内

据报告，在将生态系统服务价值评估纳入政策决策方面，存在各种实践障碍（例如 Russi 等，2013；Costanza 等，2014；Barredo 等，2019）。包括：（1）文化障碍：在考虑采用经济手段解决环境挑战时，人们常常持保留态度；（2）方法障碍：在复杂的价值评估方法中，程序规则并没有得到普遍认可；以及（3）政治障碍：难以实施和传达基于无形价值的政治决策，包括具有私人和公共产品特征服务的货币化决策。

生物多样性和生态系统服务政府间科学政策平台全面概述了知识空白问题（生物多样性和生态系统服务政府间科学政策平台，2019b）。其中包括数据、存量和监测方面的空白：自然和变化的驱动因素；生物群落和分析单位；分类标准；与自然之间的联系、大自然对人类的贡献，以及与指标和目标相关的驱动因素；综合情景和建模研究；潜在的政策方法；以及纳入土著居民和当地团体的知识。

与水相关的政策决策通常仅是基于一套有限的价值做出的。在很多情况下已知其他价值，但并未包括在内。如果政策环境对整合不同价值观这一举措不敏感，那么改进环境价值评估方法就没有什么意义。根据价值制定政策是后续决策中考虑和体现环境价值或其他任何价值的先决条件。

环境价值中必然需要包括从不同角度评估的经济价值（包括货币和非货币价值）以及其他文化和社会信仰等价值判断。因此，迫切需要可以比较和对比不同价值的工具。对于水资源的很多其他价值来说，这种需求是共同的，第 7 章中将会进一步讨论。

第3章

水利基础设施的价值评估

世界水评估计划
David Coates 和 Richard Connor

撰稿人：
Chris Dickens 和 Karen Villholth（国际水资源管理研究所），Neil Dhot（国际私人水务运营商联合会），Gordon O' Brien（普马兰加大学）

3.1 简介

水利基础设施通过蓄水、输水体现水对社会的价值。可以是灰色水利基础设施或绿色水利基础设施。“软”基础设施，如组织的基础设施（例如机构或者社交网络），此处不涉及。

毫无疑问，总的来说，水利基础设施创造出了巨大的社会效益和经济效益。有人认为（例如 Muller 等，2015），在水资源管理基础设施不足的国家，社会经济发展受到了一定的限制，很多发展中国家受制于自身的水文状况。我们需要建设更多的水利基础设施。然而，过去的经验表明，水利基础设施在价值评估方面存在严重问题，特别是大型水坝（框注 3.1）。

框注 3.1 评估大型水坝价值的经验

世界水坝委员会（2000）得出的结论是：价值评估不到位是很多大型水库效能不佳或产生负效应的重要因素；在大多数的情况下，社会和环境成本很不合理；对已完工项目进行实质性评估的很少，评估范围小，几乎不从影响类别和规模上进行综合评估，并且不太与运营决策关联；在项目建议、设计和实施阶段，对大坝的评估存在很多不足；很多大坝的建造并未基于当时适用的技术、金融和经济标准进行全面的评估，更不用说适用于当前背景的社会和环境标准了。

与此同时，值得怀疑的是，建坝后实际情况是否有了实质性的改善。例如，根据非洲基础设施发展计划（PIDA），使用世界水坝委员会（2000）的已知标准以及国际水电协会可持续性评估议定书（国际水电协会，2010）对大坝建设进行评估，得出的主要结果包括：虽然出现了值得称赞的发展理念，但是通常夸大并且曲解效益；风险损失通常高于回报；社群和环境成本居高不下；缺乏对备选方案的有力评估（国际河流，2012）。

到 2030 年，在供水和卫生基础设施方面的投资每年需要 0.9 万亿～1.5 万亿美元，约占各类基础设施总投资需求的 20%（经济合作与发展组织，2017b）。约 70% 的水利基础设施总投资在南半球，其中很大一部分在快速扩张的城市区域（全球经济和气候委员会，2016）。在发达国家，需要投入大量资金进行升级改造。在拥有宝贵自然资源的区域，预计大型水利基础设施项目的数量会逐渐增加，这需要充分权衡利弊（Opperman 等，2015）。尽管具有社会和环境保护措施（Skinner 和 Haas，2014），但是在重大水利工程中，仍然未充分说明生态系统服务的价值和社会影响（Skinner 和 Haas 等，2016）。

理想状态下的水利基础设施投资，应有很好的投入产出评估，至少在一定程度上可以实现标准化，并且得到广泛应用。事实却并非如此，正如下面将要说明的，水利基础设施创造的社会效益通常未能量化，成本（特别是外部成本）核算不充分，没有对备选方案进行充分评估和比较，数据不理想，水文数据几乎普遍过时或者不具有代表性。根据《水务廉正展望》（水资源廉正网络，2016），水利投融资体制的每个部分，无论是公共部门还是私人部门，都无法避免存在腐败或失信问题，每年因腐败问题损失约 10% 的投资，相当于 750 亿美元。

本章讨论了提高对水利基础设施价值评估的重视程度是如何帮助确定各种现有成本和收益，进而最大限度地提高经济、社会和环境效益。

3.2 水利基础设施的全球效益价值

尽管估算了全球各种水利基础设施投资情况（参见上文），但是我们对全球效益所知甚少。有一些国家水利基础设施价值的估算结果可以根据项目所能创造的预期效益推算出来。例如，目前美国国家水利基础设施资金需求为每年 1,230 亿美元，对年度经济活动的总经济贡献为 2,200 亿美元，创造了 130 万个就业岗位，增加了 1,400 亿美元的间接效益（水运动的价值，2017）。但大多数国家并没有估算过水利基础设施的价值。

可以通过因缺乏基础设施或基础设施故障而造成的成本，推测出全球价值。估算 2015 年因水资源危机而造成的经济损失约为 5,000 亿美元（Sadoff 等，2015）。预测到 2050 年，由于缺水对农业、健康和财产收入的影响，一些地区的国内生产总值可能会下滑 6%，进而进入长期的经济负增长（世界银行，2016a）。在美国，服务中断给日常经济活动带来价值 435 亿美元损失（水运动的价值，2017）。水资源短缺一直是决策者和商界领袖最关心的全球危机之一（世界经济论坛，2019）。这些担忧真实存在。全球严重缺水的人口将从 1900 年的 3,200 万人逐渐增加到 2050 年的 31 亿人（Kummu 等，2010；Gosling 和 Arnell，2016）。例如，Costanza 等（2014）估算，大自然每年提供的与水相关的服务价值约为 29 万亿美元；从生态系统服务方面来看，1997—2011 年间，沼泽和洪泛区每年损失的经济价值约为 2.7 万亿美元，潮汐沼泽和红树林每年损失的经济价值约为 7.2 万亿美元。仅亚洲糟糕的河流状况每年就可能威胁到 1.75 万亿美元价值的生态系统服务（亚洲开发银行 / 亚太水论坛，2013）。到 2030 年，水利基础设施的资金需求量在 6.7 万亿～22.6 万亿美元之间（世界水理事会 / 经济合作与发展组织，2015），这些先前的效益数字表明，除了无法量化地对社会和人类福祉的回报之外，投资灰色水利基础设施和绿色水利基础设施还可能会创造出良好的经济回报。

3.3 水利基础设施价值评估的方式方法

无论是概念定义还是操作方法，水利基础设施的价值评估都存在困难，特别是在非消耗性使用价值、间接使用价值和非使用价值方面。按照以往的经验，水利基础设施的价值可通过各种最终用途的累积价值来确定。但依然很难确定这些价值。

3.3.1 通用概念和方法

有一些成熟的方法可用于水利基础设施的价值评估。在评估基于自然的或绿色基础设施以及灰色基础设施对环境的影响时，以生态系统服务的价值评估为中心，详情参见第 2 章。Onuma 和 Tsuge（2018）提出了一种可用于确定何种条件最合适引进绿色基础设施，以及何处更适合引进灰色基础设施的方法。与此同时，世界水评估计划项目组 / 联合国水机制（2018）强调，分离绿色基础设施和灰色基础设施是一种错误的二分法，应综合考虑两者的价值，两者相辅相成（框注 3.2）。

最广为流传的灰色基础设施价值评估方法与大型水坝相关（世界水坝委员会，2000），包括直接方法，如市场主导型或者确定偏好方法；以及间接方法，如公布偏好方法或者选择模型法（详情参见第 1 章）。大多数水利基础设施的价值评估方法均采用成本—效益评估方法，但倾向于高估收益而低估成本，更有甚者未包括所有成本（例如世界水坝委员会，2000）。在价值评估过程中，最常见的不足之处均与社会和环境成本有关。最关键的问题之一是“对谁有价值”。在价值评估过程中，往往会

框注 3.2 价值评估有助于确定绿色基础设施如何辅助灰色基础设施发挥作用——以巴西伊泰普大坝为例

巴西伊泰普大坝是世界上水力发电规模最大的大坝之一。然而，由于集水区土壤的性质和当地农民的用地习惯，泥沙量过大易对伊泰普水库（像大多数其他水库一样）产生影响，这些泥沙会逐渐填满水库，降低水库蓄水能力，从而缩短水库的使用寿命，增加维护成本。

自然资本核算（详见第 2 章）可以确定相关自然资本的流动情况（生态系统服务）。流域内的农民能够制定一种量化评分系统，此系统可以说明各农场对减少淤积的贡献程度（Laurent 等，2011）。在这种情况下，国家水务局将农民视为“水资源的生产者”，根据参与该计划的农场在大坝维护、运营成本的节约和资本折旧方面的贡献程度，为农场产生的生态系统服务赋值（美国自然协会，2011）。由此产生的“培育优质水资源”（Cultivando Água Boa）计划项目组与农民建立了伙伴关系，促使基于免耕农业可持续发展的共同目标的实现（Mello 和 Van Raij，2006）。目前大坝的预期寿命已从 60 年提高到 350 年。此外，还创造了其他环境效益（例如减少养分流失和保护生物多样性），更重要的是，农业生产力和可持续性也有所提高——为农民和水力发电企业带来了双赢的局面。

巴西伊泰普大坝 © nicolasdecorte/Shutterstock.com

最关键的问题之一是“对谁有价值”。在价值评估过程中，往往会过分地偏向目标受益人，而其他利益相关者可能受益较少，甚至受到负面影响

过分地偏向目标受益人，而其他利益相关者可能受益较少，甚至受到负面影响。

由于水利基础设施资产不常交易，因而以市场为基础的公允价值依据可能有限。大多数水务企业核算方法是根据预期收入的净现值、折旧后重置成本或者当前的重置成本估算公允价值（框注 3.3）。当企业经营实际上为非盈利时，根据未来预期收益对供水基础设施资产进行价值评估是不合理的。在这种情况下，根据折旧后重置成本进行价值评估可以更好地预测这些资产在未来的预期收益。对于政府/团体因极端气候事件而面临的损失，上述方法还提供了更好的揭露意见（Comisari 等，2011）。

单位参考值（URV）法已用于确定水资源管理方案的单位用水量成本。例如，南非在 20 世纪 80 年代就制定了单位参考值法。采用最基本的形式，将它计算为增加供水量或管理方案的（资本和运营）全寿命周期成本的折现值，除以供水方面的折现增量（Bester 等，2020）。

然而，很多方法（包括上面所列的大多数方法）的主要缺陷是，仅关注财务成本（现金流、资本和经营支出）和财务收益，往往忽略了间接成本，特别是被视为外部因素的社会和环境成本。如第 1 章所述，无论是水的价格，还是水的输送成本，都不能准确反映水的价值。需要在平衡所有成本和收益（货币和非货币、直接和间接）的基础上进行价值评估。使用“总经济价值”可以更好地反映这些更为广泛的因素，详见第 1 章和第 2 章。因此，全面分析水利基础设施项目的成本效益涉及复杂的经济评估过程。必然还要涉及风险、贴现率、项目寿命、折旧率和利率等方面的假设。这在估算中不仅会产生很大的差别和潜在的偏差，还会导致假设所依据的环境也会发生变化这种重大的问题（框注 3.4）。

在设计阶段进行价值评估时，很少考虑拆除大坝的成本（如果有）。当结构变

框注 3.3　为什么以及怎样评估水利基础设施资产价值

资产价值会因价值评估依据和评估所包括的资产性质而产生很大差异。因此，需要确定评估资产价值的具体原因。评估水利基础设施资产的可能原因包括：

- 衡量净值；即告知所有者（私有或者公有）拥有的财富；
- 确定涉及资产的可能售价；
- 在资产遭到毁坏或损坏时，评估拥有者可能需要的资产重置成本；
- 估算资产收益；
- 作为当前衡量生产力的依据。

主要经济核算概念包括：

公允价值：指在公平交易中，熟悉情况的交易双方自愿进行资产交换或债务清偿的金额。如果没有市场基础做依据，可以使用收入或折旧重置成本法估算公允价值。

为估算水利基础设施资产收益，可行的价值评估依据包括：

现时重置成本：当前建造或重置完全相同资产的成本，不考虑折旧。

折旧后重置成本：与不考虑折旧的现时重置成本相比，考虑累积折旧的现时重置成本一般是资产剩余较为可靠的经济效益衡量标准。

净现值（或者使用价值、贴现现金流、内部收益率）：预期来源于资产的未来现金流量的现值。

通常不使用市场价值评估方法，因为这种价值评估方法不可行，或是因为当时的情形不适用。在商业核算过程中，如果不可得市场价值或者认为不适用，通常使用折旧后重置成本或收益法进行核算。

资料来源：改编自 Comisari 等（2011）。

框注 3.4　对中国三峡大坝进行概率性的成本—效益分析

Morimoto 和 Hope（2004）对中国三峡大坝进行了概率性的成本—效益分析。在成本—效益分析（CBA）中，考虑到了项目的不确定性，并且尝试得出比常见的确定性成本—效益分析结果或者多标准分析结果更为可靠、合理的结果。因此，可以计算净现值的分布，并且确定最显著的影响。结果表明，尽管施工时通过合理假设和常规假设预见到了积极的项目影响，但是这些假设对价值评估方法、贴现率的选择以及项目的不确定性高度敏感。例如，可替代再生能源（如太阳能）的成本现在显著低于项目设计的成本，与水力发电的预期成本和效益有很大差别。作者还指出，以前大多数研究仅单独关注大坝的各种影响，并且主要采用定性方法对各种影响因素进行价值评估、比较其产生的价值。

得不安全或多余时，可能需要拆除大坝。

3.3.2 评估经济可行性和财务可行性

重要的是，要认识到基于经济可行性和财务可行性进行价值评估时的不同。**财务可行性**指机构不断实现经营目标（通常是一个确定的财务收益率）的能力，以及从财务角度完成长期任务的能力。**经济可行性**评估一个项目是在考虑了所有成本和收益，包括社会、环境和财务成本和社会收益后，它是否为社会提供了总体为正的净经济贡献（国际水电协会可持续性评估议定书，2020）。因此，财务上可行的项目不一定经济上可行，反之亦然。尽管如此，很多项目仅建立在财务价值评估的基础上，即使对于这部分，成本回收假设在现实中也很难实现（世界水坝委员会，2000）。

目前的融资方法（第 10 章）和模型的采用并没有鼓励对未来水安全所需的灵活、多用途基础设施给予必要的关注。此外，尽管投入了大量资金，但是过去在基础设施融资过程中并没有充分考虑不同的受影响利益相关者的价值和竞争优先权（世界水理事会 / 经济合作与发展组织，2015）。需要提高水利基础设施投资效益以妥善维护已有资产，“避免形成未来负债”（世界水理事会 / 经济合作与发展组织，2015，第 3 页）。良好的评估水资源的价值有助于解决这一挑战，包括优质水治理领域，其中诚信和透明度至关重要。

3.3.3 考虑资本和运营成本

价值评估中的一个主要问题是，大量资本和运营维护（O&M）成本是否包含在随后的最终用途价值评估中。收取全成本供水服务费只是个例外，而不是惯例。在很多国家，只能收回部分或全部运营成本，而整体资本投资成本则由公共基金承担（世界自然基金会，2003）。大型水利基础设施项目，特别是大型水利工程，财务和经济绩效通常较差。一般情况下，水利基础设施项目无法收回运营和维护成本，这表明，即使将其作为一个明确的目标，资本成本的回收也很有限（世界水坝委员会，2000）。很多大坝具有多种用途，例如提供水电、灌溉、发展渔业和防洪。将成本分配给各种用途可能具有挑战性。尽管价值评估在一定程度上需要平衡

框注 3.5 海水淡化项目的价值评估

在淡水资源稀缺的区域，海水淡化项目的价值很高。如果再加上灌溉用水的再利用，则海水淡化项目可以减少淡水使用量，并且增加供水量。如果使用可再生能源，这一过程对环境的影响可以得到缓解（Pistocchi 等，2020）。在以色列，海水淡化厂目前供应了约 1/4 的饮用水，并且计划继续增加这一产能。缺水通常会带来经济损失，进而影响以色列的整体经济状况。从减少水资源短缺的角度看，淡化海水的经济价值约为每立方米 4 美元：远高于淡化过程的直接成本（Palatnik，2019）。

不同用水方式的所有收益和成本，但是如果不考虑资本、运营和维护成本，它就不符合实际。

3.3.4 认识到价值可能会发生变化

用于计算项目成本—效益的价值可能会发生变化。例如，太阳能或风能等可再生能源的成本在过去 10 年大幅下降，这一趋势预计将会持续下去（国际能源署，2020）。因此，水电站大坝的原始成本—效益假设可能不再成立（案例参见框注 3.4）。可再生能源成本降低也可以使水利基础设施项目在经济上更加可行，例如海水淡化项目（框注 3.5；参见第 2.6.2 节）。

此外，未来社会价值可能会发生变化，如环境和娱乐价值增加，这就可能导致被要求拆除大坝。例如，恢复鲑鱼种群一直是美国拆除大坝的主要影响因素（Whitelaw 和 McMullen，2002）。价值会随着时间的推移而改变，显现出灵活及适应性策略和“不做后悔的决策”的价值。

价值会随着时间的推移而改变，显现出灵活及适应性策略和“不做后悔的决策”的价值

3.3.5 蓄水

水利基础设施的一个重要目标在于蓄水，以应对供水量、可利用量以及需水量的变化。水圈的各个部分，包括海洋、湖泊、土壤、地下水和大气，均起着蓄水作用，也包括主要使用大坝的人造水库。尽管大坝数量众多，但是迄今为止淡水储备量最大的仍是自然生态系统。

蓄水量的变化趋势

总蓄水量和相关的淡水可利用量普遍下降，主要原因在于过度汲取地下水和温度上升造成的地表水流失量增加（Liu 等，2019）。气候变化对陆地蓄水量变化趋势的影响程度是人类直接干预影响程度的 2 倍左右（Scanlon 等，2018）。从全球来看，人均已建水库容量正在减少（图 3.1），因为水库的扩建赶不上人口的增长

图 3.1
全球人口增长和水库库容

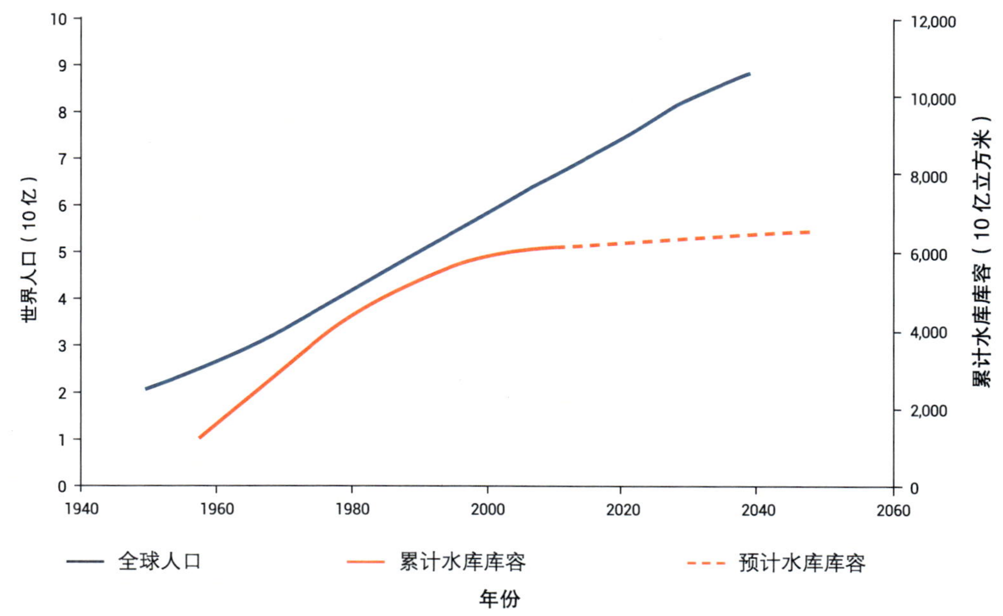

资料来源：Annandale 等（2016，图 3.14，第 41 页）。

速度；现有水库的库容正在减少，主要原因是泥沙沉积。平均每年损失的蓄水量约占已建水库总库容的 1%，恢复这些损失的成本约为每年 130 亿美元（George 等，2017）。一项关于加强世界 400 个大河流域蓄水能力的价值评估发现，非洲许多地区以及澳大利亚、中国北部、印度、西班牙和美国西部都存在缺水风险（Gaupp 等，2015）。

因泥沙沉积而减少水库库容时，会增加投资资本的折旧率，进而影响到投资收益。削减泥沙沉积量措施的价值也增加了——这些措施主要采用基于自然的解决方案，以改进集水区管理（参见世界水评估计划 / 联合国水机制，2018）。

结合日益增长的蓄水需求，使人怀疑扩大人工水库库容是否应作为可持续水资源战略的重要组成部分（Wisser 等，2013）。可行的替代方案如：（1）认识到自然系统在蓄水或综合利用方面具有的相对价值，自然系统不仅蓄水量最大，同时也可以发现以可持续的方式增加蓄水价值的主要机会；（2）认识到减少需求量的价值；（3）增加供水量，例如通过提高土地管理水平或者水资源再利用；（4）使用分散的解决方案。

水库蓄水和排水方式具有显著的非使用价值

蒸发损失

与原始河流的蒸发量相比，人工湖泊和水库蒸发量增加会造成严重的损失，根据 AQUASTAT 数据估计，全球蒸发量为 346 立方千米 / 年（联合国粮食及农业组织，2015），约占全球总用水量的 10%。在炎热的干旱地区，损失可能会比这个平均值更高，因此这些区域的水资源会越来越稀缺。这些损失会对以用水量为基础的价值评估方法产生严重影响——也就意味着，平均起来，这些用水量将是直接测量出来的量的两倍。这凸显了自然蓄水环境能够减少蒸发损失的价值，例如，地下水坝创造的价值在于减缓地下水流、减少蒸发损失、增加储水层（蓄水层）的蓄水量

框注 3.6　利用绿色基础设施管理蓄水层补给：评估供水和其他社会、环境和修复服务的成本和效益

使用一系列的绿色基础设施管理蓄水层补给量（MAR），绿色基础设施解决方案利用的是功能良好的土地及其地下资源提供的生态系统服务和自然基础设施。此类解决方案属于更宽泛的以地下水为基础的自然基础设施类别（地下水解决方案政策和实践倡议，未注明日期），逐渐被纳入了综合水资源管理方案，以提高水资源的安全性、韧性和持续提供环境服务的能力。虽然增加蓄存和可利用性是主要的驱动因素，但管理好蓄水层的补给量还可以减少地表水的蒸发，以及减少土地生态足迹。最近对世界各地 28 个使用时间较长的绿色基础设施管理蓄水层补给量的 MAR 案例的回顾评价显示，在成本方面，大多数使用自然补给的方案比高度设计的使用循环水或利用凿井注入新水的方案投入要便宜得多（Zheng 等，即将出版）。此外，上述解决方案的投资事实上一直很有吸引力，效益与成本比率在 1.3~7 之间。收益是根据次优替代水源的估算成本或者补给水的产值份额计算的。如果包括其他协同效益（可能更难评估），例如蓄水、社会经济效益以及对健康、生物多样性和环境价值的积极影响，这一比率会更高。进一步分析这些效益，可以为管理蓄水层补给量的政策和投资指导提供额外的证据和激励措施。

资料来源：由 Karen G. Villholth（国际水资源管理研究所）供稿。

框注 3.7 大坝蓄放优化的价值评估

大坝运营者面临着泄洪时间的抉择问题。直接用户（例如灌溉用水或生活用水）可能会坚持说，应该蓄水，以尽量减少短缺风险。然而，这会降低下游潜在的经济效益和环境效益。价值评估成了优化系统性能的关键。

经济调控蓄水价值函数（COSVF）是一种计算蓄泄价值、应对年际来水量风险和不确定性的方法。例如，将这种方法用于加州峡谷（美国）30 个水库、22 个蓄水层和 51 个城市和农业需求点时，优化的年际水库调度将平均年短缺量和成本分别降低了 80% 和 98%（Khadem 等，2018）。协调水库群系统可以将灌溉用水和水力发电的净效益提高 3%~12%，协同效益随着水资源可利用量和来水量可变性而逐步增加（Jeuland，2020）。

已建成的水利基础设施会影响河流提供生态服务的平衡性及其水流状况。强制性的最小环境流量要求并不能说明在选择生态系统和工程服务的平衡时也已经考虑了其固有的、常常较为复杂的权衡和协同作用。使用涵盖一系列生态系统和工程服务的多种性能指标，可以更好地理解自然资本和建筑资产之间的相互作用。这有助于确定河流流域干预措施，通过合理地权衡其服务，提供最佳价值（Hurford 等，2020）。

（Onder 和 Yilmaz，2005）。越来越多的蓄水层被纳入已建的地表蓄水设施同步实施管理。大多数联合系统通常侧重于根据季节和需求交替使用水库和蓄水层来管理需求。可通过土地管理主动增加蓄水层的补给量（框注 3.6）。

大坝蓄泄运行措施的价值评估

水库的蓄泄方式具有特殊的非使用价值。泄水过多可能直接威胁到未来的直接使用量及其成本，而如果泄水量不足也会造成直接的经济和环境损失，并造成下游水资源短缺。水库泄水时间选控会对下游的生物生产力和生计产生重大影响，进而增加非使用价值（框注 3.7）。

3.4 风险和韧性的价值评估

抵御与水相关的风险和韧性可能具有很高的价值。在一项针对 525 名资产达到 96 万亿美元的投资者的调查中，45% 的投资者报告其面临着因水资源不安全带来的实质性风险——这些风险威胁到了投资者的声誉、经营许可权、供应链安全性、财务稳定性和发展能力。在报告存在风险的公司中，风险涉及的综合业务价值达到 4,250 亿美元，其中约 40% 的风险预计将在未来 1~3 年内发生（碳信息披露项目，2020）。

了解各种风险的压力源以及水利基础设施抵御风险的资源韧性都十分重要，在面临将对风险因素产生影响的气候变化时，其重要性尤其突出。“不确定性和风险条件下的水管理”是 2012 年第 4 次《联合国世界水发展报告》的主题（世界水评估计划，2012）。在水资源战略或评价中，与风险和韧性相关的价值评估不足。尽管工程师们有成熟的方法来评估单个水利工程垮塌的风险，但是水工建筑结构仍可能发生灾难性垮塌。然而，与单个建筑物的垮塌相对的，水利基础设施存在更大、更系统性的风险。例如，自然灾害和人为灾害（例如洪水、干旱、荒漠化、水污染事件等）带来的风险，或者供水系统故障。

水利基础设施的韧性指避免或者迅速从困境、紧张趋势或者冲击中恢复的能力。可将水利基础设施在常规和特殊情况下继续创造效益的能力定义为韧性的价值。韧性的价值体现在避免系统故障所需的成本或从故障中恢复的速度。

人们普遍认为，建设水利基础设施可以增强抵御能力，降低风险。但实际情况并非总是如此。例如，在印度，40% 的火力发电厂位于缺水地区，2013—2016 年间，该国最大的能源公司因气候变化而被迫暂时关闭，经济损失达 14 亿美元（Luo 等，2018）。世界很多地方都在激烈辩论是否可以通过扩建水库来提高应对水资源短缺问题的能力。例如 Di Baldassarre 等（2018）认为，在这场辩论中应考虑两个与直觉相反的动态情况：供需周期中供水量增加导致用水需求增加，这将迅速抵消水库的初始效益；或者过度依赖水库导致更易受到影响，从而增加因干旱造成的潜在损害。众所周知，在某些情况下，水利基础设施会显著增加风险及其影响。通过生态系统服务的价值评估，可以揭示水管理基础设施的隐性成本。例如，密西西比河三角洲（美国）的湿地价值因大坝造成的泥沙沉积而下降，加剧了 2005 年卡特里娜飓风对新奥尔良的影响（Batker 等，2010）。令人担忧的是，世界上很多人口中心都位于河流三角洲，与上游发展的基础设施历史相似。

与水相关的风险和韧性可能具有很高的价值

Vörösmarty 等（2010）使用空间框架量化了各种压力源，并说明了对下游的影响，提醒人们注意在发展过程中过度依赖建设基础设施的陷阱。他们的结论是，尽管拥有水利基础设施，但世界上近 80% 的人口仍然面临着严重的水安全威胁。对水技术的大规模投资，使富裕国家能够在不考虑其原因对错的情况下补偿其高压力水平，但它们容易受到气候问题引起的水文状况变化的影响。而不富裕的国家虽然比较脆弱，但它们可以选择如何行进。作者的结论是，“累积威胁框架”方法可用于考虑应对这场危机的优先政策和管理措施，强调须从源头上限制威胁，而不是通过代价高昂的表面补救措施来限制威胁。

风险评估为在当前和未来的社会生态价值管理中结合系统韧性和多重压力源因

框注 3.8　将公民价值观和当地经验纳入风险降低策略

就 2011 年东日本大地震，De Oliveira 和 Paleo（2016）指出，过度依赖技术信息和专家意见，忽视了当地经验，公众未能有效参与决策，人们对科学知识和新基础设施抵御未来灾难的能力产生了过度的自信。

Imamura 等（2016）发现，即使在高风险区域和近期重大灾害之后，经常出海的人更愿意通过保护生态系统，而非建造海堤来规避风险和灾害；但对灾害风险有强烈意识的人则更愿意通过建造海堤来规避风险和灾害。他们还得出结论，公民对科学信息的信任程度会影响公民在沿海管理方面的偏好。

素提供了机会。虽然水务部门逐渐接受了这一点，但是“韧性”一词本身尚未得到普遍认可，也未成为水资源管理方面的标准用语（Makropoulos 等，2018）。需要开展更多工作来评估与气候变化相关的风险及其在水资源管理中的系统性价值（联合国教科文组织 / 联合国水机制，2020）。与大多数战略和计划一样，当地居民的参与以及结合当地的实践经验是确定价值的主要途径（框注 3.8）。

风险评估方法正在不断改进（框注 3.9）。大多数研究主要采用景观中社会和生态系统的相关性知识，并且指定了灾害规模和发生的概率，来评估多种压力源和 / 或未来事件的可能后果。其结果说明了实现可持续目标需采用的水资源适应性管理所做的权衡考虑（O’Brien 等，2018）。进行各种风险评估时，了解预测中的不确定性至关重要，还要考虑不确定性带来的风险结果。

事实证明，在基础设施生命周期内，“基础设施价值链”是连接韧性与价值的一个有用的概念。从事基础设施系统设计、交付和运营的大多数专业人员都熟悉这一概念（Avello 等，2019）。评估水资源韧性价值的方法在不断改进。例如，Makropoulos 等（2018）介绍了一种通过水资源紧张程度评估测试城市供水系统韧性的方法，这种方法可能有助于在水利基础设施战略决策中吸收并发展韧性思维。世界自然基金会和世界可持续发展工商理事会（WBCSD）联合开发了用于评估企业和投资者面临的与水相关的风险和挑战的工具和方法（Morgan 等，2020）。

近年来，人们越来越关注绿色基础设施在降低风险方面的价值。例如，《仙台减轻灾难风险框架》（联合国国际减灾战略，2015）和最近的关于实

框注 3.9　非洲大坝建设的生态风险评估

已经通过生态风险评估，评价了与非洲水坝建设和运行有关的多种流量、水质和生境改变这些压力因素的协同效应。在尼罗河、尼日尔河和奥兰治—瓦尔河流域，利用这些工具，能够在以下情况综合作用下，确定环境流量，即：非流量变量、生态系统的韧性和人类社区因水资源压力带来的脆弱性。在奥兰治—瓦尔河流域和尼罗河流域的部分区域，资源被过度分配的风险已经很高，这表明资源的使用量超过了系统对压力的承受能力，继续发展下去可能会破坏生态平衡。在奥兰治—瓦尔河流域的研究案例中，如果生态系统服务的使用程度超过了生态系统的恢复能力，南非政府现在就会对莱索托的生态系统服务价值给予经济补偿。然而，在尼罗河和尼日尔河流域的其他区域，仍有机会实施绿色基础设施未来的可持续发展，以抵消受威胁资源的使用。

资料来源：O’Brien 等，2018；O’Brien 等（即将出版）。

施基于自然的防洪指南（世界银行，2017）中都考虑到了健康、有韧性的生态系统的价值和效益。与灰色基础设施一样，设计不当或选址不当的绿色基础设施也会增加风险。例如，湿地被广泛报道为“像海绵一样”作用，可以减少洪灾和防止干旱，但一些上游湿地可能会加剧下游的洪灾（Bullock 和 Acreman，2003）。

3.5 未来发展之路

基础设施的价值评估从特异性位点到全方面的系统，涉及各种规模，包括各种项目类型以及水文状况、环境和社会条件。以往水利基础设施价值评估的经验表明，利益相关者的有效参与、揭示无形成本和收益的综合研究法以及使用多种方法进行经济、金融和社会评估非常重要。公平公正是关键。政治活动不应影响这种分析，金融家亦是如此。当然，在决定是否进行投资时，他们可以确定所涉及的价值对他们是否重要。第 9 章将进一步详细介绍考虑多元价值、实现透明和公平决策的方法。我们应更好地利用现有的大量指导方针、方法和经验进行价值评估，本报告仅对这些指导方针、方法和经验做简要介绍。

只有当决策过程是基于公平的价值评估时，价值评估才有用。太多项目，尤其是像大坝等备受瞩目的水利基础设施项目，本质上仍是面子工程，往往出于政治动机，或存在腐败的可能性。在这种情况下进行的价值评估是不透明的、选择性的、受操纵的或被忽略的，即使对价值评估做再多的引导也改变不了这一事实。从根本上来说，对水利基础设施的价值评估关乎良好治理。为了发挥合理价值评估的作用，至少应努力做好治理工作。

第 4 章

供水、公共卫生设施和个人卫生服务的价值评估

联合国人类住居规划署

Pireh Hezekiah 和 Lars Stordal

世界水评估计划

Joshua Newton，Richard Connor 和 David Coates

撰稿人：

Guy Hutton（联合国儿童基金会），Virginia Newton-Lewis（水援助组织），Yasmine Zaki Abdelaziz，Gemma Arthurson 和 Antonio Torres（国际移民组织），Juliane Schillinger（世界青年水问题议会）

4.1 简介

水是家庭、学校、工作场所和医疗保健设施中最基本的保障，人们往往忽视它或没有赋予它可与其他用途相媲美的价值。水是人类的一项基本需求，是饮用、公共和个人卫生以及维持生命和健康所必需的物质。事实上，供水和公共卫生服务都属于人权范围（联合国大会，2016）。直接普及供水、公共卫生设施和个人卫生服务不仅可以增加教育机会、提高劳动生产率，还有助于人们过上有尊严且平等的生活。供水、公共卫生设施和个人卫生服务还可以通过更健康的环境间接增加其价值，因为要对废水进行适当的管理，在建设基础设施时考虑到这些还要适应气候变化。

4.2 供水、公共卫生设施和个人卫生服务的价值

分析供水、公共卫生设施和个人卫生服务之间的相关性和价值是确定供水、水处理和个人卫生服务综合价值的关键步骤。在公共卫生和个人卫生中水都是不可缺少的，公共卫生包括使用经安全管理的水处理设施、维护和运营水处理设施；个人卫生包括洗手、经期卫生管理（MHM）等。这不仅适用于家庭，也适用于机构和公共场所，包括学校、医疗设施和交通枢纽。与此同时，安全管理的卫生设施和各种形式的废物（包括有毒废物、经期卫生管理和经期护理产生的废物以及粪便污泥和废水）管理对于确保水质至关重要。供水、公共卫生设施和个人卫生服务的综合方法可为经济落后区域的人们带来更高的健康收益。只有普及了安全管理的卫生干预措施，包括满足妇女、女童以及处于弱势的个人和群体的需求，才能充分发挥效力。

改善公共卫生设施带来的好处包括提高入学率、增强隐私和安全——特别是对妇女、儿童和老年人——以及增强所有人的尊严感（经济合作与发展组织，2018）。

最近，一则针对不安全供水、公共卫生设施和个人卫生服务对儿童腹泻影响的评估表明，家庭供水管网的连通和较高的公共卫生设施覆盖率，会使腹泻的发病率有所降低。评估发现，按照未经提高的饮水标准，使用具备安全储存能力的过滤措施就可以使腹泻风险降低 61%，而持续可获得的高质量管道水则能使其降低 75%。而采取公共卫生干预措施可以使腹泻风险降低 25%，有证据表明，当公共卫生设施覆盖率较高时，腹泻风险将进一步降低，若同时能促使人们用肥皂洗手，便还能使这些风险降低 30%（Wolf 等，2018）。

> 家庭供水管网和社区内较高的公共卫生设施覆盖率降低了腹泻发病的风险

从经济角度看，改进供水、公共卫生设施和个人卫生服务的好处包括降低个人及社会的医疗费用，提高生产力，提高工作场所的参与（Hutton 和 Chase，2017）。世界卫生组织估计，在 136 个低收入及中等收入国家中，因上述设施不足而造成的经济损失总额每年可达 2,600 亿美元，大致相当于这些国家的国内生产总值平均每年损失的 1.5%（世界卫生组织，2012）。

据估计，以 2016 年到 2030 年，在 140 个中低收入国家实现普遍获得安全饮用水、环境卫生和个人卫生服务，其成本约为 1.7 万亿美元，即每年 1,140 亿美元（可持续发展目标 6.1 和 6.2）（Hutton 和 Varughese，2016）。在大多数地区，这种投资的效益成本比（BCR）已表现出了显著的正收益（世界卫生组织，2012；Hutton，2018）。在医疗卫生方面的收益更高，因为在大多数情况下，这些服务可以大大改善人的健康状况，且不需要额外昂贵的基础设施（Black 等，2016）。此前还有报告说，根据全球平均水平，公共卫生设施的投资收益是饮用水投资收益的两倍多（世界卫生组织，2012），但根据农村及城市地区的分类数据（图 4.1），Hutton 新作出的分析（2018）表明，目前的投资效益成本比更倾向于投资饮用水供应（城市及农村地区的效益成本比分别为 3.4 和 6.8），而非公共卫生设施（城

市及农村地区的效益成本比分别为 2.5 和 5.2)。这两种服务之间的投资效益成本比的差异，以及每种服务在城市和农村之间的差异可能都因为基本公共卫生设施往往要比基本供水设施更加昂贵（Hutton 和 Varughese，2016），但两种服务在城市地区的成本都会较高。这就从一定程度上解释了为什么对饮用水的投资一直都高于在公共卫生上的投资（世界卫生组织，2017）。

图 4.1　农村及城市饮用水和基本公共卫生服务供应的效益成本比

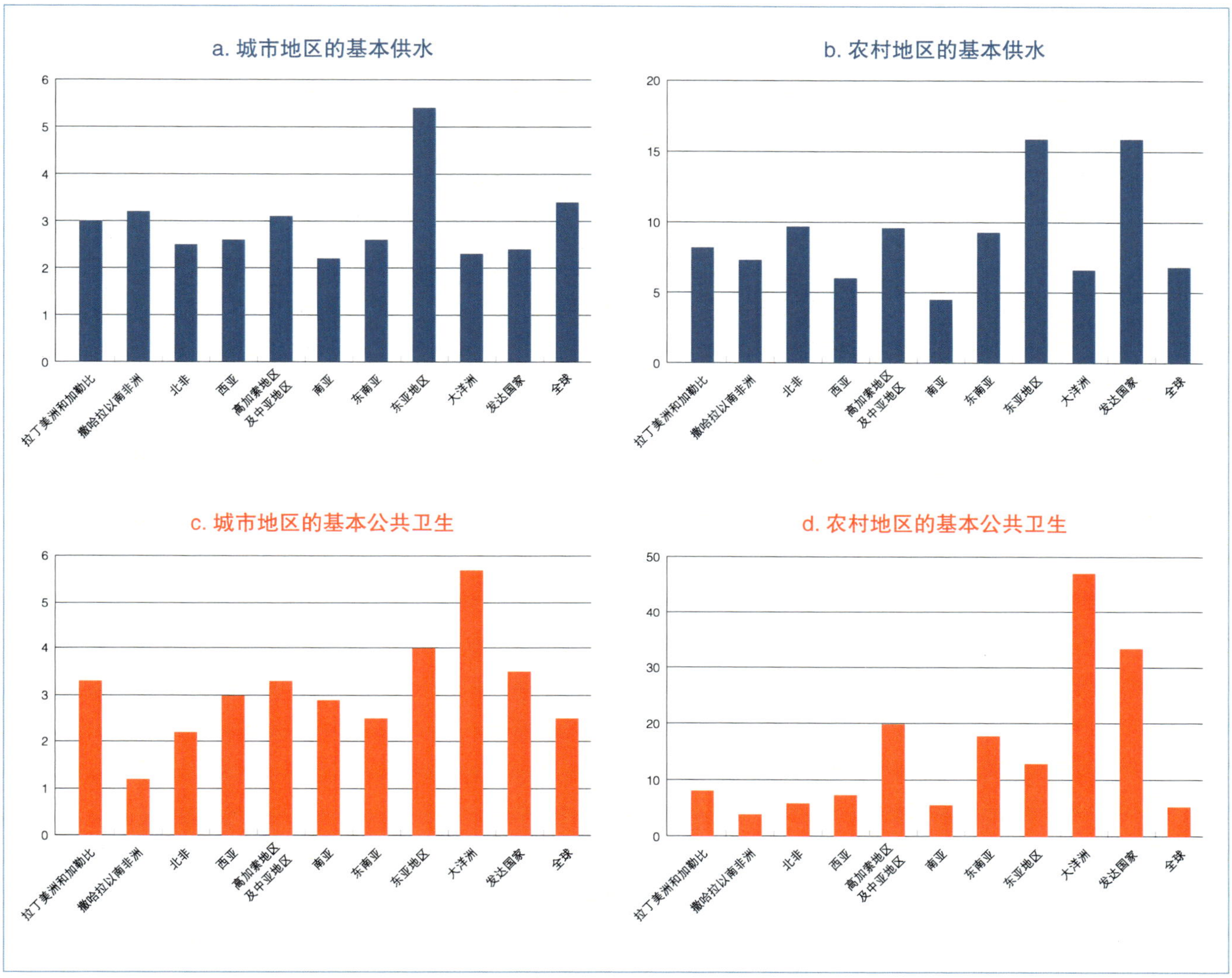

注：用基准 3% 的贴现率来计算未来成本的现值。

资料来源：数据源自 Hutton（2018，表 23.9，23.10，23.11 和 23.12，第 434~436 页）。

和供水、公共卫生设施和个人卫生服务相类似，污水收集处理设施的改善同样也能改善健康状况，还能减少环境污染所带来的其他影响。污水再利用也有诸多的益处（参见第 2.6.1 和 5.4.4），例如提升水资源可用性、产能以及副产品（例如富含磷和氮的生物体）的使用（世界水评估计划，2017）。一项研究认为，污水的价值为 1.1 万亿美元，而根据一个专门研究回用水、能源、营养元素及金属元素的模型计算，到 2050 年，这个数字还会上升至 2 万亿美元（Stacklin，2012）。除上述的额外收益外，污水再利用还可以降低运营成本，从而为工厂及运营商的可持续性提供帮助（Rodriguez 等，2020）。可以激励各级政府改善污水收集及处理措施。

关于污水的数据信息还有很多空白。例如，可持续发展目标 6.3.1（废水安全处理比）报告显示，有 59% 的生活污水流得到了收集与安全处理。不过这只是基于 79 个国家的数据，且其中大多数为高收入或中等收入国家。关于工业废水的数据也不够充足（联合国，2018）。据估计，在低收入国家，只有 8% 的工业和市政废污水会经过一些处理（Sato 等，2013）。

4.3 获得供水、公共卫生设施和个人卫生服务的价值和附加效益

直接从健康角度看水和公共卫生，就能充分了解其价值：供水、公共及个人卫生改善的可靠获取途径，均可减少死亡、发病率、营养不良及水源性疾病的数量。如果一个人生了病或是营养不良，他可能会变得虚弱，在学校或工作场所难以集中注意力，这也会引发负面的结果。而当人们不得不外出排便或取水时，他们可能会面临更多的健康挑战，比如恶劣天气（季风雨、雪）、传染性昆虫、野生动物、慢性肌肉疲劳（挑水所致）以及性暴力和基于性别的暴力。这些压力对心理健康的影响并非微不足道。

4.3.1 包括新型冠状病毒感染在内的流行病

2020 年，新型冠状病毒感染疫情暴发，世界陷入一片混乱。对健康、社会及经济的影响可能会持续振荡未来的许多年。据估计，在所有已报告的新型冠状病毒感染病例中，有 90% 发生在城市中，城市已成为疫情的中心（联合国可持续发展集团，2020）。人口密度以及全球和地方的高互联性，也使城市地区特别容易受到病毒传播的影响（框注 4.1）。“近期对许多城市来说，新型冠状病毒感染健康危机已扩展为城市可及性、城市公平性、城市金融、安全、失业、公共服务、基础设施及交通等方面的危机，所有这些都对社会中的最弱势群体造成了不成比例的影响”（联合国可持续发展集团，2020，第 2 页）。

疫情对世界上那些最易受伤的人群打击最大，因其许多都生活在非正规的居住区或城市贫民窟中。居住在这些人口密集地区的人们需要面临多重挑战，包括住房不足、保健设施过少、公共交通拥挤、废物管理不足或缺失，以及基本市政服务整体缺乏（联合国人类住居规划署，2020）。即使具备这些，供水、公共卫生设施和个人卫生服务往往也是断断续续的，质量差，且无法满足良好健康所需的数量（联合国人类住居规划署 / 联合国儿童基金会，2020）。

> 手消毒等卫生设施的不充分获取，导致新型冠状病毒感染及其他传染病的传播风险增加

新型冠状病毒感染对健康的影响还转化为失业、维持家族的收入降低、教育机会减少、潜在（但未知）的长期健康问题以及死亡。[1]

手部消毒等卫生措施对防止新型冠状病毒感染的传播非常重要（世界卫生组织，2020a）。全球有超过 30 亿的人口及 2/5 的卫生机构无法充分获得手部消毒设施。由于缺乏卫生机构其他方面的数据，无法对实际情况进行更详细的分析（世界卫生组织 / 联合国儿童基金会，2019b）。手部清洁卫生设施不足，导致新型冠状病毒感染及其他传染病的传播风险增加。新型冠状病毒感染疫情对健康、社会及经济所造成的影响，为减轻病毒传播而激增的卫生用品购买量，以及这些用品（特别是塑料）对环境所造成的影响，都使供水、公共卫生设施和个人卫生服务的价值更加凸显。

新型冠状病毒感染突显出了地方政府以及水和公共卫生运营商在疫情期间确保供水、公共卫生设施和个人卫生服务持续供应所起到的关键作用（联合国可持续发

---

[1] 本报告在编写时，并未对该疫情造成的人员及经济损失进行评估，但其影响的规模及严重程度已经广为人知。

框注 4.1　在非正规定居点及其他贫困社区应对新型冠状病毒感染所面临的挑战

大多数的新型冠状病毒感染应对方针几乎不可能在非正规定居点及其他贫困社区实施。因为过度拥挤、住房的设计以及饮用水、卫生设施和废物管理设施的缺乏，使得个体与社会保持任何形式的距离或实施定期洗手这样简单的措施难以实现。

- 在非正规城市住区，可能存在健康问题（呼吸道感染、水源性疾病和其他的慢性病）的人群比例很高，而恶劣的生活条件以及越来越多的与营养不良和药物滥用相关的文明疾病，都使得问题更加恶化。这些社区获取保健的机会，以及支付保健费用的能力都十分有限。
- 大多数家庭依靠日常工作来支付生活费用，并没有任何储蓄或财政缓冲来支付供水、公共卫生设施和个人卫生服务等基本服务。平衡公共卫生紧急情况的需求与对穷人，尤其是妇女和儿童的经济生存产生的影响，这对于应对和恢复期成功采取干预策略十分重要。
- 由于缺乏足够的非正规定居点的数据和信息，新型冠状病毒感染干预措施的规划和应对工作变得十分困难。而目前全市供水、公共卫生设施和个人卫生服务数据掩盖了许多不平等现状。
- 许多非正规定居点的人口状况可能与其他城市聚集区的人口状况不一样。这一群体在获取基本的供水、公共卫生设施和个人卫生服务方面也存在着不平等现象。对于许多贫民窟人群来说，获取此类服务的机会可能不及 10%。
- 在进行隔离时，贫民窟及非正规定居点的服务供应可能会在未经适当协商的情况下被切断。供水、公共卫生设施和个人卫生服务是必不可少的，在任何情况下都不应停止。

资料来源：改编自联合国人类住居规划署 / 联合国儿童基金会（2020，第 2 页）。

展集团，2020）。为方便地方政府以及水和公共卫生运营商应对疫情，出台了一些协议及指导方针，根据全球水务运营商伙伴联盟的规定，公用事业应与地方卫生官员和其他相关机构密切合作，最大限度地提供安全饮用水和卫生设施，特别是对弱势社区。此外，他们应在可能情况下确保供水服务的连续性、适当的处理以及对所有人的可及性和可负担性。而对于没有供水的地区，可以采取临时措施来促进获取安全用水或对家庭水处理（全球水务运营商伙伴联盟，2020）。

框注 4.2 概述了肯尼亚政府发布的针对其水和卫生设施管理的新型冠状病毒感染响应协议及指导方针。

4.3.2　与供水、公共卫生设施和个人卫生服务相关的水源性疾病

据估计，每年约有 82.9 万人因不安全的饮用水、公共卫生设施和手部卫生而死于腹泻。这些原因要占全球腹泻死亡总数的 60%，其中包括近 30 万名 5 岁以下的儿童，其占该年龄组死亡总数的 5.3%（Prüss-Üstün 等，2019）。致死疾病中还包括霍乱。据估计，每年会有 9.5 万人因霍乱死亡（Ali 等，2015）。疾病影响所带来的成本以伤残调整生命年（DALYs）[1] 来衡量，这预示着失去了一个“健康”的生命年。不充分的供水、公共卫生设施和个人卫生服务造成了 4,980 万个伤残调整生命年（DALYs），其中撒哈拉以南非洲地区占近 2,800 万，而东南亚地区占近 1,300 万（Prüss-Üstün 等，2019）。

[1] 伤残调整生命年（DALYs）是衡量总体疾病负担的一种指标，表示为因健康欠佳、残疾或过早死亡而损失的年数。

框注 4.2　肯尼亚针对供水管理的新型冠状病毒感染响应协议及指导方针

为确定具体行动和措施，肯尼亚发布了《协议和指导方针》，确保在新型冠状病毒感染疫情期间能有持续不断的水供应及充足的卫生设施，确保人们拥有足够的家庭用水和洗手用水。《协议和指导方针》内容如下：

县政府：

1. 要求所有水服务提供者在 2020 年 4—6 月期间向非正规定居点及弱势群体提供 3 个月的免费供水。其他消费者需要支付相应的供水和排污服务费用。

2. 确保所有供水系统全面连续运行，主要人员始终遵守健康、安全和环境法规。

3. 确保供水系统 3 个月不能停水。

4. 在对尚未接入供水系统的社区进行水跟踪时，确保接受服务的社区对定期用肥皂洗手、使用消毒剂和保持社交距离具有一定的敏感性，以避免疾病迅速传播。

5. 确保通过各种平台加强传播供水系统需要遵守的措施信息。这些信息符合卫生部发布的指令。

6. 确保洗手点位于可以达到的战略位置，为贫困社区提供服务。

7. 与国家政府合作规划并划分区域的优先顺序，并确保采取其他必要的干预措施，以保证给公众提供充足且安全的水资源。

资料来源：肯尼亚共和国水利、卫生和灌溉部

这不包括数百万起非致命性腹泻事件和近 300 万霍乱病例（Ali 等，2015）。这些疾病大多是可以预防的，但发病的原因是家庭、学校、医院和工作场所缺乏用水和卫生服务。人的生命、教育和经济潜力的价值损失是社会的负担。

“在旷日持久的冲突中，15 岁以下的儿童因不安全用水和不安全卫生设施而引发腹泻疾病，导致死亡的可能性超过冲突和战争等直接相关暴力而引发死亡的可能性的 3 倍。对于年龄较小的儿童，不安全供水、公共卫生设施和个人卫生服务的影响更大：与暴力冲突相比，5 岁以下儿童因不安全饮水和不安全公共卫生设施引发的腹泻疾病的死亡概率要高出 20 多倍”（联合国儿童基金会，2019a，第 3 页）。

4.3.3　被忽视的热带疾病（NTDs）

医疗机构和家庭缺乏供水、公共卫生设施和个人卫生服务，已经严重影响到被忽视的热带疾病的预防和护理（Boisson 等，2016）。被忽视的热带疾病每年影响全球 10 亿多人（世界卫生组织，2015）。这些疾病包括沙眼、血吸虫病和土源性蠕虫病（STH：钩虫、鞭虫和蛔虫）。沙眼是世界上感染性失明的主要原因。该疾病导致全球约 190 万人失明或视力受损（世界卫生组织，2020b）。血吸虫病导致肝肾功能衰竭。视不同年龄段而定，蠕虫病主要影响学龄儿童，导致营养不良和发育迟缓以及产妇和胎儿的健康。2018 年，约有 2.29 亿人需要针对血吸虫病采取预防性治疗（世界卫生组织，2020c）。大约有 15 亿人感染了蠕虫病，占世界人口的 24%（世界卫生组织，2020d）。

蠕虫病造成约 520 万人伤残调整生命年，血吸虫病造成 330 万人伤残调整生命年（GAHI，未注明日期），沙眼导致 400 万至 3,900 万人伤残调整生命年（Brooker，2010）。因此，获得供水、公共卫生设施和个人卫生服务的价值可以根据相关措施对世界范围内这些疾病和伤残调整生命年的降低程度来体现。

4.3.4 营养

公共卫生设施和个人卫生服务的缺乏以及不安全的饮用水会引发腹泻和肠病变，从而抑制营养吸收，导致营养不良（Teague 等，2014）。大约 50% 的营养不良与供水、公共卫生设施和个人卫生服务不足而引发的反复腹泻或肠道蠕虫感染有关（Prüss–Ustün 等，2008）。营养不良影响了全世界儿童的未来，特别是发展中国家儿童的未来。由于难以获得供水、公共卫生设施和个人卫生服务引发的感染性疾病包括寄生虫感染、腹泻和可能的环境性肠功能障碍（EED）——反复感染导致的肠壁损伤，这从而加剧了营养不良。据估计，5 岁以下儿童死亡总数的 45% 来自营养不良（联合国，2018）。发育迟缓可能会阻碍儿童的身高发育和认知能力发育，这已经影响到全球 1.44 亿 5 岁以下儿童，其中 91% 来自中低收入国家。这些感染也会导致消瘦，全球有 4,700 万人受到影响，其中 92% 来自中低收入国家（联合国儿童基金会 / 世界卫生组织 / 世界银行集团，2020）。营养不良的经济成本估计高达 2.1 万亿美元（联合国粮食及农业组织，2013a）。

4.3.5 孕妇保健

孕妇保健被编入联合国千年发展目标（MDG 5），现在被编入 SDG 3.1。2017 年，约有 29.5 万名妇女在怀孕和分娩期间及产后死于可预防性疾病（世界卫生组织 / 联合国儿童基金会 / 联合国人口基金 / 世界银行 / 联合国人口司，2019）。其中一些原因与缺乏供水、公共卫生设施和个人卫生服务有关。早在 1795 年，就发现了助产士的手部清洁和降低感染率之间的关系（Gould，2010）。卫生条件差和供水不安全产生的影响尚不清楚，但有一些直接和间接的机制表明，公共卫生条件差和供水不安全对孕产妇健康产生了负面影响（Esteves–Mills 和 Cumming，2016）。

早在 1795 年，就发现了助产士的手部清洁和降低感染率之间的关系

在全世界范围内，大多发生在低收入国家和中等收入国家，包括 11% 的孕产妇是分娩和生产期间，家中或卫生机构卫生条件不合格，以及婴儿出生后 6 周内不良卫生习惯引发感染造成的死亡（世界卫生组织 / 联合国儿童基金会，2019b）。与不洁分娩相关的感染每年可能导致 100 多万人死亡（世界卫生组织 / 联合国儿童基金会，2019b）。产前护理、生产和产后期间的基本卫生习惯可以将婴儿和母亲受到感染、患败血症和死亡的风险降低 25%（PMNCH，2014）。

公共卫生条件差会引发钩虫、蛔虫、李斯特菌和血吸虫病，从而影响产妇健康。水管理达不到安全要求可增加疟疾和登革热以及砷或氟化物的污染风险，同时增加水中金属的接触风险，从而影响孕产妇健康（Chitty 和 Esteves–Mills，2015）。

4.3.6 经期卫生管理

近年来，全世界正在努力解决经期卫生管理问题。在全球范围内，超过 5 亿妇女和女孩无法充分利用经期卫生管理设施，尤其在学校、卫生机构和工作场所等公共场所（世界银行，2018）。由于社会环境中存在歧视、信息不准确、设施落后和吸收材料选择的限制，妇女和女孩无法轻松且有尊严地进行经期卫生管理（联合国儿童基金会，2019b）。缺乏经期卫生管理可能会影响生理健康，引发生殖道感染，或者导致心理健康受影响，引发尴尬、害怕、耻辱、焦虑（Esteves–Mills 和

Cumming，2016）、羞愧和失去尊严等情绪（联合国儿童基金会，2019b）。最终，缺少经期卫生管理还会限制妇女和女孩对社会的贡献。

4.3.7 时间

获得供水、公共卫生设施和个人卫生服务最直接的价值之一是得到的时间，尤其对于妇女和女孩，因为她们肩负着从家附近取来饮用水的责任。大约有 2.3 亿人，其中大多数是妇女和女孩，每次花费 30 多分钟从离家较远的地方取水（世界卫生组织 / 联合国儿童基金会，2017a）。在 61 个国家，10 个家庭中有 8 个由妇女和女孩负责挑水。联合国儿童基金会计算了妇女和女孩每天挑水的时间，相当于 2 亿小时，即 830 万天，约 2.28 万年（联合国儿童基金会，2016）。

世界银行（2015）报告，在东南亚获取公共卫生设施需要的步行时间也很可观（表 4.1）。时间因环境而异，假设全球范围内人们每天来回往返需要 30 分钟的时间获取公共卫生设施（世界卫生组织，2012；Hutto，2013）是不合理的。

表 4.1 东南亚部分国家为了获取公共卫生设施需要的步行时间　　单位：分钟

国家	农村	城市
柬埔寨	10	3
印度尼西亚	3.5	7.5
老挝人民民主共和国	14	10
菲律宾	20	9
越南	6	15
中国（云南省）	6	3

资料来源：以世界银行的数据为基础（2015）。

4.3.8 教育

在学校和家里获得供水、公共卫生设施和个人卫生服务可增加获得优质教育的机会，从而产生更好的教育成果

水和卫生设施也会影响入学率和生计。因为病人无法上学或工作，也不能赚取收入。如果患者是幼儿或老年人，其他人很有可能为了向其提供必要的护理而缺课或放弃收入。学校缺乏经期卫生管理服务，导致女孩缺乏月经卫生管理能力，从而增加了缺勤率，造成了经济损失，减少了未来机会（世界银行，2018）。

可持续发展目标 6.1 和 6.2 全方位地设置了各项目标，也要落实到各个机构和学校（世界卫生组织 / 联合国儿童基金会，2017b）。这些目标把优先改善学校供水、公共卫生设施和个人卫生服务的获得编入。世界卫生组织 / 联合国儿童基金会（2018）报告，69% 的学童已经获得了饮用水（基于 92 个国家的数据），66% 获得了公共卫生设施（101 个国家），53% 获得了个人卫生服务（81 个国家）。折算下来还有 5.7 亿儿童在学校缺乏饮用水，6.2 亿儿童缺乏公共卫生服务，9 亿儿童缺乏个人卫生服务。联合国开发计划署（2006）报告称，与水有关的疾病造成超过 4.43 亿个上课日的损失。

学校的供水、公共卫生设施和个人卫生服务对社会的价值是显而易见的。在学校和家里获得供水、公共卫生设施和个人卫生服务可增加获得优质教育的机会，从而产生更好的教育成果（联合国，2018）。鉴于学生和教师在学校的时间很长，供

水、公共卫生设施和个人卫生服务可以增进他们的健康，并提供公共卫生和个人卫生教育，这有助于培养健康的生活行为（联合国儿童基金会，2012）。对于女孩和年轻妇女来说，提高学校的供水、公共卫生设施和个人卫生服务，特别是经期卫生方面，可以提高入学率。确保残疾儿童在学校可以平等地获得供水、公共卫生设施和个人卫生服务，鼓励平等教育，确保人人参与。良好的教育反过来可从个人 / 家庭上升到国家层面刺激经济增长，实现更好的经济实绩。

4.3.9 劳工

不健康的劳动力意味着员工生产力的损失和对生计的负面影响，这两者均可转化为社会价值的损失。事实表明，在工作场所获得供水、公共卫生设施和个人卫生服务是保障公司功能和公司成功的一个重要因素（世界可持续发展工商理事会，2018）。

据估计，由于缺乏公共卫生设施，每年工作日至少损失 65 亿美元（世界卫生组织，2012）。此外，每年有近 40 万人死于与工作相关的传染病，其主要原因是饮用水质量差、公共卫生设施少、个人卫生差（世界水评估计划，2016）。

事实表明，在工作场所获得供水、公共卫生设施和个人卫生服务是保障公司功能和公司成功的一个重要因素

在工作场所获得供水、公共卫生设施和个人卫生服务也是影响性别平等和妇女工作场所生产力的问题。如果没有安全、私密的地方，尤其是在女性经期，可能会导致焦虑、压力和旷工，导致生产率降低，乃至收入降低。研究表明，在菲律宾和越南，在供水、公共卫生设施和个人卫生服务设施缺乏的工作场所，假设妇女因缺乏此类设施而至少在经期缺勤一天，这将分别相当于在菲律宾有 1,380 万和在越南有 150 万个工作日缺勤，以及 1,300 万美元和 128 万美元的经济损失（Sommer 等，2016）。

4.3.10 性别暴力

缺乏安全供水、公共卫生设施和个人卫生服务会使人们面临更多基于性取向和性别特征的暴力（House 等，2014）。由于妇女和女孩承担着将水从很远的地方运送到家庭的大部分责任，这会增加她们遭受攻击或强奸风险。全世界仍有近 9 亿人随地大小便（联合国，2018），这给妇女和女孩带来一种羞耻感。由于随地大小便经常发生在夜间，这会使得她们面临更大的骚扰或攻击风险。晚上在室外使用卫生设施也有风险。基于性别的暴力可能与供水、公共卫生设施和个人卫生服务的获取有关，这些暴力可能发生在学校、家庭、在冲突局势中以及在供水、公共卫生设施和个人卫生服务中男性占据主导位置的情景环境中。上述所有事件不仅会造成身体伤害，还会产生心理影响，影响健康和福祉（House 等，2014）。

4.3.11 人权、生活质量和尊严

2010 年，当“人人享有水和公共卫生设施”作为一项人权法案被通过，联合国会员国认为，这是“充分享受生活和所有人权的必要条件”（联合国大会，2010）。此后不久，人权理事会补充说，它“与享有能达到的最高标准身心健康的权利以及生命权和人的尊严权密不可分”（人权理事会，2010）。2015 年，水和公共卫生设施被确认为不同的权利，因为它们在实施方面面临具体挑战（联合国大会，2016）。没有水和公共卫生服务，就无法获得生活质量和尊严。人权反映了世

界各国的价值观，同时享有水和公共卫生设施的人权的落实表明了水在支持可持续发展三大支柱（经济、环境、社会）中发挥了怎样的作用。

4.4 获得供水、公共卫生设施和个人卫生服务：补贴和可负担性

由于获得供水、公共卫生设施和个人卫生服务对生活和公共健康至关重要，在许多国家，供水、公共卫生设施和个人卫生服务被视为政府的工作领域，往往需要财政补贴，即使在高收入国家也是如此。当低收入国家的政府无法独自提供这些服务且无法从用户那里收回成本时，通常会依靠捐助者的援助和慈善机构来帮助填补资金缺口。对公共资金的依赖并不会刺激服务的改善，也不会阻碍关于关税结构的讨论，导致服务甚至很难跟上成本膨胀的步伐。

4.4.1 补贴

补贴并不一定能确保穷人可以获得基本的服务

补贴并不一定能确保穷人可以获得基本的服务。水补贴最终可能会惠及那些当前享有污水处理或供水管网服务的人群，其中许多人并非穷人（Nauges 和 Whittington，2017）。因此，穷人无法从补贴中受益，供水服务提供商失去了本可以从富裕家庭获得的水费收入（世界水评估计划，2019）。供应商损失了收入价值，而由于无法获得供水、公共卫生设施和个人卫生服务而产生的旷课和旷工等负面影响并没有减轻。

即便如此，据称供水、公共卫生设施和个人卫生服务得到大量补贴的部分原因是家人不愿意或没有能力支付这些费用。这种说法往往忽略了既得利益和腐败的潜在负面影响，也没有考虑到穷人已经支付的金额，这些金额通常高于非穷人享用的现有补贴费率。根据对 10 个中低收入国家研究的结果，平均 56% 的补贴最终落入了最富有的 20% 的人的口袋，而只有 6% 的补贴流向了最贫穷的 20% 的人那里（Andres 等，2019）。《2019 年联合国世界水发展报告》观察到，生活在非正规住区的人们往往需支付 10~20 倍的用水费用，这些水来自运水车等水供应商（世界水评估计划，2019）。

4.4.2 经济适用性

供水到户的成本，包括连接成本（酬金、材料、人工等），无论是每月账单还是家庭基础设施的投资，这有时是供水到户的最大障碍。即使有时家庭预算可以承受获得符合国家最低标准的供水、公共卫生设施和个人卫生服务，这些服务可能还是遥不可及，存在污染的风险或者达不到足够的供给量。

然而，迄今为止，在全球范围内几乎没有展开供水、公共卫生设施和个人卫生服务可负担能力的调查，人权文献中的指导文本未能界定如何衡量或监测经济上的可获得性。没有任何指标来解释国家政策、关税政策和家庭面临的实际成本之间的关系。到目前为止，衡量负担能力的主要方法是估算每年在水和污水方面支出占年收入的比例，并将这一比例与“负担能力阈值”比较（Hutton，2012）。特别是在低收入国家和中等收入国家，衡量众多家庭的供水、公共卫生设施和个人卫生服务的实际成本时，支出调查忽略了一些主要费用项目，并且服务水平低于国家最低标准。因此，负担能力评估不能充分反映服务上的空白。

要了解家庭对供水、公共卫生设施和个人卫生服务的负担能力，应该体现 3 个关键内容：（1）供水、公共卫生设施和个人卫生服务对一个家庭的成本——无论是实

图 4.2　柬埔寨、加纳、墨西哥、巴基斯坦、乌干达和赞比亚在供水、公共卫生设施和个人卫生服务活动的实际支出份额与供水、公共卫生设施和个人卫生服务活动要求的基本支出份额在主要临界点的分布情况

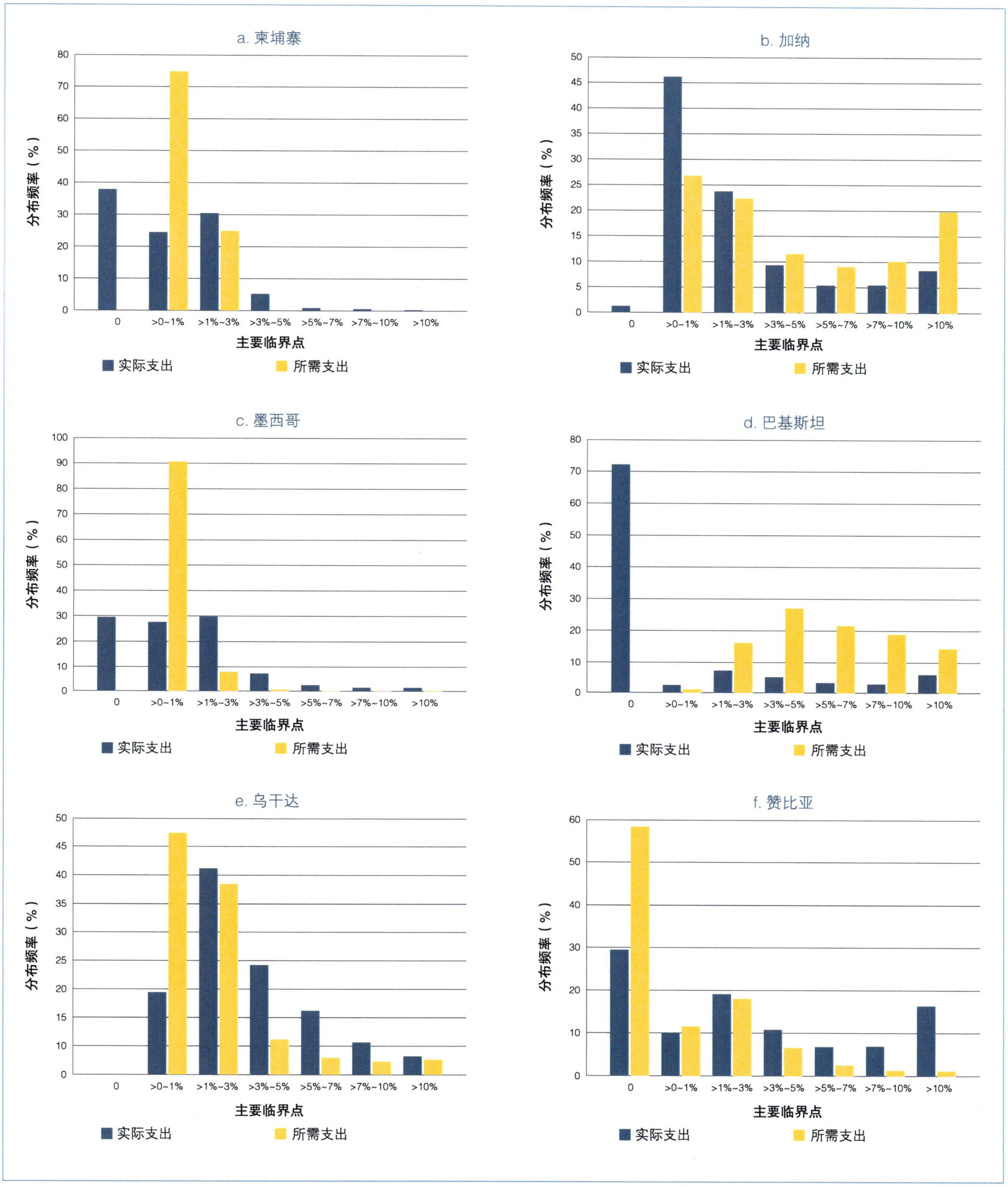

注：*y* 轴是指住户的分布频率；*x* 轴指的是临界点上他们在水和公共卫生上总开支的比例。

资料来源：以联合国儿童基金会 / 世界卫生组织（2021）、柬埔寨（2016）、加纳国家卫生局（2013）、墨西哥国家统计和地理研究所（2016）、巴基斯坦统计局（未注明日期）、乌干达统计局（2020）和赞比亚中央统计局（2016）提供的资料为基础。

际成本还是潜在成本；（2）家庭的消费能力——财富、资产和收入的组合；（3）满足其他“基本”需求所需的支出——这表明供水、公共卫生设施和个人卫生服务的

图 4.3

加纳不同指标下供水、公共卫生设施和个人卫生服务成本支出占家庭总支出的百分比

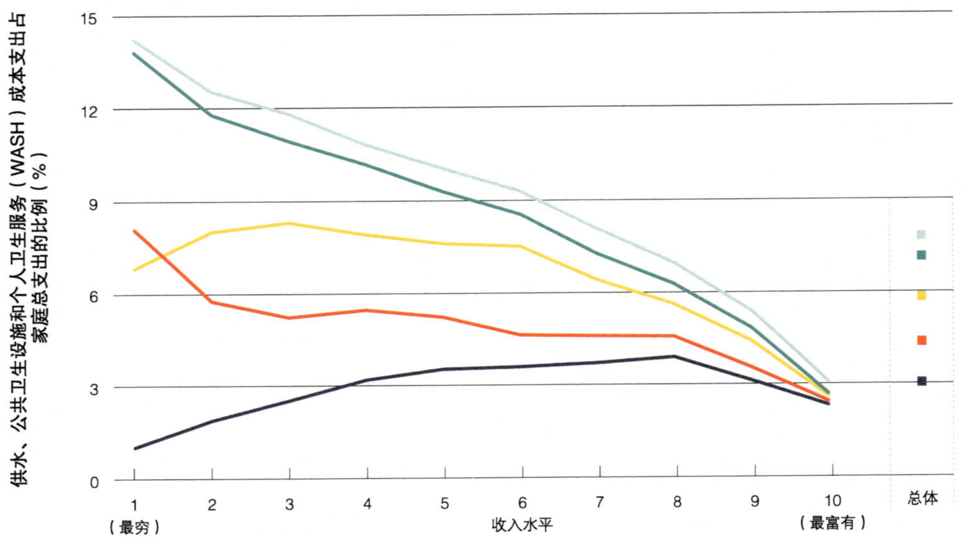

资料来源：根据联合国儿童基金会 / 世界卫生组织（2021）和加纳国家卫生局（2013）的数据。

需求正在与其他需求的支出竞争（联合国儿童基金会 / 世界卫生组织，2021）。显然，最脆弱的家庭是那些收入较低，获得供水、公共卫生设施和个人卫生服务成本较高，几乎无法得到社会福利或其他支持来满足他们的其他基本需求。联合国儿童基金会 / 世界卫生组织（2021）的结论是，可以使用不同的指标来衡量可负担性，但在评估可负担性时，应比较家庭获得供水、公共卫生设施和个人卫生服务时面对的成本以及满足最基本的需求时需要支付的最低成本（国家标准或可持续发展目标的定义）。

图 4.2 显示了在计算所需成本而不是实际成本时，供水、公共卫生设施和个人卫生服务支出对具有不同支出比率家庭的影响。这一影响在 6 个国家中有所不同，墨西哥和柬埔寨的所需成本呈聚拢状[1]，其他国家（赞比亚、巴基斯坦和加纳）的所需成本增加，乌干达的所需成本降低。需要注意的是，所需费用是根据国家的单一农村和单一城市为单位的基本供水、公共卫生设施和个人卫生服务费用计算的，并不能反映一个国家内许多不同情况的现实。

除了图 4.2 中包含的运维成本之外，还应包括相应的资本或投资成本，以及家庭成员针对供水、公共卫生设施和个人卫生服务而投入的时间价值。图 4.3 显示了在不同的收入水平中，采用不同的成本对加纳不同收入水平群体的影响，结果显示，仅包括实际运维成本无法全面地反映家庭，特别是贫困家庭面临的支出成本。未来对全球和国家对负担能力的监测应考虑这些因素。

重要的是从收入（贫困、季节性）、所在地区（如偏远区、贫民窟）以及他们所面临的挑战（如气候、水资源获取）来考量弱势群体的可负担性。例如，获得基本的安全饮用水和卫生设施仍然是社区面临的挑战（世界卫生组织 / 联合国儿童基金会，2016）。

---

1 高值和低值越来越少（即数值逐渐位于中间范围）。

第 5 章

粮食和农业

联合国粮食及农业组织
Marlos de Souza 和 Sasha Koo-Oshima

撰稿人：
Taher Kahil 和 Yoshihide Wada（国际应用系统分析研究所），Manzoor Qadir（联合国大学水、环境与健康研究所），Graham Jewitt（荷兰国际水利环境工程学院），Christophe Cudennec（国际水文科学协会），Stefan Uhlenbrook（国际水资源管理研究所）和 Lulu Zhang（联合国大学入海物质通量与资源综合管理研究所）

5.1 简介

粮食安全长期以来一直是人类社会面临的挑战，并将在未来几十年成为一个日益紧迫的全球问题（Fischer，2018）。尽管全球粮食生产与人口增长保持同步，但2019 年仍有近 7.5 亿人（占全球人口的 10%）面临严重的粮食不安全状况（联合国粮食及农业组织 / 国际农业发展基金 / 联合国儿童基金会 / 世界粮食计划署 / 世界卫生组织，2020）。不幸的是，由于新型冠状病毒感染疫情及其对全世界的经济影响，2020 年这一数字进一步增大。在《2030 年可持续发展议程》中，可持续发展目标 2 的目标是“消除饥饿，实现粮食安全并改善营养，促进可持续农业”（联合国大会，2015）。粮食系统几乎完全依靠水，农业使用了全球大部分淡水资源。然而，随着部门间水资源竞争和水资源短缺加剧，粮食生产用水不断受到质疑。此外，在世界许多地区，粮食生产用水使用效率低下（D'Odorico 等，2020），环境退化的主要原因包括地下水过度开采、河川径流减少、野生动物栖息地退化和污染（Willett 等，2019）。因此，如果要在 2030 年前实现可持续发展目标 2 的大部分目标，在水资源不进一步退化的情况下同时实现可持续发展目标 6，即“确保所有人都能获得水和卫生设施，并实现可持续管理”（国际粮食政策研究所，2019），就必须从根本上改变粮食行业对水的管理方式。

5.2 粮食生产用水的多重价值

水以各种方式用于粮食生产，包括农业、畜牧业和内陆渔业生产。农业用水包括主要依赖于降水的雨养农业以及采用灌溉方式的灌溉农业。1996 年—2005 年期间，与作物生产相关的全球水足迹为每年 7404 立方千米，占人类水足迹的 92%（Hoekstra 和 Mekonnen，2012）。全球约 80% 的农田是雨养的，60% 的粮食是在雨养农田生产的（Rockstrm 等，2007）。旱作农业每年的全球水足迹为 5173 立方千米（Mekonnen 和 Hoekstra，2011a）。灌溉农业覆盖了约 20% 的耕地，占粮食产量的 40%（Molden 等，2010）（表 5.1），每年全球水足迹为 2230 立方千米（Mekonnen 和 Hoekstra，2011a）。目前每年用于灌溉的地表水和地下水取水量为 2797 立方千米，占世界总取水量的 70%（表 5.1）。在许多干旱国家，灌溉用水占总取水量的 90% 以上并不罕见（联合国粮食及农业组织，2012a）。畜牧生产用水主要反映在牲畜饲养和生产（包括在旱作农业和灌溉农业用水需求中）、牲畜直接消费和牲畜加工。虽然在大多数国家，牲畜直接用水量很少，不到总用水量的 1%～2%，但是水资源可用性及其质量对畜牧生产至关重要（联合国粮食及农业组织，2019c）。最后，内陆渔业生产完全依赖天然水体和改良水体（联合国粮食及农业组织，2014a）。

过去 30 年来，对粮食生产用水进行的价值评估取得了较大进展（Young 和 Loomis，2014）。目前水价值评估研究表明，与家庭和工业用途中的用水价值相比，粮食生产中的用水价值较低。此外，灌溉粮食和饲料的水价可能非常低（通常低于 0.05 美元每立方米），而在蔬菜、水果和花卉等高价值作物中，水的价值可能很高（与家庭和工业用途的价值水平相同）（联合国粮食及农业组织，2004）。D'Odorico 等（2020）表明，占全球粮食产量约 60% 的四种主要作物（小麦、玉米、水稻和大豆）生产用水的平均价值在每立方米 0.05～0.16 美元之间。这些数值在区域内和区域间存在很大差异。

如框注 1.3 所示，多种方法可用于表示并计算粮食生产中的用水价值。因为计算内容不同，计算结果也五花八门。然而，对粮食生产用水价值的估算通常只考虑用水的直接经济效益（即对用水者的价值），而与水有关的许多其他直接和间接效

表 5.1　2010 年耕地和灌溉用地以及用水总量和农业用水总量

	耕地总面积（百万公顷）	灌溉用地面积（百万公顷）	灌溉用地面积占总耕地面积的百分比	用水总量（立方千米/年）	农业用水量（立方千米/年）	农业用水量占用水总量的百分比
非洲	259	15	6	226	183	81
美洲	365	52	14	854	412	48
亚洲	562	227	40	2,584	2,103	81
欧洲	291	25	9	322	88	27
大洋洲	28	3	6	19	11	58
全球	**1,505**	**322**	**21**	**4,005**	**2,797**	**70**

注：耕地总面积包括可耕地和永久作物种植区，包括雨水和人工灌溉地。用水总量包括农业、工业和市政用水。农业用水量包括灌溉用水。

资料来源：基于 FAOSTAT（用地面积）和 AQUASTAT（用水量）的数据。

益，例如经济、社会、文化或环境方面的效益，仍未计算在内或只是部分量化（农业用水管理综合评价，2007）。这些直接或间接效益包括实现粮食安全和改善营养、适应消费模式的转变、创造就业机会和提供生计复原力，尤其对于小规模农业从业者而言，有助于减贫和振兴农村经济，减缓和适应气候变化，以及提供多用途的水利服务。

●●●
在确保粮食安全方面，水具有很高的价值，但却很少被量化——往往只被当成一种不计其他价值的政治需要

5.2.1　粮食安全

水是粮食安全和营养的核心。在农业方面，水有助于提高作物产量，扩大种植面积——可在旱季种植并在以前无法实现生产的地区种植——而且能够种植营养更丰富的水果和蔬菜（Hanjra 和 Qureshi，2010；Domènech，2015）。在确保粮食安全方面，水具有很高的价值，但却很少被量化——往往只被当成一种不计其他价值的政治需要。印度的两个案例研究中，Rogers 等（1998）根据粮食价格上涨（上涨原因是缺水和后续粮食供应减少）对消费者的影响（可避免），估算了水在确保粮食安全方面的价值，发现至少比作物产出净值高出 2 倍。此外，事实表明，获得水资源更方便的人往往营养不良程度较低，而缺乏水资源可能是饥荒和营养不良的主要原因，特别是依赖当地农业获取食物和收入的地区（联合国粮食及农业组织 / 世界水理事会，2015）。最近，新型冠状病毒感染疫情导致粮食供应和贸易系统中断，对许多主要依赖粮食贸易的国家粮食的安全和营养产生了负面影响。这显著增加了水对当地农业的潜在价值（联合国粮食及农业组织，2020a）。

未来几十年，粮食生产用水对粮食安全将更为关键。在人口增长推动下，2012 年至 2050 年期间，全球对粮食和其他农产品的需求预计将增长 50%（联合国粮食及农业组织，2017b）。此外，在大部分发展中国家，收入的快速增长和城市化将促使人们改变饮食习惯，增加畜产品、糖和园艺产品的消费，而这些产品都依赖需水量高于传统主食的作物（Ringler 和 Zhu，2015）。因此，需要持续加强和扩大粮食生产，以满足粮食供应需求。

5.2.2　减贫

尽管过去取得了惊人的经济增长，但贫困人口仍有 21 亿，其中 7.67 亿属极

端贫困人口，80% 的贫困人口生活在农村地区，农业仍然是他们的生计支柱（世界银行，2016b）。其中许多地区，如撒哈拉以南非洲，供水不足和供水不稳定限制了农业生产力，进而影响收入稳定，对最贫穷家庭产生了巨大影响，他们的资产和安全保障有限，无法应对风险（世界水评估计划，2016）。也限制了农村居民逐渐摆脱贫困而累积人力资本和资产的能力（联合国粮食及农业组织，2014b）。例如，在印度，一项历时 30 年的分析显示，降雨冲击对工资影响显著（世界银行，2007）。持续干旱造成长期失业，通常会导致人们从农村地区向城市地区迁移，尤其是非农就业机会有限的情况下（世界水评估计划，2016）。对妇女的影响可能非常大，妇女约占全球农业劳动力的 43%，在许多非洲和亚洲国家妇女占农业劳动力的一半或更多（联合国粮食及农业组织，未注明日期）。因此，提高雨养农业和灌溉农业中粮食生产的用水安全，可以直接和间接地减少贫困和缩小性别差距。直接影响包括提高产量、降低作物歉收风险和增加作物多样性；创造就业机会并增加工资收入；稳定当地粮食生产和价格。间接影响包括农场以外的收入和就业机会，以及减少移民（Faurès 和 Santini，2008）。收入的增加和稳定可以改善妇女的教育和技能状况，从而促进她们积极参与决策。虽然提高水资源生产率可以产生重大的积极影响，但也要考虑到其可能对减贫产生的意料之外的不利影响（即攫取土地和加剧不平等）。

5.2.3 水的多重用途

粮食生产用水可作为农村广泛获得水资源的一种渠道。

粮食生产用水是农村广泛获得水资源的一种渠道。水的多种用途指将同一水源或同一基础设施提供的水用于多种用途和功能（联合国粮食及农业组织，2013b），包括不同的家庭用途，如饮用、洗涤、沐浴或卫生设施，以及其他生产用途，如禽畜饲养、水产养殖或支持小型企业（Domènech，2015）。粮食生产用水也可以间接兼顾自然植被，同时提供各种文化（例如娱乐、旅游）和环境服务（例如地下水补给、水净化）（联合国粮食及农业组织，2013b）。利用这些机会至关重要，可将水用于生产、生计、效率和环境目标，从而为实现各项可持续发展目标做出直接贡献。

水为粮食生产提供额外服务，从而改善农村贫困人口的环境和人类健康、卫生设施和生计机会。在灌溉方面，潜力尤其大，据估计，灌溉效率（即通过灌溉系统入口泵送或输送的水有效用于农作物的比例）约为 40%～50%。该数值在不同地区差异很大，撒哈拉以南非洲地区降至 28%，中美洲和加勒比地区仅为 26%（AQUASTAT，2014）。如经批准可将水用于不同目的，则可显著增加水的价值（联合国粮食及农业组织，未另作说明）。

例如，在印度西北部含盐地下水地区，灌溉渠道不仅能够提供家用和牲畜用水，而且这些渠道的渗漏水也回补了地下水位，从而能够利用手泵和浅井抽取优质水。据报道，缺乏淡水时，动物饮用含盐地下水会导致产奶量减少约 50%。而在该地区，牲畜收入占贫困家庭收入比例很高，尤其是在旱季。除了牲畜，灌溉渠还提供环境用水。印度南部一些运河的落差被利用来建设小型和微型水电站（Rogers 等，1998）。

鉴于新型冠状病毒感染疫情的蔓延，需尽快提倡水的多用途方式。为应对危机，联合国粮食及农业组织强调，疫情的固有影响已经超出了明确界定的健康风险范围，冲击了数个国家的生计和粮食安全。灌溉在提高作物产量和确保粮食安全方面发挥着重要作用。然而，扩大灌溉可能会影响用于公共卫生设施和个人卫生的供水，而公共卫生设施和个人卫生用水在减缓疾病传播方面具有关键作用。发展水的多用途必将有助于抗击疫情，同时确保农村社区粮食安全的基本需求。联合国粮食及农业组织土地和水资源部门的一项新倡议称，“智能灌溉—智能清洗”提供了综合解决方案，即加强灌溉并向弱势社区提供供水、公共卫生设施和个人卫生服务设施，从而满足他们在疫情期间的关键需求（联合国粮食及农业组织，2020b）。

5.3 粮食生产用水效率低的影响和成本

尽管水为粮食生产提供了多种惠益，但其低效造成严重的经济、社会和环境影响（或负面价值），例如淡水资源枯竭、水质恶化、土地退化、更易受气候影响以及生物多样性的丧失和生态系统服务能力下降（Willett 等，2019）。

5.3.1 水资源短缺

当供水不足以满足用水需求，就会出现水资源短缺（联合国粮食及农业组织，2012b）。过去几十年来，粮食生产用水的持续增加加剧了世界许多地区的缺水状况（例如中国东北部、印度、巴基斯坦、中东和北非）；这些地区降水量低和蒸发速度快，可用地表水有限（Wada，2016）。在这些地区，当可利用的地表水资源不能满足耕作需求时，地下水资源即成为主要灌溉水源。根据国家和地方各级综合数据，估计全球 40% 的实际灌溉面积使用地下水源灌溉（Siebert 等，2010）。在印度，私人开发的地下水利基础设施目前的灌溉面积超过了所有地表水灌溉投资设施所服务的面积（联合国粮食及农业组织，2020c）。然而，过度抽取地下水往往会导致过度开采，造成地下水源枯竭，从而限制了粮食的可持续生产（Giordano 等，2017），对维持数百万人生计的依赖地下水生态系统造成毁灭性影响（Wada，2016）。

未来几十年，由于农业和其他部门对水资源的竞争日益激烈，以及气候变化导致的可利用水源更加多变，预计全球多地将面临绝对或者季节性缺水状况（Greve 等，2018）。世界银行（2016a）估计，到 2050 年，受水资源短缺影响所带来的农业、卫生、收入和财产方面的损失，可给部分地区带来 6% 的 GDP 损失。从而导致这些地区持续负增长。

5.3.2 水质退化

水资源短缺的原因有两点，一是物理性水资源短缺和供水途径缺乏，二是许多国家水质逐渐恶化，可放心使用的水量减少（Van Vliet 等，2017）。粮食生产用水既是水质问题的根源，同时也深受水质问题的影响。近几十年来，许多发达且快速增长的经济体对粮食生产进行了高度集约，努力实现粮食安全。这种集约生产包括大量使用农药以最大限度地提高作物产量，以及大幅增加畜牧业产量（Lu 和 Tian，2017）。这导致土壤营养过剩（主要是磷和氮），也是下游水质退化和水体富营养化的主要原因（Vilmin 等，2018）。水质退化会增加许多社会经济成本，包括水处理和健康保障相关成本；对农业、渔业、工业制造和旅游业等经济活动的不利影响，生态系统服务退化；利润减少；以及进一步发展的机会成本（世界水评估计划，2012）。例如，仅经济合作与发展组织成员国中，非点源（主要是农业）造成的水污染年总成本估计就超过数十亿美元。淡水系统中营养过剩引起的藻华每年给澳大利亚造成 1.16 亿至 1.55 亿美元的损失，包括牲畜和城市地区供水的严重中断以及鱼类死亡（经济合作与发展组织，2017a）。

5.3.3 脆弱性增加和生态系统退化

在过去几十年里，密集灌溉对世界各地区当地以及下游的地表径流产生了很大影响，包括亚洲、南欧以及美国西部和中部，日后还会增加这些地区水文干旱的强度和频率（Wada 等，2013）。此外，还发现灌溉加剧了应对干旱的脆弱性。如果农民种植高耗水作物，在干旱期间，由于高耗水作物对水的需求高，作物产量会受到严重影响（Damania 等，2017）。灌溉也会导致水生生态系统退化，其退化影响远远超过对陆地和海洋生态系统的影响（Arthington，2012）。湿地等水生生态系统为社会提供了一系列价值重大的财产和服务，包括珍稀物种栖息地、防洪、碳储存、减缓污染和休闲娱乐的可能。2011 年，仅湿地提供的生态系统服务全球经济价值估计为 26 万亿美元（Costanza 等，2014）。然而，过去几十年世界范围内的大部分灌溉发展被认为是优先于环境流量要求。如在不提高灌溉效率的情况下满足环境流量要求，则全球一半的灌溉农田产量损失将超过 10%，在中亚和南亚等一些地区，损失将达到总产量的 20%～30%（Jägermeyr 等，2017）。

粮食生产用水既是水质问题的根源，同时也深受水质问题的影响。

5.4 评估粮食生产用水价值的可扩展性解决方案

如未评估粮食生产用水价值，则会导致使用效率低下，从而阻碍全球粮食安全和减贫的进展，还会造成各种负面的社会经济和环境外部性。因此，评估粮食生产用水价值在权衡决策和确定优先事项时发挥着关键作用，特别是在涉及粮食安全等社会需求（这种需求不会在市场中公开）时（Hellegers 和 Van Halsema，2019）。另外，评估粮食生产用水价值还能使人们更好地了解粮食系统用水效率低下的原因，并激励人们增加在水利基础设施现代化方面的投资。反过来还可以提高粮食生产用水效率和生产力，避免低效用水（如缺水和污染）带来的连锁负面影响，确保水生生态系统有足够的水来维持其健康、生产力和应对气候变化的韧性。

可实施若干管理战略，以便最大限度地发挥水对粮食生产的多重价值，包括改善雨养地区的水资源管理；向可持续集约化过渡；为灌溉农业寻找水源（特别是自然水源和非常规水源）；提高用水效率；减少粮食需求及随之产生的用水量；以及增加粮食生产用水知识和了解（联合国粮食及农业组织，2011a、2017b、2018a；联合国粮食及农业组织 / 国际农业发展基金 / 联合国儿童基金会 / 世界粮食计划署 / 世界卫生组织，2020）。

5.4.1 改善旱地的水资源管理

全球许多地区水资源日益短缺，因此难以进一步扩大规模灌溉。此外，许多地区雨养农业的实际产量和可实现产量之间存在巨大差距，这表明，即使在无灌溉情况下，仍具有巨大增产潜力（Rockström 等，2010）。例如，几个非洲国家的产量约为潜在产量的 20%（联合国粮食及农业组织，2011a）。缩小这一产量差异可大幅提高粮食产量并减少灌溉需求。因此，一些专家指出，未来几十年，雨养农业仍将是主要的粮食生产来源，应该将更多的投资用于改善雨养土地的水资源管理（Rockström 等，2007）。两种广泛的水资源管理策略可用于提高雨养农业的产量和水资源生产率：（1）利用集水技术（如表面微坝、地下蓄水池或一些树种）以及水土保持措施（如径流带和梯田）捕获更多的水并使其渗入根区；（2）通过增加植物的吸水能力和减少非生产性土壤蒸发，结合土壤、作物和水资源综合管理战略（如保护性农业和改良作物品种）更有效地利用现有水资源（Rockström 等，2010）。这些管理方案是减少干旱期旱地产量损失的关键，在适应气候变化方面发挥着重要作用。这些管理方案为农民提供了额外的保障，可能会激励他们投资其他方面，如化肥和高产品种，从而有机会种植蔬菜或水果等价值更高的市场作物（Oweis，2014）。然而，必须指出的是，为改善土壤中雨水渗透和储存而采取的集水和其他管理措施可能会导致与下游用户和生态系统间出现用水权衡（Zhu 等，2019）。

5.4.2 可持续农业集约化

农业发展向可持续集约化的过渡是提高水资源等资源利用效率的战略途径（联合国粮食及农业组织，2018a）。可持续集约化指在保护资源、减少环境负面影响、增加自然资本和生态系统服务流量的同时，确保相同土地面积增产（联合国粮食及农业组织，2011b）。可持续集约化包括生产系统和措施，如农林业、保护性农业、综合作物—牲畜和水产养殖—作物系统、营养敏感型农业、可持续森林和渔业管理以及节水智能型农业。例如，节水智能型农业做法旨在提高农业生产力，同时减少对水资源日益短缺的脆弱性（Lipper 等，2014）（框注 5.1）。节水智能型农业做法包括种植耐高温和长期干旱的作物，以及在提高作物产量的同时尽量减少能源和水资源的使用（如干湿交替）。然而，如无足够的激励措施，这些解决方案的落实往往都很缓慢。例如，节水智能型农业等措施的很大一部分收益归农民以外的受益者所有，而技术成本却主要由农民承担。要想大规模落实此类措施，则需引入激励措施，包括改变补贴制度、在基础设施或推广服务方面给予公共投资、有选择的作物保险形式以及增加信贷机会（世界银行，2016a）。此外，"实现可持续农业集约化需要重大的模式转变，以协调人类日益增长的需求与加强景观和生物圈适应力和可持续性的需求。这就需要在生产系统技术方面进行大胆变革，以提高其生态效率"（联合国粮食及农业组织，2018a，第 148 页）。

5.4.3 提高灌溉用水效率

增加灌溉用水供应必须与提高用水效率的各项方案（更好的管理实践、技术和监管措施）相结合

增加灌溉用水供应必须与提高用水效率的各项方案（更好的管理实践、技术和监管措施）相结合（Scheierling 和 Tréguer，2018）。Jägermeyr 等（2015）表示，通过采取适当的水资源核算和落实严格的取水量规定，采用高效灌溉系统可在保持当前作物产量水平的同时，减少 70% 以上流域的非有益水耗，从而将水重新用于其他用途，包括环境修复。虽然灌溉损失可能会很高（全球平均只有 40%～50% 的农业用水用于灌溉作物），但现在人们普遍认为，这些损失很大一部分以回流或含水层补给的形式返回到河流流域，也可供下游的其他用户利用或用于重要的环境功能（联合国粮食及农业组织，2012b）。

框注 5.1　水稻强化栽培系统（少水高产）

稻米是全世界近一半人口的主食。低地水稻灌溉种植面积约占水稻种植总面积的 56%，产量约占全球水稻总产量的 76%（Uphoff 和 Dazzo，2016）。水稻强化栽培系统（SRI）是节水智能型农业做法的一个成功案例。水稻强化栽培系统（SRI）是一种旨在提高水稻生产系统中土地、水和其他资源生产力的措施，在许多水稻生产国得到推广。它的原则是培育健康、大而深的根系，以便更好地抵御干旱、内涝和降雨变化即气候变化的潜在影响。事实证明，水稻强化栽培系统（SRI）特别有效，因为它只要求间歇浇水，而不是连续灌溉。与传统做法相比，八个国家（孟加拉国、柬埔寨、中国、印度、印度尼西亚、尼泊尔、斯里兰卡和越南）的水稻强化栽培系统（SRI）收入平均增幅约 68%。作物产量增加了 17% 至 105%，而需水量却减少了 24% 至 50%。此外，由于灌溉水稻种植所需的水量减少了，所以水稻强化栽培系统（SRI）还有可能减少甲烷排放（联合国粮食及农业组织，2013c）。

在保持现有取水量的同时，采取减少上游灌溉损失的增效措施（如采用喷灌和滴灌系统等高效农场灌溉技术或渠道衬砌）往往会导致用水量增加，甚至出现用水量净增情况（框注 5.2）：即所谓的反弹效应或灌溉效率悖论（Grafton 等，2018）。为了避免这种反弹效应，已经进行了一些尝试，如引入用水量定额或用水上限（Xie，2009）。因此，灌溉水损失减少措施必须在流域层面进行评估，而不仅仅是在单个农场进行评估（Hsiao 等，2007）。

5.4.4　为灌溉农业寻找水源

为了安全获取灌溉用水，人们一直试图控制和储存季节性和不规律径流（联合国粮食及农业组织，2012b）。可投资建设供水基础设施来增加淡水资源的供应，如储水设施、调水渠道和地下水井，或者通过含水层补给和雨水收集来增加淡水供应。或者基于自然的解决方案和改善土地管理改善农业用水的供应和质量，同时保持生态系统的完整性和内在价值并最大限度地减少对社会的负面影响（世界水评估计划 / 联合国水机制组织，2018）。

较低质量的水资源（例如生活废水、排水、咸水）目前因其所含资源及其相关益处而受到重视。向循环经济过渡、促进可持续农业用水管理以及加强资源回收可为广泛采用非常规供水创造显著的协同效应（Voulvoulis，2018）。排水可通过循环系统实现再利用，农民也可直接从下水道抽水再利用。使用这些含盐量相对高的水会带来农业和环境风险，因为此类水会导致土壤盐碱化并影响下游水质。因此，需评估和监测盐碱化风险，采取措施防止土地和水进一步盐碱化，并对已盐碱化的土壤进行修复。埃及有一个成功案例，即在不破坏盐平衡的情况下，重复利用了 10% 以上的年淡水取水量（联合国粮食及农业组织，2011a）。

●●●
经处理污水的使用对于城市边缘带和城市环境中的农业颇具吸引力

经处理的污水（见第 2.6.1 节）的使用对于城市边缘带和城市环境中的农业颇具吸引力（框注 5.3）。据估计，全世界每年产生 380 立方千米的污水，相当于农业用水量的 15%。这些污水的灌溉能力为 4200 万公顷（Qadir 等，2020）。随着城市化发展，未来几年可用污水日益增多，这表明可通过收集、处理和适当使用农

框注 5.2　提高灌溉用水效率并不总是能增加下游供水

随着加压灌溉的出现，特别是地下水加压灌溉，世界各国政府为那些希望将洪水灌溉替换为喷灌和滴灌技术的农民提供补贴，希望在计划层面提高灌溉效率、减少用水量——无论是地表水还是地下水。记录案例包括中国（Kendy 等，2003）、美国（Ward 和 Pulido-Velazquez，2008）、西班牙（Lopez-Gunn，2012）、墨西哥（Carrillo-Guerrero 等，2013）、智利（Scott 等，2014）、印度（Birkenholtz，2017）、摩洛哥（Molle 和 Tanouti，2017）和澳大利亚（Grafton 和 Wheeler，2018）。这些国家提供的案例表明，通过农业用水计划，包括采用灌溉技术（有补贴或无补贴）所取得的任何效率增益均在耕作单位内部消化，这些耕作单位往往会加强作物生产，扩大灌溉面积，因此会增加水分蒸发消耗。

在澳大利亚，农民采用灌溉技术会获得补贴，促使他们放弃长期持有的墨累河－达令河流域的水使用权并将该权利归还其联邦，从而增加入河流量。实施十多年后，水权恢复或“回购”以及相关灌溉技术补贴并未对入河流量产生任何可衡量的影响（Wheeler 等，2020）。这个案例强调了落实相关社会经济和环境政策与仔细选择遵约工具的相关性，包括水市场运作（Seidl 等，2020b）。起码，水资源短缺问题的技术“修复”需要对相关地表和地下水流量进行精确监测，并采取更有力的方法遵守法规和核算水资源。显然，恢复水权并不一定意味着农业用水会减少。

结论是，水生产率可以通过提高农业效率项目来提高，但是很少或没有证据表明水被“释放”出来用于其他目的，包括环境流量。在取水点的执法至关重要，但必须同时具备衡量和计算回归到自然的水量和灌区下游环境后果的能力。

业和其他领域排放的污水来解决干旱地区水资源短缺问题。污水也是农业生产系统的营养之源。污水中完全回收的养分将抵消全球农业养分需求的 13% 以上。回收这些营养物质可为全球带来 136 亿美元的收入（Qadir 等，2020）。回收利用污水来维持或提高农业生产力除了能带来经济收益之外，还有助于人类健康以及环境效益（联合国粮食及农业组织，2010a）。

海水淡化（见第 2.6.2 节和框注 3.5）是为灌溉提供额外淡水源的技术方案之一，特别是缺水的沿海地区。大规模落实的一个挑战是，大多数海水淡化技术的前期投资成本和能源需求相当大。然而，自第一批项目实施以来，主要商业海水淡化技术的投资成本以及能源需求一直在下降（Mayor，2020）。在严格受控环境下，采用水利用效率最高的农业实践、高产作物和可再生能源，为农业供应淡化水才最可能具有成本效益（Barron 等，2015）。此类条件往往与城市和城市边缘带的温室、垂直耕种以及高价值作物的生产有关；而在这些地区的水资源与基础设施投资相比成本很低。近年来，一个更可行的方案是，利用可再生能源淡化海水，用以灌溉偏远地区的高价值作物（Burn 等，2015）。

5.4.5　水价和提高效率的激励措施

水价可用于提高农业用水效率，并让用户意识到水的价值。可采用不同的定价工具（例如体积定价、非体积定价、可交易许可证）来实现不同的目标（例如成本回收、有效利用、重新分配用水）（Davidson 等，2019）。虽然通过调整水价来

框注 5.3 利用处理过的污水解决农业用水短缺问题

经处理的城市污水正在被广泛认为是农业用水的重要来源。虽然认识到这一点，但污水灌溉的潜力仍未得到充分开发。*Real Acequia de Moncada* 是瓦伦西亚（西班牙）的一个拥有数百年历史的灌溉系统，成功将经处理污水用于灌溉。*Real Acequia de Moncada* 从最近的污水处理厂（WWTP）获得经处理的污水，事实证明农民和污水处理厂（WWTP）管理者均可从中获益。农业益处包括向农民供水更具规律性，特别是在干旱的夏季，作物需水量较高且水资源匮乏。同时，将经处理污水用于农业灌溉可避免将其泵入大海，从而为污水处理赋予了额外的价值主张，同时保护了水生环境。在以下几个因素驱动下，瓦伦西亚传统灌溉系统开始使用经处理的污水。首先，高度缺水和频发干旱减少了灌溉可用淡水。其次，瓦伦西亚的传统灌溉系统一直使用污水（甚至未经处理的污水）进行灌溉。最后，免费向农民提供经处理的污水，所有污水处理费用均属环卫费。

来源：Hagenvoort 等（2019）。

虽然通过调整水价来降低家庭和工业用水需求取得了不同程度的成功，但在农业方面，零水价或极低水价都很常见，在一些地区，甚至会对抽水能源予以补贴

降低家庭和工业用水需求取得了不同程度的成功，但在农业方面，零水价或极低水价都很常见，在一些地区，甚至会对抽水能源予以补贴。这种情况可能还会持续下去（联合国粮食及农业组织，2004），因为一些既得利益、与价格改革相关的政治问题、用水计量和监测方面的实际困难以及风俗习惯（例如，将水视为免费财产并将用水视作一项基本权利）。而这些低价格会对灌溉系统和用水的有效性产生不利影响。即导致现有灌溉系统维护不善及随之而来的低效运行、改善或投资新基础设施的能力有限和农场级的水资源浪费。然而，有充分证据表明，价格偏低时，灌溉需求对水价极度不敏感。价格必须非常高，才能促进大规模的保护或回收可持续的灌溉服务成本（Zhu 等，2019）。这样的高价格将使农民的成本与收益不成比例，导致土地休耕，不利于粮食安全和减贫（Cornish 等，2004）。也有人提出了两级水价，即生活用水设定低价，其他用途设定的价格等于边际成本（包括环境成本）（Ward 和 Pulido-Velazquez，2009）。这种定价安排有助于实现高效且可持续的用水模式，同时满足贫困家庭的生存需求，并支持提供生态系统服务。另一种实施水价的方法是：向农民提供补贴，以达到节约用水和提高用水质量的目的（例如，为投资高效灌溉系统提供补贴）（Ringler 和 Zhu，2015）。然而，据称此类补贴往往有利于富人，从而加剧了农村地区资源获取和财富分配的不平等（联合国粮食及农业组织，2004）。

5.4.6 减少粮食损失和浪费，采用可持续饮食方式

生活方式的改变，如减少粮食损失和浪费（FLW）和采用可持续饮食方式，如果积少成多，可能会对粮食生产用水产生相当大的影响（Jalava 等，2016）。减少 FLW 可以增加粮食供应，无须额外的粮食生产和相关资源投入。联合国粮食及农业组织编制的粮食损失最新估计数据表明，全球生产的粮食从收获后直至零售（但不包括零售）期间的损失约占经济价值的 14%（联合国粮食及农业组织，2019c）。

Kummu 等（2012）发现，全球损失和浪费的粮食作物量占粮食作物生产所用淡水资源总量的 24%。然而，要想减少粮食损失和浪费，必须克服损失大多以很

小的百分比发生在食物链的不同阶段这一事实所带来的挑战。减少这些损失需要共同承诺，设置强有力的量化目标，密切监测和坚持不懈的行动。此外，还应进行公共干预（即政策和基础设施投资）以创造一个有利的环境，方便私人参与者投资，从而减少粮食损失和浪费（联合国粮食及农业组织，2019a）。

与当前饮食习惯相比，向可持续饮食方式的转变也可减少约 20% 的粮食生产用水

与当前饮食习惯相比，向可持续饮食方式的转变也可减少约 20% 的粮食生产用水（Springmann 等，2018）。可持续饮食被定义为健康、环境影响小、价格合理且文化上可接受的饮食（联合国粮食及农业组织，2010b）。这种饮食包括有限地食用肉类、加糖和深加工的食物，并食用多种植物源性食物（Tilman 和 Clark，2014）。可采取若干措施，鼓励大众向可持续饮食方式转变。饮食方式转变中的最大挑战之一是可持续饮食的当前成本和价格合理性。为了应对这一挑战，农业的当务之急是向可持续粮食和农业生产方式的转变。而这需要增加公共支出，用以提高生产率，鼓励粮食生产方式多样化，并确保可大量供应可持续健康食品。应撤销惩罚粮食和农业生产（通过直接和间接税收）的政策，这些政策往往会对可持续健康食品的生产产生不利影响（联合国粮食及农业组织 / 国际农业发展基金 / 联合国儿童基金会 / 世界粮食计划署 / 世界卫生组织，2020）。在消费方面，有必要通过教育、公共信息和促销活动（例如无肉日）以及食品标签来提高公众对可持续消费重要性的认识（Capacci 等，2012）。

5.4.7 提高粮食生产用水知识

最后，健全的水资源监测、建模和核算共同形成了水资源价值评估的基础，也是实现水资源可持续管理的必要步骤（Garrick 等，2017）。然而，关于淡水资源以及如何在全球范围内将其用于粮食生产的知识和数据有限。FAOSTAT 和 AQUASTAT 数据库是农业和水资源的专有数据来源，包含从 1961 年到最近一年 200 多个国家的数据（按区域分组）。[1] 新的数字技术提供了前所未有的机会，即可利用数据和分析结果来改善对水资源使用的评估和管理（国际水协会，2019）。例如，可通过联合国粮食及农业组织水资源生产力开放获取门户网站（WaPOR）（框注 5.4），使用遥感技术生成的数据，以近乎实时的方式交互绘制、监测和报告农业水资源生产力。

---

1 参见 www.fao.org/faostat/en/; www.fao.org/aquastat/en/

框注 5.4　水资源生产力开放获取门户网站（WaPOR）

可从联合国粮食及农业组织水资源生产力开放获取门户网站（WaPOR）检索到水资源生产力，即一定量的生物生产量与当年总用水量（实际蒸散量）的关系。可利用这些数据对大洲、国家、河流流域和子流域/灌溉规模模式进行评估（联合国粮食及农业组织，未注明日期）。通过这种方式可确定水资源生产力的差距，促进提出减少差距的解决方案，促进农业生产的可持续增长，同时考虑到有价值的生态系统的影响以及水资源的公平利用（联合国粮食及农业组织，2020d）。这些措施最终会整体降低用水压力。许多新的数字技术干预措施已在大规模商业农场中使用（例如在欧洲），但向使用简单方法的小规模农场转让知识（例如在非洲或亚洲）还很有限，需进一步加强。

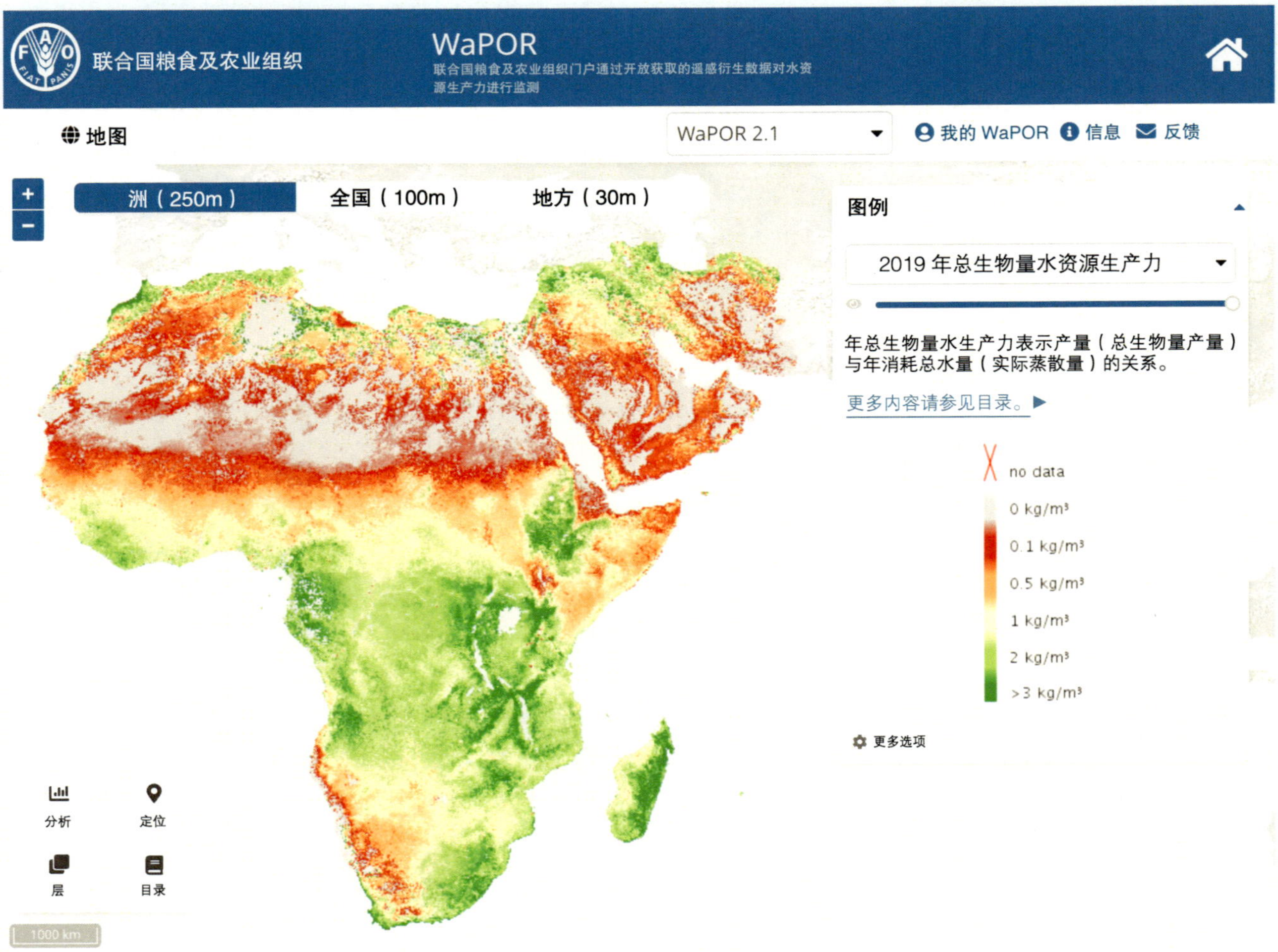

采用 WaPOR 系统绘制示意图

资料来源：联合国粮食及农业组织水资源生产力开放获取门户网站。

第 6 章

能源、工业和商业

联合国工业发展组织
John Payne

撰稿人：
Tom Williams（世界可持续发展工商理事会），Rebecca Welling 和 James Dalton（世界自然保护联盟）

6.1 背景

能源、工业和商业（EIB）领域[1]与水资源之间存在着矛盾关系。一方面，水资源对能源、工业和商业领域的运作至关重要；因为没有替代品，所以没有水资源这些领域就无法运作。另一方面，事实上，和其他行业一样，这些领域也期望水价低廉（甚至免费）、水质干净且充足。能源、工业和商业领域对水资源的需求可能会与其他用户（其中许多用户从完全不同的角度看待水资源）形成竞争关系，甚至会牺牲其他用户的需求。能源、工业和商业领域对水资源的需求也可能以各种方式影响环境和生态系统。因此，为了以可持续和公平的方式利用水资源，需改变这些用水领域对水资源利用的看法和状况，同时，能源、工业和商业领域应继续提供所需的产品和服务。水价值的最基本特征是可以服务于多种用途，庆幸的是能源、工业和商业领域已经意识到水所具有的不同价值，但来自多方的挑战也是存在的。

6.2 用水

水资源对能源、工业和商业领域成功运作的重要性体现在所需水量上。2010年，工业和能源部门合计用水量占世界淡水的 19%，从 2%（东南亚）～74%（西欧）不等（AQUASTAT，2016）。这些数据仅涉及自供水，而非市政供水，且不包括水电。因此，虽然没有具体数据，但能源、工业和商业领域实际用水量的占比应该更高。还有的观点是，7 个行业（粮食、纺织、能源、工业、化学品、制药和采矿）"占世界淡水使用和污染贡献量的 70% 以上，具有重要影响"（碳信息披露项目，2018，第 11 页）。

国际能源署（IEA）估计，2014 年能源方面（一次能源和电力生产）约占总用水量的 10%，其中耗水量约占 3%（国际能源署，2016）。国际能源署还估计，其他行业用水量可能类似（约占全球用水量的 10%）。这些数据加起来与 AQUASTAT 中的 19% 的结果大体一致。

2000—2050 年间，预计全球水资源需求为：制造业水资源需求增长 400%，热力发电水资源需求增长 140%（经济合作与发展组织，2012）。另一项研究（2030 水资源集团，2009）预测，到 2030 年，工业用水量几乎翻一番，全球用水量将达到 22%。与此同时，国际能源署预计，到 2040 年，能源方面用水量预计将增加不到 2%，而耗水量[2]估计将增加近 60%(国际能源署，2016)。此外，在过去的 4 年中，尽管以前的碳信息披露项目报告水减排目标的公司数量几乎翻了一番，但随着产量的扩大，报告更高用水量的公司数量增加了近 50%（碳信息披露项目，2018）。

显然，能源、工业和商业领域是用水大户，并将继续如此。随着水资源日益匮乏，水资源价值[3]的重要性将随即增加，进而影响其他用户和利益相关者的使用。

---

[1] 工业和商业这两个术语经常互换：就本章而言，这两个术语含义与引用的参考文献中的术语含义相同。商业是一个宽泛的术语，包括制造业、重工业和资源产业，以及商业、服务业等，正如世界可持续发展工商理事会、水与气候商业联盟（BAFWAC）以及《联合国工商业与人权指导原则》中所使用。能源虽然也属一个行业，但需单独定义。

[2] 耗水量指取用后未返回水源的水量。

[3] 价值悖论或钻石和水的悖论（价格根据稀缺性决定，而非效用）指出虽然水资源更有用，但稀缺的钻石比丰富的水资源价格更高。日益严重的水资源短缺很可能会改变这种状况，因为水资源边际效用变得更有价值。

6.3 能源、工业和商业领域的水资源价值评估案例

近年来，越来越多的人呼吁能源、工业和商业领域将水资源价值充分纳入其商业模式，特别是水资源价值被普遍低估会造成严重后果时——“能源生产用水、工农业活动用水和家庭用水的估价不足和定价无效，导致水使用效率低下、污染物排放量高以及海洋和淡水系统退化；水资源太少、太多或太脏都会导致用水压力激增”（斯德哥尔摩国际水资源研究所，2018，第 3 页）。

世界可持续发展工商理事会认为，促进企业对水资源进行价值评估既有一些推动因素，也有一些拉动因素（世界可持续发展工商理事会，2013）。前者是趋势，包括全球趋势和监管趋势，涉及自然资本核算、水的价值评估和水的定价。后者是不断增长的商业案例和预期收益（图 6.1），主要包括更好的决策、更高的收益、更低的成本、更好的风险管理和更好的声誉（框注 6.1）。对商业用水价值评估进行审查时（世界可持续发展工商理事会，2012）发现了许多益处，而这些益处往往也是相互关联的。例如，风险管理可以降低成本。本报告提供了更多理由和细节来说明如何重视水资源，并呼吁企业考虑其外部因素并结合社会和经济因素管理其对自然资源的使用。

图 6.1

水资源价值评估商业案例

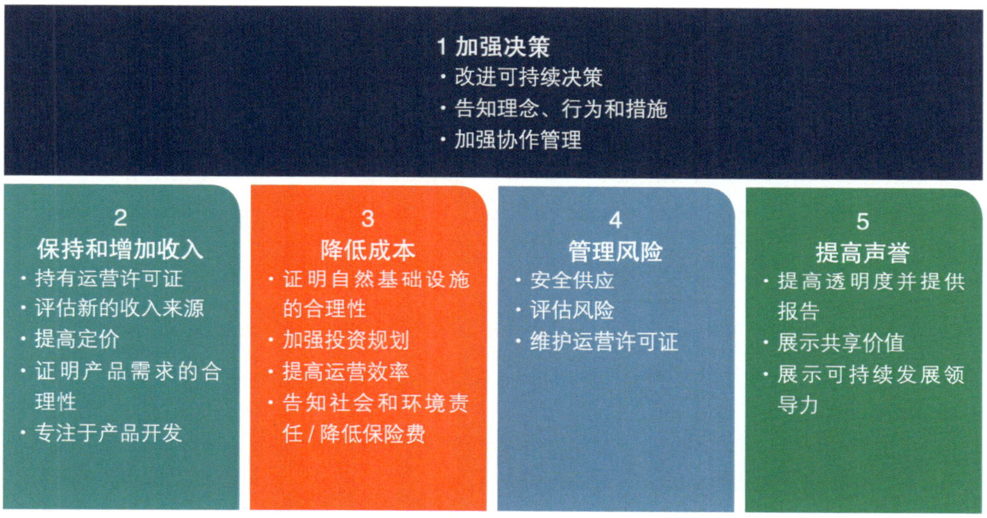

资料来源：世界可持续发展工商理事会（2013，图 3，第 10 页）。

与水风险相关的高成本、低收益和财务损失问题十分严重。根据碳信息披露项目的报告，五大水资源风险驱动因素是水资源短缺加剧、洪水、干旱、用水压力增加和气候变化（碳信息披露项目，2017）。随之而来的五大风险包括运营成本上升、供应链中断、供水中断、增长受限和品牌受损。另一方面，76% 的水资源相关风险均属物理风险，而监管风险占 16%，声誉和市场风险占 6%（碳信息披露项目，2018）。当通过价值评估从财务角度考虑能源、工业和商业领域所面临的风险时，则更需进行良好的管理（世界自然基金会 / 世界银行国际金融公司，2015）。2018 年，水资源相关的金融公司亏损 385 亿美元，其中矿产开导和发电领域的两家公司损失最大（表 6.1）。这些亏损额可能更高，因为至少有 50 家公司未提供数字（碳信息披露项目，2018）。2019 年，业务价值的综合风险为 4,250 亿美元（碳信息披露项目，2020）。图 6.2 说明了水资源风险与财务结果之间的关系。

框注 6.1　用水效率、减轻风险和水资源价值

可持续用水对联合利华所有业务（40% 的业务在缺水地区）都至关重要。这些地区的购水成本往往很低，不能体现水资源对公司业务或当地社区的可用性或真正价值。因此，如果很多节水措施商业案例仅基于购水价格，则可能不符合投资标准。

该公司的清洁技术基金用于可持续资本支出对水资源紧张地区的节水项目有不同的分配标准。首先，回收期从 3 年增至 5 年，也增加了获得资助的项目数量，改变了资金投入的理念。其次，在缺水地区采用了水压力指标，因为那里节约出来的水的价值可能是水资源丰富地区的 5 倍。与 2008 年相比，联合利华工厂 2019 年生产每吨产品所抽取的水量减少了 46.8%。自 2008 年以来，由于用水效率提高，通过节水直接节省的累计成本超过 1.22 亿欧元。此外，鼓励各个地区寻求通过节水措施（水资源的真实成本）节省能源、化学和劳动力 / 成本，这些措施投资回报期仅为 1.3 年，颇具吸引力。

资料来源：基于联合利华提供给世界企业永续发展委员会的内部信息。

表 6.1

与水相关的财务影响最大的行业

	财务影响报告（亿美元）	最常见影响
采矿	205	· 运营成本增加 · 生产能力降低 / 中断 · 罚款、处罚或强制执行令
发电	96	· 运营成本增加 · 对公司资产的影响 · 合规成本增加
生物技术、医疗保健和制药	35	· 生产能力降低 / 中断 · 增长制约 · 运营成本增加

资料来源：碳信息披露项目（2018，第 12 页）。

6.4 水资源价值评估方法

与本报告中提到的其他领域和利益相关者一样，能源、工业和商业领域对水的价值有自己的看法。水既被视为一种资源，其抽取和消耗成本都由价格决定；又被视为一种责任，涉及处理成本和监管处罚，导致人们在销售和遵循监管时将水看作一种成本或风险（世界自然基金会 / 国际金融公司，2015）。世界自然基金会和国际金融公司联合进行了一系列案例研究，结论是：企业倾向于关注节约运营成本和提高短期收益，而较少关注管理成本、自然资本、财务风险、未来增长和运营以及创新等方面的水价值。

世界可持续发展工商理事会认为，“用货币表达所有价值并不总是可行或可取的”。事实上，应先进行定性价值评估（描述性高、中、低）（世界可持续发展工商理事会，2013，第 3 页），然后使用“指标”或价值指标（立方米，受影响的人口）进行定量评估，最后计算货币价值。如图 6.3 所示。

确定要量化的内容，这一点也很重要。世界可持续发展工商理事会指出，水资源价值严格意义上是指“在一系列具体情况下水资源对不同利益相关者的价值”（世界可持续发展工商理事会，2013，第 2 页）。然而，对于世界可持续发展工商理事会来说，水资源价值还包括“与水资源相关的价值”，这意味着“评估水资源

图 6.2

水资源风险和财务结果

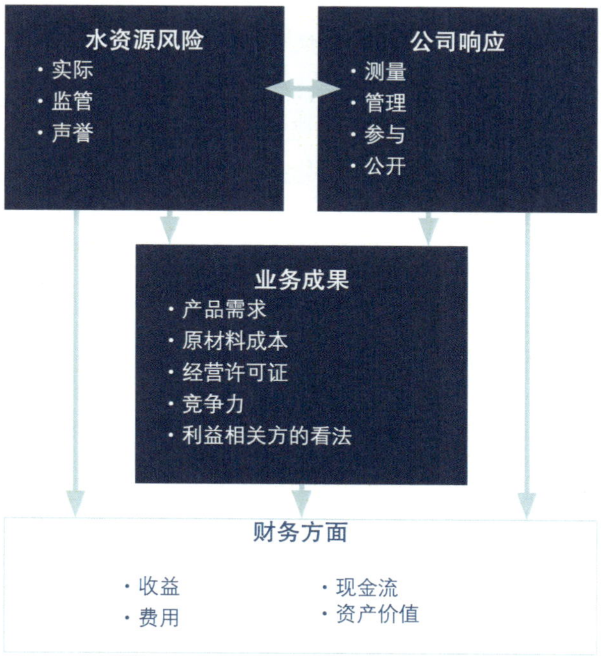

资料来源：Ceres（2012，图 1.3，第 19 页）。

图 6.3

水资源价值评估的层次结构

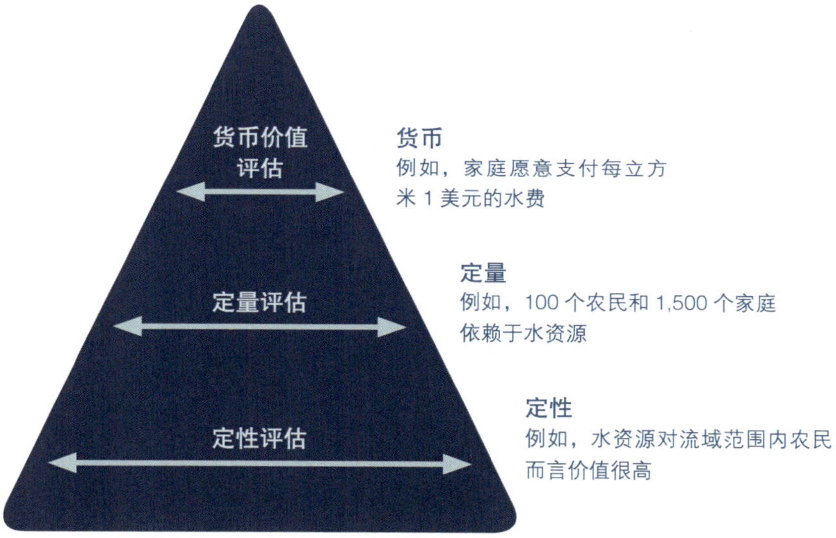

资料来源：世界可持续发展工商理事会（2013，图 2，第 5 页）。

相关的所有利益和成本的价值。"[1]（世界可持续发展工商理事会，2013，第 8 页）。其报告主要着眼于水资源价值评估研究中与水资源有关的 6 种可能的价值类别，还指出"范围取决于评估目标和背景"（世界可持续发展工商理事会，2013，第 3 页）：

1. 河道外用水：抽取地表水或地下水并使用这些水的成本，例如净化这些水的成本。

2. 河道内用水：水体中剩余的水所提供的服务价值，如水文服务、渔业、生

[1] 世界可持续发展工商理事会补充道："水资源价值评估内容的技术定义是评估以下各方面的价值（以及价格和成本），无论是质量、数量还是金钱方面的价值：水资源使用、现场水资源数量和 / 或质量的变化、水文服务、非水资源方面的影响、和水资源相关的极端事件。"（世界可持续发展工商理事会，2013，第 8 页）。

物多样性、娱乐和环境流量。

3. 地下水：储存和过滤等服务的价值。

4. 水文服务：森林和草原等非水生生境所提供的利益价值。

5. 非水资源方面的影响：常见的环境成本，如与泵送或海水淡化所用能源相关的温室气体（GHG）排放。碳封存是一项积极影响。

6. 极端事件：因气候变化而加剧的干旱或洪水影响造成的相关成本。

世界可持续发展工商理事会倾向于采用基于人类福祉的福利经济学方法，因此社会和环境因素也应考虑在内。为此，使用了总经济价值（TEV）[1]，并认为这种方法对国际决策者和企业更具吸引力。相比之下，世界自然基金会和国际金融公司认为在评估时要考虑水风险（不确定性）的重要性，并主张通过管理来减轻风险（世界自然基金会 / 国际金融公司，2015）。他们还指出在这方面时间和空间是怎样发挥作用的（图 6.4）。然而，任何方法都将受益于：当前未被价值评估的东西、价值随时间的任何变化和评估水价值所需的可扩展性方案。

世界可持续发展工商理事会、世界自然基金会和国际金融公司提供评估工具，但评估前，能源、工业和商业领域需确定其水风险。有许多可用的风险评估工具（例如，世界自然基金会的 Water Risk Filter），主要使用不相关指标平均加权分数的绘图工具（世界自然基金会 / 国际金融公司，2015）。这些工具能够得出公司可能面临的水风险区域，但并没有提到价值。

图 6.4

不确定性对价值评估的影响

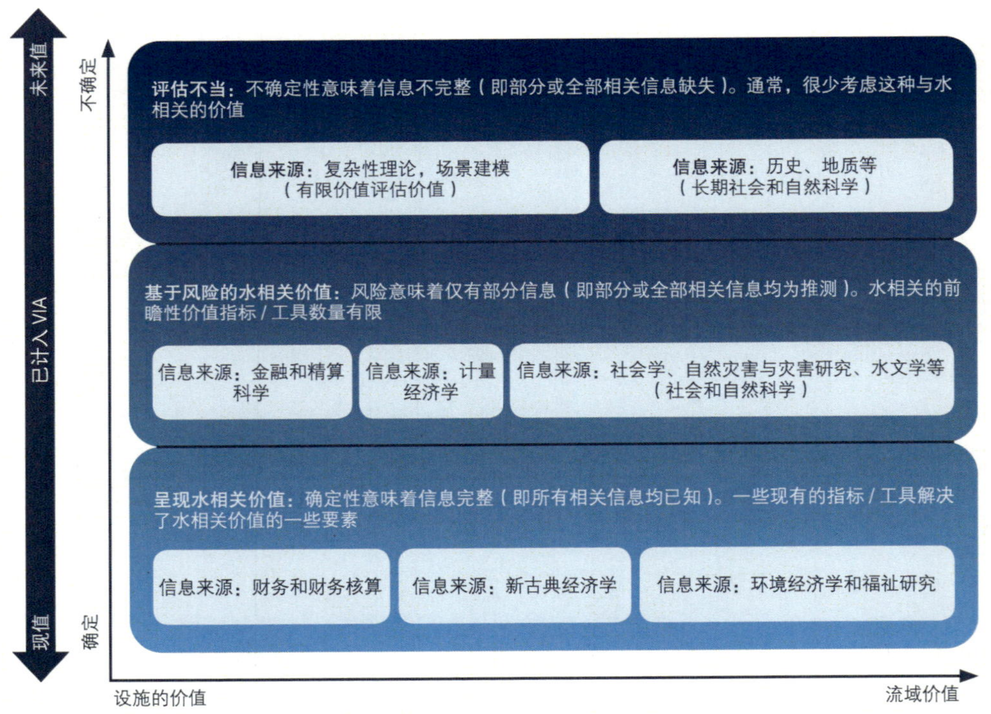

资料来源：世界自然基金会 / 国际金融公司（2015，图 B，第 2 页）。

[1] “利用总经济价值方法，可以估算与人类相关的环境和社会附加利益的货币价值。实际上，该方法是将环境和社会价值转化为经济（即社会或公共）价值，从而可通过使用收益成本分析得出人类福利总价值或净价值。”（世界可持续发展工商理事会，2013，第 16 页）。

6.5 水资源的货币化

由于其自身特点，能源、工业和商业领域高度关注货币化（货币价值）。这使人们更倾向于注重某些方面的价值（例如1立方米水的价格），而有时又对其他方面的价值漠不关心（例如，水对其他利益相关者的有形和无形价值）。

6.5.1 测量

最直接的货币化价值评估是按照体积来计算——每立方米的价格乘以用水量，再加上水处理和废水处理成本。考虑到消耗或回收的水，这些项目可能会存在细微差别。加拿大每两年进行一次详细的工业用水调查，2015年制造业的总用水成本[1]几乎达到14亿加元（加拿大统计局，2020a）。而提供补贴来人为压低价格导致水利用效率低下（麦肯锡公司，2011）。经济合作与发展组织成员国的工业用水价格在每立方米0.03美元至1.50美元之间，而补贴从5%到90%不等（麦肯锡公司，2011）。人们还注意到，随着水处理及其相关能源和运输成本的上升，价格一直在上涨。为了确保评估切合实际，能源、工业和商业领域需要考虑在真实成本下降低其用水的实际价值。

最直接的货币化价值评估是按照体积来计算——每立方米的价格乘以用水量，再加上水处理和废水处理成本

在能源、工业和商业领域，衡量用水的商业性能的指标相对简单，包括水生产力，定义为单位体积产生的利润或价值（美元/立方米）；用水强度，定义为产生单位附加值的体积（立方米/美元）；用水效率，定义为单位体积增加的价值（美元/立方米）；以及随时间变化的用水效率（SDG 6.4.1）。在评估水资源价值方面，与整体经济数据相比，这些指标的现有数据不易获得、不完整或没有明确划分为能源和工业两大类。然而，2015年加拿大实物流量账户提供了一个用水衡量标准，该账户报告称“工业用水强度为每千加元国内生产总值需消耗水量18.3立方米”（加拿大统计局，2018）。

6.5.2 经济增长

能源、工业和商业领域水的整体经济生产力（国内生产总值/立方米）在地方、区域和国家层面也带来了各种协同效益，如创造就业和催生新的企业。这些效益不容易量化，因为还有很多因素在起作用，水只是其中之一。瑞典一项关于耗水产业的研究（欧洲经济区，2012）指出了水对附加值和工业就业的影响。在用水量与经济产出并无联系的地区，取水量保持不变或随着附加值的增加而下降。取水量增加，附加值仅有少量增加。如果工作岗位数保持不变，水对工作岗位的价值会发生变化。由此产生的一个必然结果可能是反弹效应（Ercin和Hoekstra，2012），通过提高效率减少的水足迹会被增加的产量所抵消。在这种情况下，同样数量的水可以产生更多的价值，而不是更少的水量产生同样的价值。

澳大利亚每立方米水（澳元/立方米）总增加值[2]的市场价表明，采矿和制造业的经济价值（>100澳元/立方米）远远高于农业（<10澳元/立方米）（澳大利亚统计局，2010）。然而，应谨慎看待这一措施，因为水的成本占比很小，一般不会因水限制生产（Prosser，2011）。另外，上述计算也未包括资本成本或与生产

[1] 收集、进水处理、再循环和排放处理。

[2] 大规模出售价值减去生产经营成本（投入的财产和劳动力）。

相关的价格变化。该报告认为，每增加一个单位用水量所增加的边际效益，可能是衡量用水变化更好的经济价值指标，因此，用水效率更高的用户购买的水（用水量）可能更多。

世界银行的“营商便利指数”未包括获取水及其基础设施，因为它们“通常被视为理所当然”（Damania 等，2017）。根据一项大规模的公司调查显示（Damania 等，2017），水资源短缺对小企业和中低收入国家的影响最大。正规企业每月额外停水一次，平均销售额就会损失 8.7%。然而，对于非正规企业——通常与发展中国家有关——该损失达 34.8%。此外，反复停电与反复停水呈正相关，在频繁停水的国家，企业有时通过贿赂来获得水供应，这会影响到水的价值（Damania 等，2017）。

6.5.3 水足迹和虚拟水

水足迹是衡量能源、工业和商业领域产品中水价值的标准。可根据整个供应链中的一种产品所使用的水量（水足迹网络，未注明日期）来衡量，包括直接和间接用水量以及消耗和污染量。也可扩展衡量整个国家的水足迹。通常以各种单位的产值的用水量来衡量（立方米水 / 单位产值吨或者单位产值）。以工业产品为例，1996 年至 2005 年间，全球平均水足迹为每 1,000 美元附加值需要 43 立方米的水，但该值的高低差异较大，例如越南为 1,350 立方米水，德国仅需 5.56 立方米水，这说明两个国家的经济结构不同（Mekonnen 和 Hoekstra，2011b）。

水资源匮乏的国家实际上可通过进口水资源充足国家的耗水型产品来进口水

一个与衡量标准密切相关的指标是虚拟水，即“生产 / 提供一种商品或服务所需的水量”（Hoekstra 和 Chapagain，2007，第 36 页）。它具有国际经济含义，因为可用它来衡量一个国家出口到另一个国家的水量，表示为出口水量。所以，水资源匮乏的国家实际上可通过进口水资源充足国家的耗水型产品进口水，在贸易伙伴之间需要支付水的费用，这一点显而易见。在全球范围内，工业产品的平均虚拟水含量[1]为 80 升 / 美元（Hoekstra 和 Chapagain，2007），各国之间差异很大。例如，美国是 100 升 / 美元，而在中国和印度是 20～25 升 / 美元。

6.5.4 水质、废水和污染影响

在能源、工业和商业领域，达到水质标准通常被视为一种成本，包括废水处理或是支付罚款：事实上，在一些国家，支付罚款比处理废水便宜（世界水评估计划，2015）。有关工业废水排放量的数据很少，处理成本相关信息也很少。欧洲联盟的数据显示，在欧洲污染物排放和转移登记册（E-PRTR）中登记的 34,000 个设施中，只有 2,500 个工业设施报告了向水中排放的情况（欧洲环境署，2018）。排放量低于阈值的设施无须报告，但数据显示，小规模工业污染源可能比受管制的大型设施产生的影响更大。值得注意的是，2007 年至 2017 年间污染物排放量普遍下降，工业总增加值增长了 11%（欧洲环境署，2019）

在其 2019 年报告中，碳信息披露项目将重点关注水污染（碳信息披露项目，

---

[1] “一个国家工业用水量（立方米 / 年）与工业领域总增加值（美元 / 年）的比率，后者是国内生产总值的一个组成部分。”（Hoekstra 和 Chapagain，2007，第 38 页。）

框注 6.2 污染成本和后果

2018 年 3 月，英美资源集团位于巴西米纳斯吉拉斯州的矿山发生了两次管道泄漏。排放了 1,686 吨铁矿浆，其中 492 吨直接流入了圣安东尼奥河。圣安东尼奥多格拉玛社区的供水中断，运营暂停，直到 2018 年 12 月才恢复正常。该事件对集团的未计利息、税项、折旧及摊销前的利润（EBITDA）造成了 6 亿美元的损失，产生了实质性影响。这包括 280 天生产中断损失成本以及应急风险缓解措施成本，包括河流清理和社区补偿（约 750 万美元）、管道检查和维修（2,000 万美元）和 8 项未按通知要求执行的处罚（5,000 万美元）。补救行动包括向社区提供饮用水、立即清除受影响土地和河流中的铁矿石沉积物以及恢复和修复直接受影响地区和 8 英里以外的地区。

资料来源：碳信息披露项目（2020，第 14 页）。

2020）。结果显示，仅不到一半的调查对象“定期测量和监测其排放物质量”（碳信息披露项目，2020，第 2 页），极个别调查对象设有减少水污染的目标。污染会给公司和投资者带来巨大的财政负担（见框注 6.2）。

世界银行的一项研究深入探讨了水污染和经济成本之间的平衡（Damania 等，2019a）（见框注 2.3）。假设上游污染降低了下游的经济增长，利用一个大的数据库和生化需氧量（BOD）指标来代表其他污染物，会发现严重污染的地表水（生化需氧量 >8 毫克 / 升）[1] 使国内生产总值的增长降低了 1/3。这表明了上游的生产力与下游经济增长放缓之间的关系。本报告还对环境库兹涅茨曲线提出了质疑，这个曲线的结论是经济越繁荣污染程度越高[2]。确实，经济增长是会造成更多污染物，报告称，在美国，每年有 1,000 多种新型化学物质的排放通知。在这种情况下库兹涅茨曲线确实成立，这不是因为经济原因，而是环境团体及对基础设施的重大投资的变化带来的。

废水处理是能源、工业和商业领域的直接成本。全世界都缺少这方面的数据，但加拿大有可用的详细数据。2015 年，加拿大制造业的废水处理和排放成本为 5.06 亿加元，占制造业所有用水成本的 36%（加拿大统计局，2020a）。相比之下，火力发电领域的成本仅为 1,200 万加元，即用水总成本的 5%（加拿大统计局，2020b）。

如果将废水视为一种资源（世界水评估计划，2017），则可通过再利用和回收废水来降低相关成本（见第 2.6.1 节和第 5.4.4 节）。冷却水、热水和工艺水（无论是经处理的还是未经处理的）均可再利用于各种目的，也可能多次重复使用。这样可得到双重回报，既降低了淡水需求又减少了废水排放相关成本。影响废水再利用的障碍包括废水的供应、成本效益比和能源使用的增加。工业共生模式可以克服这些障碍，该模式下各种设施可交换废水以实现互利。下一步是建立生态工业园区，

---

1 对于中等收入国家，生化需氧量更为普遍，国内生产总值增长被减少了近一半。

2 “20 世纪 90 年代初，经济学家 Gene Grossman 和 Alan Krueger 的著名论断是，随着发展，污染将呈倒 U 型模式。国家的发展和工业化会增加污染。某些时候，公民的愤慨或富足充裕有助于开发出可逆转趋势的政策和清洁技术，使得环境会随着增长而更加清洁。这一假设被称为环境库兹涅茨曲线，意味着增长是改善环境的最佳手段”（Damania 等，2019a，第 2 页）。

框注 6.3　越南建设生态工业园区

联合国工业发展组织（UNIDO）的这项为期5年的项目于2019年完工，旨在增加清洁低碳技术的转让、部署和推广，最大限度地减少温室气体、持久性有机污染物（POPs）和水污染物的排放，并改善用水效率以及化学品的健全管理。该项目促进并支持工业区逐步转变为生态工业园区。如果识别出的18个潜在机会都得到实施，预计每年将节约885,333立方米的淡水，同时资源高效型清洁生产每年将节约488,653立方米的水。减少用水量有助于总体经济节约，通常回报周期很短：大约几个月。

资料来源：联合国工业发展组织（未注明日期）。

园区内多个行业一起合作，共享废水和能源供应并共同承担废水处理成本。这将成为今后资源高效型清洁生产（RECP）和绿色工业（框注6.3）的一部分，进而向循环经济迈进（联合国教科文组织/联合国水机制组织，2020）。

除了水质差引起的直接成本，如处理成本，还有外部社会经济成本，如对饮用水、生态系统、公共卫生、旅游和渔业的影响。能源、工业和商业领域的这些影响难以拆分和量化，因为还涉及其他因素，如农业面源污染。矿山尾矿坝崩塌直接影响河流系统严重污染河水的则是特例。人类和环境影响成本加上罚款和生产损失成本巨大，更不用说不可估量的伤亡成本。

世界银行的另一项研究评估了水质对土地价格和财产价值（康乐价值）的影响，并将其作为经济繁荣的指标。巴西、阿根廷和墨西哥的数据表明，如果采用统一的生化需氧量作为衡量指标，则生化需氧量100%的下降会使房价上涨6.9%至13.7%，而房产价值将上涨5.3%至6.0%（Damania等，2019b）。

6.5.5　能源统计

能源行业与其他行业的不同之处在于，要么需要大量的水进行热冷却或水力发电，要么像太阳能或风能等其他可再生能源完全不需要水。生物燃料是介于两者之间的一种资源，如果当地降雨，则对当地水资源需求不会特别大，但如果需要人工灌水，则对水的需求量很大。然而，在全球约10%的能源用水中，58%用于发电的化石燃料（图6.5），而包括生物燃料在内的一次能源仅占12%（国际能源署，2016）。[1]

大量火电、核电、水电所需要的水通常是免费从湖泊和河流抽取，但许多水在使用（例如冷却）后通过大坝闸门和泄洪道返回。新西兰2015年水力发电用水的资产价值估计为98亿新西兰元，使用收益为5.86亿新西兰元（新西兰统计局，2017）。这种“免费”水只有在它变得不可得时，其价值才会被凸显。例如，2007—2009年间席卷美国加州的干旱事件期间，因水力发电量下降而采用价值17亿美元的天然气予以替代，除了增加财务成本之外，还显著增加了二氧化碳排放量（Christian-Smith等，2011）。

1　在用水强度（升/兆瓦·时）方面，发电量约为10（太阳能光伏）至100,000（核能）升/兆瓦·时不等。就一次能源而言，化石燃料约为1至10,000升/吨（石油当量吨），生物燃料（灌溉用水）约为1,000至500万升/吨（国际能源署，2016，图3和图4）。

图 6.5

2014 年能源领域用水情况

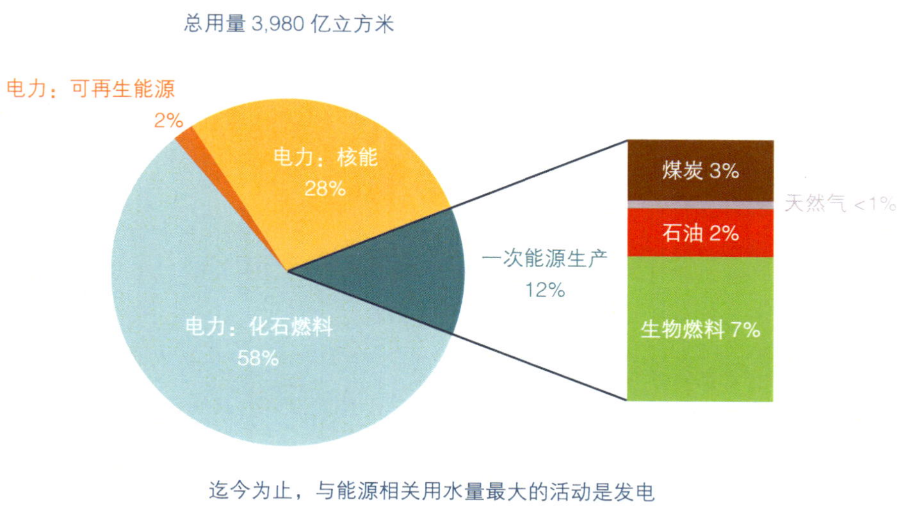

注：可再生能源包括太阳能光伏、聚光太阳能（CSP）、风能、地热能和生物能。对“从源头到载体”的一次能源生产（石油、天然气、煤炭）用水需求进行量化，这一定义包括取水、加工和输水。生物燃料的取水和耗水量包括专用原料灌溉用水和加工用水。发电运行阶段需要淡水，包括清洁、冷却和其他与工艺相关的用水需求；不包括加入燃料的生产用水。水电除外。

资料来源：国际能源署（2016，图 2，第 14 页）。版权所有

有人认为，美国热电厂并没有因水价调整而减少对冷却水的使用（Stillwell，2019）。目前，水价非常便宜，因此从长远来看，必须调整水价使其大大高于美国平均价格，这样才能改善热力效率，从而减少冷却水的使用。由于大多数电厂均自行供水，因此抽水和潜在的处理成本很低，这样一来使情况愈加严重。从短期来看，如冷却水变得稀缺，发电的水成本就会变高，发电量小到一定程度电厂就将停工。Kablouti（2015）提出，驱动投资的主要是水的可用性和法规，而不是水的使用价格。他认为投资应基于水的总价值，而不是技术方案。同样，可通过生命周期分析来考虑水在发电中的真正经济价值。Meldrum 等（2013）表示，虽然热电厂的水主要用于冷却，但可再生技术制造和建设时同样需要大量的水。全生命周期内用水量最低的是光伏和风能，最高的是煤炭和核能。

多用途情况下，水力发电可能使水具有多种价值，因为发电的同时，可能会为其他水用户带来环境和经济成本和利益（见第 3 章）。Opperman 等（2015）提出，鉴于世界范围内水电的增长，可通过“水电设计”来平衡可持续能源和健康河流。这可避免水力发电厂选址不当，最大限度地减少影响并通过投资缓解措施来抵消其他影响。参见框注 6.4 案例，一家涉及其他利益相关者的电力公司对能源用水的价值评估。

海水淡化逐渐备受关注，特别是在缺水地区（见第 2.6.2 和 5.4.4 节）。然而，与传统水源相比，其能源消耗高得多，高达 23 倍，成本是地表水处理的 4～5 倍（世界银行，2016a）。因此，对于许多用途来说，成本太高了。尽管成本日益下降[1]，但盐水影响、取水影响以及温室气体排放相关问题均需解决。然而，将盐水用于能源作物和能源生产为劣质水赋予了价值。

[1] 根据最近的一项研究，利用可再生能源进行海水淡化脱碳“将导致水的全球平均平准化成本从 2015 年的约 2.4 欧元 / 立方米（考虑未补贴的化石燃料成本）下降至 2050 年的约 1.05 欧元 / 立方米”（Caldera 和 Breyer，2020，第 1 页）。

框注 6.4　能源用水价值评估

法国东南部的 Serre-Ponçon 多用途水坝和水库可输出 65 亿千瓦时的可再生发电量，可提供饮用水和工业用水，灌溉 15 万余公顷的农田，还可调节防洪。此外，还提供许多与水有关的娱乐和旅游服务，其年平均营业额约为 1.5 亿至 2 亿欧元。

但有时，气候变化会对不同用途的供水造成影响。必须根据《欧盟水框架指令》管理水资源，以平衡环境目标与经济发展之间的用水需求，同时还需考虑到水的不同经济用途和价值。

法国电力公司（EDF）与两个主要灌溉用户签署了一项《节水公约》，法国电力集团对用水更少（即用水效率更高）的灌溉用户予以报酬。从而能在水库留存更多水以应对干旱，并为发电提供了更多灵活性。法国电力集团使用其内部软件——水资源估值工具（PARSIFAL）来管理和优化水资源分配，以强化环境和社会方面的考量，并评估给予灌溉用户的补偿金额。

水资源估值工具对两种情景进行了评估：一种是灌溉用户每年节约用水 3200 万立方米，另一种是每年节水 1 亿立方米。还对三组不同天气条件下的情况进行敏感性分析：干旱年、正常年和多雨年。价值评估时重点关注每节约一立方米水的价值。

法国电力集团软件可以被用于对水电站水库短期和长期规划和按小时管理，同时还考虑了一系列备用模拟运行条件。还考虑了水的多种用途，包括排水量或供水量的经济价值。

该软件将分配给储水量的价值作为日期的函数，比较当前和未来某一给定水量泄放的收益或节约情况。这种价值评估可体现“生产力的变化”，因为水的价值是以某一特定时间每立方米水所能获得的能量价值为基础的。总体计算基于上述两种情景下节约的水的单位价值（欧元/立方米）。该价值实际上是能源的财务成本（欧元/千瓦·时）（基于法国当前和未来的能源价格），与水力发电厂的能源生产力（立方米/千瓦·时）和用水量（立方米）有关。

评估显示通过节水措施可以产生多少额外的能源附加值，每年节水量在 3200 万立方米和 1 亿立方米之间，经济收益与节约的水量成线性和比例。这决定了灌溉用户减少用水量可获得的报酬水平。六年内农业耗水量从 3.1 亿立方米减少到 2.01 亿立方米。此外，因为大约 84% 的节水均用于生态目的，因此对环境也产生了积极影响。节水时机至关重要，因为在电价较高的用电高峰期可产生更多的电力。该结果被用作与灌溉用户谈判的起点，以确定他们因节水可从法国电力集团获得的金额。下一步是将该方法推广至流域的其他利益相关者，以实现长期节水。

资料来源：基于联合利华提供给世界企业永续发展委员会的内部信息。

6.6 环境核算

第 2 章讨论了将环境价值纳入水资源管理。能源、工业和商业领域通过其活动以及与其他利益相关者的协调，在价值公平共享和投入方面发挥着越来越重要的作用。关于如何分配水资源，定价和投资，能源、工业和商业部门通常是通过比较不同用水需求的经济回报和成本作出决策——如上文所述。然而，生态系统在需求和供给两方面都是以上计算结果和商业管理决策的重要组成部分，但往往被忽视。如今大家认识到，生态系统通过对水的需求，为人类生产和消费提供了各类商品和服务，对于能源、工业和商业领域亦是如此（Emerton 和 Bos，2004；Green 等，2015；Cohen-Shacham 等，2016）。

6.6.1 自然资本核算

自然资本核算是一个非常有用的工具，可使私营部门了解自然提供的服务以及这些服务与企业之间的关系。能源、工业和商业领域直接或间接与自然资本相互作用，以生产投入（原材料、水、能源）的形式或以依赖自然提供服务的形式（授粉等调节服务、养分循环等支持服务、娱乐等文化服务以及非常重要的一点——吸纳废物和水质，见第 2 章）。自然资本核算可以帮助确定企业可能受到的影响程度，这些自然服务在其日常运作中以货币价值计算（见第 2.4.3 节）。生态系统服务价值的具体信息可使能源、工业和商业领域了解这些影响和价值，并做出慎重决定。认识到自然资本对其运营的重要性后，企业即可做出更可靠和更明智的投资决定，并能更好地评估风险和机会。《自然资本协议》是一个很好的可用文件，旨在为企业提供一个将自然资本纳入决策的标准化框架（自然资本联盟，2016）。

能源、工业和商业部门通常是通过比较不同用水需求的经济回报和成本作出决策

6.6.2 基于自然的解决方案

基于自然的解决方案（见第 2.5.1 节）可与其他类型的干预措施结合使用，更易在能源、工业和商业领域应用，将人工建设和自然资产混合可以为食品供应链提供最佳的结果（Cohen-Shacham 等，2016），能源领域也一样。例如，因为水坝受益于森林（稳定土壤和防止上游侵蚀），因此在河流流域范围内投资自然基础设施，以支持现有已建的水利基础设施系统，从而降低成本及提供更具弹性的服务。

6.6.3 环境流量

在那些能源、工业和商业领域的活动严重依赖水流状况的地方，水流模式的变化会影响生产和成本。同样，环境流量（见第 2.5.2 节）会受到水或者因建坝（用以储存水并调节水流）截流的严重影响[1]（Grill 等，2019），建坝截流是为了最大限度地提高水力发电量。水核算是一个有用的工具，它可以提供供水（数量和质量）、不同用水用户和用途需求以及当前耗水水平等信息支持决策和政策制定，并能够就是否是可持续提供证据。然而，如对环境流量、特别是季节性流量因素考虑有限或缺乏，则水核算方法可能无法完全涵盖长期供水期间生态系统服务的全部价值。

---

[1] 对于全长超过 1,000 千米的河流，只有 37% 的水流可自由流经河流全长，只有 23% 的水流流向海洋（Grill 等，2019）。

与其他方法类似，与体积水效益核算（VWBA）方法（Reig 等，2019）等其他方法类似，主要关注的是水量，这意味着社会和环境水效益不包括在水平衡中。能源、工业和商业领域需澄清水量价值和水效益之间的差异，因为对节约水量的测量可能会、但也可能不会获得公司业绩评估所需的适当信息（Newborne 和 Dalton，2019）。衡量非容积产出的补充指标，以及有效的水资源管理活动要素，可以增加产生社会、经济和环境效益的可能性，以解决河流流域的共同水资源挑战，对决策者至关重要（Reig 等，2019；Newborne 和 Dalton，2019）。

6.7 利益相关者、企业社会责任（CSR）以及管理

为应对水安全问题，提高对河道污染以及气候变化对降水影响的认识，企业日益意识到水文变化带来的风险。此外，随着企业日益认识到水对其运营的价值，如今他们不但承担企业社会责任，还参与到水资源管理中（见第 2.5.3 节）。

要更好地了解水资源管理领域企业利益背后的动机，也应更好地了解水资源管理机构追求水资源综合管理（IWRM）规划方式的动机。

从企业用水用户转变为水资源优秀管理者需面临的一项重大挑战是认识到个体化管理在水资源管理中行不通。各类参与者要想具备水资源管理和“集体行动”能力，需对良好的水资源管理产生的公共产品有更多的认识，并进行重新自我定位，即从“我的水供应”提升为“我们的水流域”（框注 6.5）。还应考虑到性别平等，以履行人权相关责任和实现总体可持续发展。

6.8 能源、工业和商业领域的未来价值——成功与生存

与所有部门和利益相关者一样，为了商业成功和生存并在全面水管理中发挥必要的部分作用，应对气候变化的能源、工业和商业领域需要提高他们对评估水价值的理解，一些潜在的途径，概括如下。

6.8.1 内部定价

与企业设定内部碳价格类似，水资源内部定价势头也愈加强劲。这种内部价格是“当认为市场价格是对‘实际’经济价值的估计不当时，经济分析所使用的价格”（Emerton 和 Bos，2004，第 86 页），还可用来解释价格的未来不确定性（世

框注 6.5 评估“每一滴”水的价值

啤酒中水（更具体地说是优质水）含量为 95%，因此水与所必需的酿制工艺一样有价值。近 10 年来，啤酒生产商喜力已经减少了近 1/3 的用水量。喜力认识到水非常宝贵以及其价值被低估，因此承诺保护其业务范围内缺水地区各个社区的水资源。其“2030 年的每一滴水的目标”就是为支持联合国可持续发展目标 6 而制定的。在缺水地区，喜力承诺充分平衡其产品中使用的当地流域的每升水，最大限度地实现水循环，并将每百升啤酒的用水量从平均 3.2 百升降至平均 2.8 百升。此外，还与其他用水户密切合作，投资重新造林、恢复景观、淡化海水和收集水资源等。例如，在印度尼西亚，与联合国工业发展组织（UNIDO）合作，喜力成为水联盟（Aliansi Air）的其中一员，该联盟其他成员包括政府、企业、非政府组织（NGO）和当地社区团体，共同致力于布兰塔斯河流域的保护水和减少污染。

资料来源：喜力（2019a、2019b）。

界自然基金会/国际金融公司，2015)。2017年，向碳信息披露项目报告的所有公司中，有53家(7%)通过对水进行内部定价来适应环境和社会成本(碳信息披露项目，2017)。例如，高露洁公司使用一种工具对废水预处理和处理等隐性成本进行了量化，量化后发现他们的实际水成本是其所支付金额的2.5倍。影子定价的限制条件包括所需假设和货币价值随时间的变化；该定价方法适用于采购，但主要受其他因素影响，如运营中断(世界自然基金会，2019a)。

区块链技术能确保各方(包括工业和能源领域)的实时水资源管理和水权交易透明化

6.8.2 第四次工业革命

第四次工业革命[1]预计将提高生产力和生产效率，产量提高30%，效率提高25%(Rüßmann等，2015)。第四次工业革命利用9大技术支柱将数字技术和物理技术融入信息物理系统。[2]将这些系统在价值链中相结合(框注6.6)，以收集数据并优化生产。显然，随着能源、工业和商业领域对水资源真正价值的日益认可，用水效率将成为这种进展的一个组成部分。第四次工业革命期间，还将通过提高能效和引入可再生清洁能源来提供用水效率(联合国工业发展组织，2017)。

框注6.6 “供应链”与“价值链”

“供应链”指将供应商的产品或服务转移给客户所需的系统和资源。企业的供应链(或间接)水足迹是生产所有财产和服务(共同形成企业的生产投入)所消耗或污染的淡水量。

由此建立起“价值链”这一概念，同时也需考虑该链的附加值，包括产品/服务以及所涉及的参与者。从可持续发展的角度来看，“价值链”更有吸引力，因为它明确提到了价值创造过程中所涉及的内部和外部利益相关者。还鼓励从全生命周期角度看待问题，不仅仅关注投入资源的(上游)采购。价值通常用于狭义经济领域，但这里可以认为包括以下“价值”，即伦理和道德关注以及其他非货币的实用价值，如物质循环终端、生态系统服务的提供和客户附加值。

资料来源：摘录和改编自Hoekstra等(2011，第192页)和剑桥大学(未注明日期)。

---

[1] 第四次工业革命之前还有三次工业革命，其中两次均与水密切相关。第一次工业革命的核心是水力和蒸汽机。第二次工业革命的核心是与水紧密相关的电力。第三次工业革命的核心是计算机和自动化。

[2] 自主机器人、仿真、横向和纵向系统集成、工业物联网、网络安全、云、增材制造、增强现实以及大数据和分析。

除工厂制造领域外，在应对水风险方面第四次工业革命也发挥着巨大作用——不仅包括能源、工业和商业领域，还涉及农业、市政供水和废水处理领域。世界经济论坛（2018）的一份报告中提出了第四次工业革命期间解决 5 个紧迫水问题的新方法（图 6.6）。使用卫星影像可显著改善供需信息的获取，甚至用来获取地下水信息。因此，供应链的用水强度得以优化。区块链技术能确保各方（包括工业和能源领域）的实时水资源管理和水权交易透明化。此外，可利用传感器网络监测水质，发现污染及其来源。使用与智能合同相关联的区块链，可自动对违反标准的行为征收罚款（Damania 等，2019a）。机会很多，但投融资非常必要，另外还需为创新生态系统的推广提供一个有利环境，以积极推广新理念和新技术。此外，多个利益相关者的治理应包括公共和私营领域（世界经济论坛，2018）。

6.8.3 超越管理

循环经济非常重视水资源价值，每升水都被一次次反复利用，使水资源本身就成为基础设施的一部分，而不是一种消耗性资源

水的价值源于能源、工业和商业领域的方方面面，因此需根据一项总体战略，部署许多方法和途径来实现其真正的经济价值。能源、工业和商业领域在许多方面不得不关注水的真正价值，这与企业应对气候变化相关挑战时运作和理念的重大戏剧性转变类似，如《2020 年联合国世界水发展报告》（联合国教科文组织 / 联合国水机制组织，2020）中所概述。目前，仅有少数大型企业在应对这一挑战。碳信息披露项目报告称，“2019 年，占全球市值 1/4 的公司披露了水安全信息”（碳信息披露项目，2020，第 2 页）。本报告涉及 2,433 家公司，并指出 2,500 多家公司并未满足“投资者或客户对数据的要求”（碳信息披露项目，2020，第 6 页）。从这个角度来看，经济合作与发展组织的一份出版物表示全球约有 41,000 家上市公司（De La Cruz 等，2019）。其中不包括全世界不计其数的中小型企业（SME）[1]，很多此类企业将水和废水列为低优先事项，原因之一是监管和执法不力，另一原因是这些企业几乎无法生存，特别是在新型冠状病毒感染疫情期间。

正如人们常说的那样，传统做法并不能解决能源、工业和商业领域未来将面临与水相关的挑战。在全新的全球经济背景下，企业需重新调整其对水的认识，并采取多方位优化管理（碳信息披露项目，2018）。生产和消费要和水脱钩，以便根据其他驱动因素确定水的价值。循环经济非常重视水资源价值，每升水都被一次次反复利用，使水资源本身就成为基础设施的一部分，而不是一种消耗性资源。

必要的投资和融资需超越股东对价值的“季度资本主义”（Barton，2011），这种观点期望获得短期投资回报。相反，应转向更长的时间框架。目前趋势是包容性资本主义，即让所有领域均参与进来，希望所有人都可获得并共享“我们经济体系带来的机会和好处”（包容资本主义联盟，未注明日期）。可持续资本主义对这点进行了补充。近期日益重要的一个方面是贝莱德等资产管理公司的影响力投资，其将资本分配给环境、社会和治理（ESG）记录良好的公司。仍然还是主要针对气候变化，水及其价值（包括水资源稀缺和荒漠化条件）仅作为一个考虑因素。当

---

[1] 据估计约有 4 亿中小企业，占全球企业的 95%、占全球就业的 60% 至 70%（国家商业和人权行动计划，未注明日期）。

图 6.6　应对水和卫生挑战的第四次工业革命技术应用的发展水平

	获得当前可用的完整水资源供需情况	提供优质供水、公共卫生设施和个人卫生服务	管理日益增长的用水需求	保证水质	建立应对气候变化的适应力
3D 打印					
高级材料				●	
高级传感器平台	●	●	●	●	
人工智能	●	●	●	●	●
生物技术					
区块链		●	●	●	●
无人机和自动驾驶汽车	●	●			
物联网（IoT）	●	●	●	●	●
机器人技术					
虚拟、增强和混合现实					
新型计算技术	●	●	●	●	●

资料来源：世界经济论坛（2018，图 1，第 9 页）。

然，美国开始了一场改革，旨在重新定义企业的宗旨和责任，使其影响范围更广，涉及所有利益相关者（不仅仅是股东价值），同时对客户、员工（培养“多元化与包容性、尊严和尊重”）、供应商和社区做出承诺（商业圆桌会议，2019）。在这一过程中，由于水是所有方面的紧密联系中心，它的价值将是向前发展的首要考虑因素。

第 7 章

水文化和价值

联合国教科文组织政府间水文计划
Alexander Otte

世界水评估计划
David Coates 和 Richard Connor

撰稿人：
Giulia Roder（联合国大学可持续发展高等研究所），David Hebart-Coleman，Martina Klimes* 和 Elizabeth Yaari（斯德哥尔摩国际水资源研究所），Maria Teresa Gutierrez（国际劳工组织），Nigel Crawhall（联合国教科文组织），Rémy Kinna（联合国欧洲经济委员会），Marlos de Souza（联合国粮食及农业组织），Eva Mach（国际移民组织），Barbara Van Koppen（南非国际水资源管理研究所）以及 Nicole Webley（联合国教科文组织政府间水文计划）**

* 代表斯德哥尔摩国际水资源研究所主办的联合国开发计划署 – 斯德哥尔摩国际水资源研究所水治理处。
** 代表斯德哥尔摩国际水资源研究所主办的水合作国际中心。

7.1 简介

文化直接影响对水价值的认识以及对水资源的提取和利用。联合国教科文组织对文化的定义："社会或社会团体的一系列独特的精神、物质、智力和情感特征……除了艺术和文学之外，还包括生活方式、共同生活方式、价值体系、传统和信仰"（联合国教科文组织，2002，第 62 页）。每一个社会、群体或个人都存在于自身的文化环境中，这种文化环境是由遗产、传统、历史、教育、生活经验、对信息和媒体的接触、社会地位和性别以及许多其他因素的不同组合塑造而成的。

文化是多方面、多维度的，每一种文化通常还包含一套亚文化。此外，世界各地的科学家也分享了一些"科学文化"，这种文化往往是产生价值观和使用方式的主导因素，对全球科学的发展至关重要（Wang，2018）。但科学范畴内的不同学科，如水文学、经济学、工程学或社会学，都有自己的亚文化，影响着其所塑造的重要元素。一些科学文化可能会忽视甚至反对采用替代方法，例如土著知识和地方性知识的价值。这些文化所属的各类社会对科学的重视程度不同，结果也大不相同。例如，社会对人为气候变化或新型冠状病毒感染疫情相关科学知识的接受程度存在差异（Lewis，2020）。科学往往是根据数据和信息进行评估，而大多数其他人在评估水价值时根本不依赖数据和信息。深入评估和讨论这些文化对水价值的影响非本报告内容。对于任何价值而言，关键的一点是，理解价值产生的文化背景、文化对价值的影响以及价值的使用。

文化直接影响对水价值的认识以及对水资源的提取和利用

有些文化会主张一些难以量化或在某些情况下难以表达的价值。人之所以向往水，是因为精神上的原因，或是因为风景优美，或是因为水对野生动物或休闲娱乐十分重要，或是这些因素兼而有之。"文化习俗反映并构成文化价值，同时也是识别文化的一种方式，即在特定时刻（例如娱乐活动中）文化会作为各类文化领域生活体验（例如整个'生活方式'）的一部分表现出来"（Fish 等，2016a，第 213 页）。

与水有关的价值可能蕴藏着深刻的情感且往往源于集体的社会想象，以文学叙事和艺术作品的形式表达出来（例如，科学知识与技术伦理委员会，2018；Fish 等，2016b）。这些价值很难与通过其他正式手段（如经济学）得出的价值进行比较，因此往往被排除在偏向那些价值的评估之外。

文化还会随着时间的推移而变化和演变，而且有时这种变化和演变十分迅速。例如，第 3 章举例说明了环境价值的增加如何推动大坝停运，以及气候变化如何提高水相关风险的价值。第 4 章列举了新型冠状病毒感染疫情如何提醒广大社会注意供水、公共卫生设施和个人卫生服务的价值。全球历史和地缘政治经常将一种文化的价值观强加给另一种文化，例如通过殖民化（框注 7.1）。然而，形成该文件价值及表达方式的社会团体以外的几个其他社会团体也经常共享和体会水的文化价值。

与水相关的价值之间存在冲突，越来越多的研究致力于解决社会内部和社会之间的不同群体如何以及为什么对一种看似相同的物质有非常不同的看法。综合了解水资源价值的社会和文化背景有助于理解价值系统的起源、复杂性和驱动因素。这一过程日益变得不可或缺，可提供伦理文化，促使学习与生活世界的和谐（科学知识与技术伦理委员会，2018；水问题高级别小组，2018）。

框注 7.1 非洲水资源法方面的殖民价值体系遗产

大多数非洲国家普遍实行法定取水许可制度，旨在取代惯例水法。这是一种殖民遗产，殖民当局将水资源授予其海外君主，仅向定居者发放许可证。这种国家所有权的概念，在独立后扩大到对数百万小规模用水户的许可要求。然而，在实施层面似乎不可能。因此，大量的小规模用户，通常是最脆弱的群体，无法获得用水许可，始终处于法律的边缘。而通常情况下，更精通行政和法律事务的国家级或国际级高影响力用户往往继续受益，有时甚至拥有可交易权（Burchi，2012）。新型混合式水法应针对并强制执行许可证，对这些少数的高影响力用户进行监管，并最终认可法律地位平等的惯例水权（Schreiner 和 Van Koppen，2018）。

7.2 文化价值的分类、评估和分析方法

近期研究旨在建立一个文化价值分析框架。例如，许多水相关文化价值可按照文化生态系统服务进行评估和表达。Fish 等（2016b）建议，为了帮助分析和评估，可按照以下方式对这些文化服务进行分类：

- 环境空间——人与人之间以及人与自然环境互动的场所、地点、陆地系统和海景；
- 文化习俗——人与自然环境之间表达性、象征性和解释性互动；
- 文化利益——人与自然环境之间互动相关的人类福祉的各个方面；
- 文化财产——价值、服务和利益之间的相互作用，可能适用于市场交易，能够创造出可交换的文化财产，但有时不总是以货币形式进行交换。

可将这些差异纳入文化生态系统服务的动态反馈循环框架中，以便获得一个适用于水资源的一般理论观点（图 7.1）。这有助于我们了解文化生态系统服务，以及这些服务如何促进文化价值的发展。经济价值评估方法（包括货币和非货币价值的估算方法）可用于许多这类个体文化服务，从而能够将它们与其他生态系统服务类别进行比较（详见第 2 章）。

然而，使用生态系统服务框架并不适用于整体价值评估。即使适用，这种方法仍然会对直接和间接使用价值形成偏见，这些价值比较容易量化，因此无法体现遗产或存在价值等无形的价值。当经济、社会和文化价值不协调时，差异就会出现（框注 7.2）。

7.3 以信仰为基础的价值观

世界各地以信仰为基础的传统中，水可以象征生命、纯洁、新生与和谐等多种多样的元素，但也可以象征混乱和破坏（Oestigaard，2005）。在一些国家，水被视为人类需要爱护的礼物，而另一些国家则强调水对环境和野生动物的重要性。

宗教或信仰与道德之间有着密切的关系。全球科学知识与技术伦理委员会提出了道德原则，旨在将人类关切与受全球水循环影响的各种生态系统的关切结合起来（科学知识与技术伦理委员会，2018）。价值本身会影响其表现形式。例如，一些缺水地区的叙事往往带有当地宗教的特点，会将降雨或获得水作为对叙事中合法的和有道义的生命的奖励。

图 7.1

文化生态系统服务的概念框架

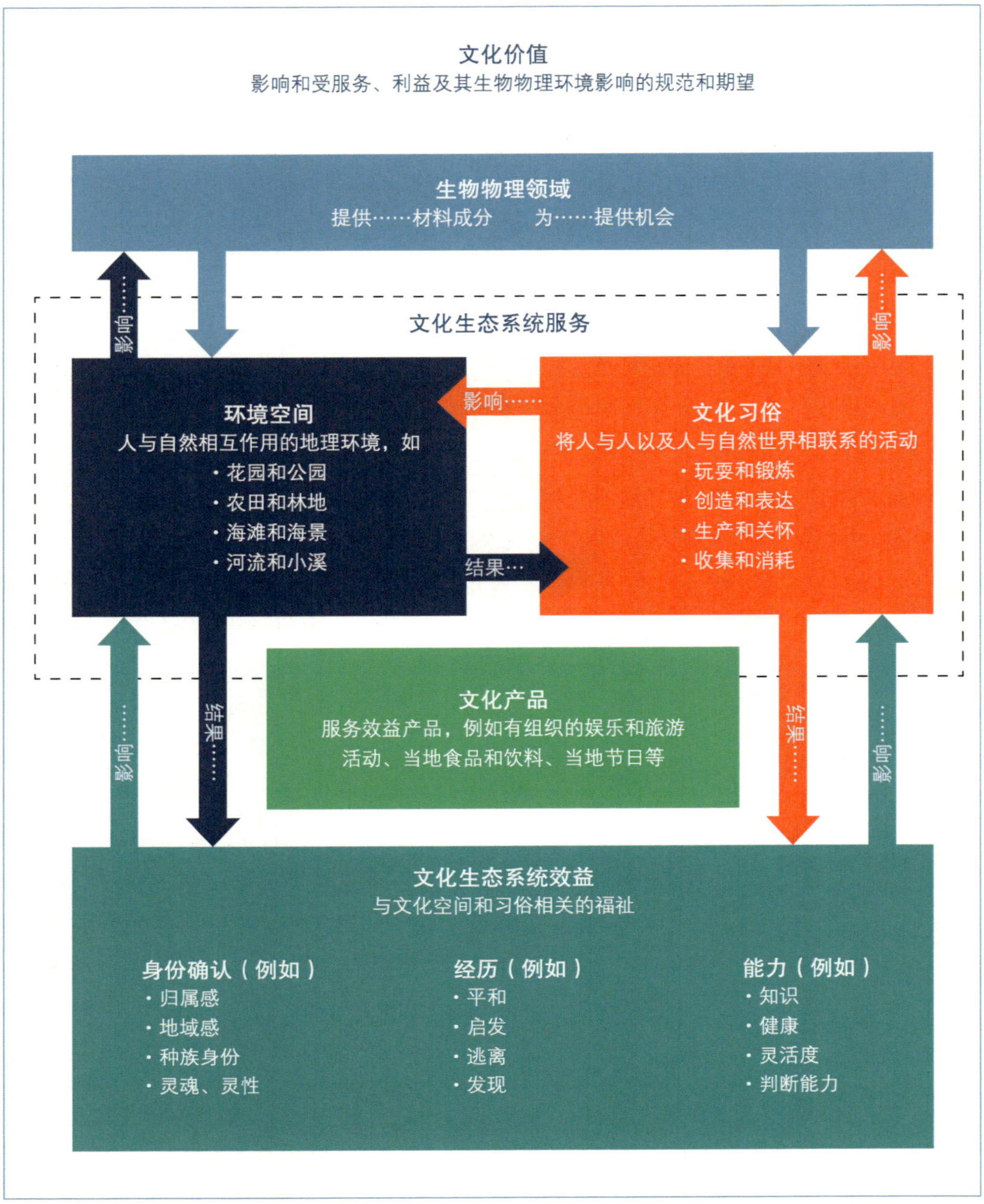

资料来源：Fish 等（2016a，图 1，第 331 页）。

相比之下，水的现代经济概念是从社会、文化和宗教语境中抽象出来的（Anderson 等，2019）。在全球经济发展的背景下，水往往被认为是社会可支配的资源，因而不同于许多土著民族的宗教或信仰观念里的水，从而产生了具有差异、甚至是矛盾的价值观念（Jiménez 等，2014）。

7.4 土著人民的价值观体系、地方水资源管理和惯例法

如前所述，文化是所有社会的组成部分。土著人民的价值观和价值体系经常作为“文化价值”的案例，体现了将自己视作生活世界一部分的社会。当然，土著人的世界观并非同质。同时，生物多样性和生态系统服务政府间科学政策平台（未注明日期）表明，土著人民在自然资源管理方面提供了技术、治理和互补能力。通过激发创意以及实现水的各种价值，水问题高级别小组认识到土著人的知识是协调行动和机构一致性的一部分（水问题高级别小组，2018）。具有法律效力的《生物多样性公约》（1992）是要求缔约国与土著人和当地居民合作，促进、保存和维护当

框注 7.2　通过调查澳大利亚梅宁迪地区大规模鱼类死亡事件来了解文化价值的尝试

澳大利亚科学院调查了2018—2019年夏季在新南威尔士州梅宁迪地区发生的大规模鱼类死亡事件。认为生态系统服务的两个概念框架（千年生态系统评估和总经济价值的概念框架，参见第2章）存在潜在的矛盾和问题。使用标准技术，确定水资源直接和间接用途比确定选择权、遗产和存在价值以及其他文化价值更有确定性。

在澳大利亚土著社会中，通过社交礼仪、地方知识、叙事、信仰和日常实践来表达涉及景观和水景的文化联系。将经济方法应用于土著人价值观的一些挑战包括：

收入差距：基于价格的评估技术使得富人比穷人更有发言权；

可分性：直接和间接利益经常相互依存且相互重叠，因此很难对它们进行整体价值评估；

价值和文化：在土著环境中货币价值评估方法往往不合适且具冒犯性；

社区价值观：个人价值观比社区价值观更易评估。

土著社区代表强调，河流是许多人赖以为生、维持生计的基础。调查结论是，替代方法（如生活满意度、主观标度、认知映射、讲故事和基准分析）可能更适合评估环境的价值。

资料来源：澳大利亚科学院（2019）。

地的知识和传统体系[1]的首批全球文件之一（广泛适用于水，一方面是因为生物多样性和水之间的密切关系，另一方面是因为水是生态系统提供的一种服务）。《联合国土著人民权利宣言》（联合国大会，2007，第25条）从更广泛意义上对这些原则进行了阐述："土著人民有权保持并加强他们与传统上拥有或以其他方式占有和使用的土地、领土、水域和近岸海域及其他资源之间的独特精神联系，并就此方面负责传承给后代。"尽管有这些全球承诺和愿望，但实践中对土著人权利的承认、对其价值观和知识的接纳，以及保障他们对决策的充分和有效参与却仍相差甚远。

许多土著文化中，水和他们所拥有的地方之间的联系非常紧密，此类联系通常归类为"关系价值"（见第1章）。水是北极某些土著人民文化的核心要素，例如，在那里，水、冰和雪相关知识和价值观被完整融入该群体的文化生活中，水在知识谱系中发挥着主导作用，既是教具也在众多知识中起引领方向作用（Hayman，2018）。在这种背景下，价值导向的管理作为一种可参与、可拓展的方法，可以通过集体学习，以期达到土著人群体期望保持的各种关系状态的目的（Artelle 等，2018）。

水，作为一个整体，可能被某些文化群体视为一种有知觉的存在。例如，认识到关系价值的重要性，新西兰给予水以法律人格，并规定了由当地毛利人管理旺格努伊河（框注7.3）。

---

[1] 第8j条："各缔约方应根据其国家立法，尊重、保护和维护土著和地方社区（能够体现生物多样性保护和可持续利用方面的传统生活方式）的知识、创新和做法，并在这些知识、创新和做法拥有者的批准和参与下，促进其广泛应用，鼓励公平分享这些知识、创新和做法所产生的利益。"

通过水惯例法来反映传统的价值体系。例如，大多数非洲人都是根据其习惯权利获得水资源（Ramazzotti，1996），具有很强的法律和社会影响力。农村社区的个人和团体投资水资源基础设施，为基本生计开发地表水和地下水资源，如家庭、牲畜、灌溉和其他用途。某些情况下，自给自足不可或缺，是对政府供水计划的补充。水往往被视为一种共享资源，从宇宙的角度讲，水由一种更高级的力量提供，兼具精神和物质方面维持生命的价值（框注 7.4）。

7.5 集体主义价值观

有几个例子可以证明全球是如何一起合作并达成共识，体现了世界伦理或“文化”的水资源价值观。例如，人们认为，享有安全清洁饮用水和卫生设施的权利是实现所有人权和人类尊严的根本（联合国大会，2010）。联合国特别调查员在政府间一级记录了世界各地考虑欠妥的水管理项目、不合理用水和破坏水资源的活动如何直接影响人的基本权利（联合国大会，2019）。特别报告员还强调，需尊重当地文化价值以及土著群体的自由、事先知情同意权。

《2030 年可持续发展议程》界定了可持续发展目标，或许也是最广泛、最综合的国际框架。水的重要性在可持续发展目标 6（“确保所有人都能获得水和卫生设施，并实现可持续管理”）得到了确认，其 6 个目标反映了各个方面的水价值，包括饮用水、卫生设施、水质、用水效率、水资源综合管理、生态系统、合作和能力建设，以及地方社区参与水和卫生设施管理的改善。水在所有可持续发展目标中也具有横向价值（图 7.2）。

在全球、国家或国家以下各级层面，以各种方式达成了共享水价值的相关协议，例如，含有水资源合作及利益共享条款的跨界水协议（见第 8 章案例）。

7.6 水在和平、安全和跨界合作方面的价值

在冲突、和平与安全的不同背景下，水的价值是自相矛盾的。虽然关于水在促进和平方面的积极价值已有许多论述，但在很多情况下，水本身首先就是造成冲突的因素。因此，水有时是冲突焦点、争议源头和/或支持冲突解决及和平建设的连接点。已有很多记录证明，因为环境问题和不安全的水使和平与安全威胁也日益增加（Mach 等，2019）。

签署跨界水协议往往是因为水对协议各方都具有很高的价值，因此水也是冲突的潜在根源。国际水合作倡议已经存在了几千年，最早的记录在公元前 2500 年，

框注 7.3　新西兰旺格努伊河的地方价值体系、管理和法律人格

毛利人普遍认为，环境是不可分割的整体，不能因其复杂而将其分解为很多组成部分，例如河床。这种整体方法避免了将水划分为社会文化、经济和生态价值。从这个角度来看，例如一条河就是一个活生生的流域，承载着自己的意义、生命和性格，其生命意义，随着时间的推移而逐渐形成，包含了许多有形和无形的组成部分。其中许多组成部分无法衡量其价值，因此无法在权衡利弊时做出评估。2017 年，新西兰议会授予旺格努伊河法律人格，解决了一个关于河流、水和土地所有权的历史遗留争端问题（怀唐伊调解庭，1999；新西兰议会，2017）。当地毛利社区的代表负责管理一项环境改善基金，并负责保持代表河流本质的内在价值不变（Te Aho，2018）。毛利人管理方式成功与否尚待讨论（例如 Eckstein，2018），但河流的法律人格体现了土著社区的价值体系，得到了国家政府的认可。

框注 7.4 惯例水资源法的价值：非洲观点

埃塞俄比亚的波拉那人珍视水，认为水是同一血缘家族可以分享的资源，或者是为表达尊重才能分享的东西（Dahl 和 Megerssa，1990）。人类基本需求的习惯原则符合人权价值观，不仅要保障饮水权，还可拥有灌溉用水权，这有助于家庭粮食安全（Hellum 等，2015）。社会领土习惯原则认为水属于土地和土地习惯保有权。那些建造和维护水利基础设施的人有权对储存或输送的水提出主张（"水电产权产生"），为前者提供额外的价值（经济和其他）。这些原则在先到先得要求、基于亲属关系（婚姻、继承）的转移、有或无货币补偿的分享、武力和暴力影响下逐渐形成。

图 7.2

与水相关的可持续发展目标

资料来源：荷兰 PBL 环境评估局（2018，第 13 页）。

两个苏美尔城邦——拉格什和乌玛间就底格里斯河的小争端达成的协议——这份协议被认为是任何类型的第一份记录在案的条约（Priscoli 和 Wolf，2009）。从公元 805 年到 1984 年间，全世界缔结了 3,600 多项与国际水资源有关的条约（联合国粮食及农业组织，1984）。"尽管问题复杂，但记录显示，水资源纠纷可通过外交途径解决。在过去 50 年里，只有 37 起尖锐争端涉及暴力，而签署的条约却高达 150 项。各国很重视这些协议，正是因为这些协议使国际水资源关系更加稳定和可预测"（联合国经济和社会事务部，未注明日期）。

有人认为，对话精神有助于将与水有关的冲突转变为合作（Wolf，2017）。这种以对话为基础的一个合作案例是乍得湖区域，喀麦隆、中非共和国、乍得、利比亚、尼日尔和尼日利亚通过乍得湖流域委员会开展合作，刚果民主共和国、埃及、刚果共和国和苏丹担任观察员身份，共同改善这一共有水体的状况，共同开发其资源，以造福河岸居民。[1] 尽管该委员会成立之初是为了解决与水和环境有关的问题，但随后其担任各类任务，并大胆开展军事合作以支持和平（Assanvo 等，2016）。

通过鼓励包容性多轨水外交进程和以事实为根据的政治决策，水对于促进和平的价值可得到进一步提升（Klimes 和 Yaari，2019）。许多倡议采用基于价值评估的方法支持水管理合作。例如，斯德哥尔摩国际水资源研究所和联合国开发计划署的共享水域伙伴关系促进了和平、安全和环境保护，同时为沿岸国家可持续开发其水资源创造了新的机会。[2] 各种工具有助于解决冲突，包括在水、和平与安全伙伴关系框架下开发的全球和区域工具，这些工具有助于提前预测冲突，采取行动，改善各方间的合作。[3] 促进各国之间相互理解以调和在共有水域上的分歧，是联合国教科文组织牵头的《从潜在冲突到合作潜力》（PCCP）[4] 和《国际共享含水层资源管理》倡议的基础。[5] 截至 2020 年 12 月，对可持续发展目标指标 6.5.2（“具有水合作业务安排的跨界流域面积的比例”），共享水资源的 153 个国家中，有 130 个国家在第二次报告工作中作出了积极回应，证明了跨界水合作在全球发展背景下的重要价值。然而在 2017—2018 年的第一次报告工作中，只有 17 个国家报告说，它们的所有跨界流域均有这种安排（联合国教科文组织 / 联合国欧洲经济委员会 / 联合国水机制，2018）。

虽然关于水在促进和平方面的积极价值已有许多论述，但在很多情况下，水本身首先就是造成冲突的因素

关于跨界环境下的水价值评估以及跨界水道协议和联合国全球水公约的作用的更多细节，见第 8.2.2 节。

自古以来，水作为武器也具有很高价值（Del Giacco 等，2017）。第二次世界大战期间水被用作一种战略武器（Lary，2001），可选择用于支持或反对种族或社会群体（Cleaver，1995），并在近期再次被作为一种武器（Von Lossow，2016）。

7.7 水在心理健康和生活满意度方面的价值

对于人类福祉而言，水资源的价值远远超出了它在维持生命方面的直接价值，还包括心理健康、精神福祉、情感平衡和幸福方面的价值。根据《世界卫生组织组织法》（国际卫生会议，1946），“健康指身体、精神和社会福祉完全健康的一种状态，而不仅仅是没有疾病或虚弱”。[6]

第 4 章阐述了获得安全供水、公共卫生设施和个人卫生服务的更广泛价值，如改善教育和就业机会、加强安全和尊严，以及对妇女和女孩的不成比例问题的重要性。在一些文化中，水具有更系统的作用，因此获得水的机会即决定了家庭或个人的财富，也决定了社会地位。这会使那些只获得有限的水的人觉得耻辱，他们只能享受较低的卫生标准，可能无法实现期望的待客之道，例如向客人提供饮用水。这可能是受歧视的一个因素（Stevenson 等，2012）。在某一特定背景下，当水的配

---

[1] www.cblt.org/en.

[2] www.watergovernance.org/programmes/shared-waters-partnership/#:~:text=The%20Shared%20Waters%20 Partnership%20（SWP,sustainably%20develop%20their%20water%20resources.

[3] waterpeacesecurity.org.

[4] groundwaterportal.net/project/pccp.

[5] isarm.org/.

[6] 该定义自 1948 年以来从未修订过。

置、分配和 / 或调节不平等和 / 或与普遍持有的价值相矛盾时，也会产生困境和冲突（世界水评估计划，2019）。

景观用水具有美学价值，有助于心理健康（Völker 和 Kistemann，2011）。一点也不奇怪，水在很大程度上决定了生活满意度和幸福感（Guardiola 等，2013）。例如，在玻利维亚（Rüßmann 等，2014）、巴基斯坦（Nadeem 等，2018）和英国（Chenoweth 等，2016），家庭生活满意度与获得水利基础设施直接相关。研究发现，管道输水线路的扩建无论是可用货币衡量或者货币无法衡量的方面都增加了人们的幸福感（Devoto 等，2012）。

在心理健康、生活满意度和幸福感方面，水的价值不仅仅只是传闻。人们越来越重视传统经济指标之外的福祉。众所周知，国内生产总值不是衡量福祉、可持续性或不平等的标准（Hoekstra，2019）。事实上，基于该目标——创造一个能够提高各方面福祉并能够维持"美好生活"的社会，人们正在不断寻找数百种"超越国内生产总值"的替代方案。例如，2019 年，新西兰政府提交了第一份预算，其优先事项明确以福祉为基础（新西兰政府，2019）。第一份《全球幸福指数报告》旨在支持 2012 年在联合国举行的"福祉与幸福：定义新经济模式"高级别会议而编写的。2020 年最新报告（Helliwell 等，2020）指出，如何将蓝色空间和当地水质作为衡量主观幸福感的指标，以及可持续发展目标 6 与所有地区的主观幸福感呈正相关。

7.8 将文化价值融入决策

在了解、归类或整理水的文化价值之后，就需要明确如何将这些价值纳入决策中。理解和整合文化价值的综合方法包括：文化价值的适应性的环境流量评估（Tipa 和 Nelson，2012）；社会和文化影响评估（Croal 等，2012）和文化遗产管理计划，这些均在世界范围内得到了广泛推广（国际古迹遗址理事会，2019）。这些工具可以帮助我们更好地理解水的文化价值、调和对立价值，并增强应对当前和未来挑战（如气候变化）的韧性。其中一项基本需求就是让所有利益相关者在充分考虑性别平等的前提下，充分、有效地参与到决策中来，使每个人都能以自己的方式表达自己的价值观。

联合国教科文组织认为，文化地图等工具对保护世界无形和有形文化资产至关重要（联合国教科文组织曼谷办事处，2017）。文化地图有助于向决策者和政策制定者阐明当地和土著人民的整体价值观，决策者和政策制定者可能更看重经济价值而不是水景的健康和福祉。可将文化地图纳入环境流量评估并为其提供信息，例如记录某些水体的文化意义和社会功能，并对水管理计划的相关价值进行排名（Tipa 和 Nelson，2012）。

第 9 章介绍了适应水的多种价值和价值体系的其他方式和方法。

7.9 遗产和水资源价值

水通常是遗产价值中的重要组成部分，具有有形利益和无形利益，可分为以下几类：水的获取、管理和控制；多用途用水；自然水的约束管理和控制；水和健康；水质及其表征；与水有关的知识、专业技能、神话和符号；水的文化景观（国际古迹遗址理事会，2015）。

鉴于水在各种社会单元中的作用，与水相关的遗址在联合国教科文组织世界遗产名录上比比皆是。代表自然和文化价值的 39 个遗址均与水有关（Willems 和 Van Schaik，2015；联合国教科文组织，2011）。未被列为世界遗产的与水有关的遗产也是如此（Hein，2020）。人们注意到保护水遗产对于实现可持续发展目标 6 的重要性，特别是与可持续发展目标 6.6 有关的保护和修复与水有关的生态系统的重要性。[1]

7.10 创造更广阔的文化价值空间

真正认识和理解水资源综合管理的意义，且在应用中意识到水的价值和价值的多样性，及其在社会内部和社会之间创造的关系，有助于将各类不同的利益相关方的价值整合在一起（Krause 和 Strang，2016）。虽然水资源综合管理可以被设定为一种自然管控模式，乃至是以资源为中心的实用方法，但它仍不失为是一种开放且自适应性的方法，可以很好地将自然保护作为一种积极成果，并支持河流和湖泊能够发挥二者最大的价值。更好地认识到这一层面，就有可能采取更全面的水管理和可持续发展办法，使地方、土著和传统价值和知识有利于应对当代水资源方面的挑战。

社会学习、个人和集体的心理和情绪在价值内化中起着至关重要的作用。价值观影响人类行为，并在与他人的互动中学习他人价值观和表达自己的价值观。联合国教科文组织的教育促进可持续发展（ESD）[2]旨在赋予学习者权利，使他们能够为环境完整性、经济可行性和今世后代的公正社会做出明智的决定，采取负责任的行动，同时尊重文化多样性，包括与水有关的文化多样性。社区倡议、水博物馆、当地解说中心及其网络[3]可作为这方面正规教育的补充手段，也可以利用动员青年力量，从整体上重视水资源。

[1] 例如，2019 年 5 月举行的联合国教科文组织国际水会议关于水和遗产会议期间，与会者认识到保护水遗产对实现可持续发展目标 6.6 的重要性。更多信息，请参见 en.unesco.org/waterconference/programme。

[2] en.unesco.org/themes/education-sustainable-development.

[3] 如全球水博物馆网络（WAMU-NET），www.watermuseums.net。

第 8 章

区域性观点

8.1 联合国教科文组织内罗毕办事处

Jayakumar Ramasamy 和 Samuel Partey

8.2 联合国欧洲经济委员会

Rémy Kinna，Sonja Koeppel，Diane Guerrier 和 Chantal Demilecamps

8.3 联合国拉丁美洲和加勒比经济委员会

Silvia Saravia Matus 和 Marina Gil Sevilla

8.4 联合国亚洲及太平洋经济社会委员会

Solene Le Doze

撰稿人：

Yumiko Asayama（亚太水论坛）

8.5 联合国西亚经济社会委员会

Ziad Khayat 和 Carol Chouchani Cherfane

8.1 撒哈拉以南非洲地区

8.1.1 水资源和挑战

据估计，非洲的淡水资源约占世界淡水资源总量的 9%（Gonzalez Sanchez 等，2020）。然而，这些资源的分布并不均匀，非洲中部和西部 6 个水资源最丰富国家拥有非洲大陆水资源总量的 54%，而 27 个最缺水的国家却仅占 7%（联合国教科文组织东非区域办事处，2020）。大河有刚果河、尼罗河、赞比西河和尼日尔河。维多利亚湖（横跨肯尼亚、坦桑尼亚和乌干达）是世界第二大淡水湖；坦噶尼喀湖（由布隆迪、刚果民主共和国、坦桑尼亚和赞比亚共有）是世界第二大淡水湖，也是世界第二深的淡水湖。尽管如此，非洲是仅次于澳洲大陆的世界第二干旱大陆。干旱和半干旱地区约占非洲大陆的 2/3。2017 年，约 73% 的撒哈拉以南非洲总人口无法享有安全管理的饮用水服务（世界卫生组织 / 联合国儿童基金会，2019a）。估计 14% 的非洲人口（约 1.6 亿人）目前生活在缺水条件下（Hasan 等，2019），部分原因是水资源分布不均以及清洁饮用水服务供应不平等（联合国环境规划署，2002）。

调查发现农村家庭对改善供水服务的支付意愿特别高

《非洲水愿景 2025》呼吁“一个公平和可持续利用和管理水资源，从而促进减贫、社会经济发展、区域合作和环境保护的非洲”（联合国非洲经济委员会 / 非洲联盟 / 非洲开发银行，2003，第 2 页），为实现水安全和水资源可持续管理提供了基础。然而，非洲大陆要想实现《2063 年议程》[1] 和可持续发展目标 6，面临着一系列挑战，其中最主要的挑战包括人口快速增长、水治理和制度安排不当、污染导致的水资源枯竭、环境恶化、森林砍伐、供水与卫生设施投资不足且投资不可持续（非洲科学院联盟，2014）。

8.1.2 采用的水资源价值评估方法

对很多科研工作者和发展专家而言，在撒哈拉以南非洲地区评估水的价值一直是一项艰难的任务，其原因至少一定程度上是缺乏基准的历史数据。科研工作者研究水的价值主要采用条件估值法（CV），从消费者角度出发，用实际支付的价格或支付意愿（WTP）的价格来研究水的价值（Markantonis 等，2018）。比如，Kaliba 等（2003）使用条件估值方法估算实际支付的价格或愿意支付的价格，以改善坦桑尼亚中部农村地区的生活用水供应，而 Bogale 和 Urgessa（2012）使用条件估值方法调研埃塞俄比亚东部 Haramaya 地区农村家庭为改善供水服务的付费意愿，以及水价值的决定因素。Markantonis 等（2018）和 Arouna 和 Dabbert（2012）开展的类似研究中，使用条件估值方法估算了西非国家布基纳法索、贝宁和尼日尔的实际支付价格或愿意支付的价格。在南非，Yokwe（2009）采用了一种混合方法——结合使用余值估计法（RVM）、支付意愿和基于成本的方法（CBA）（即运营和维护成本核算）来评估每种作物、每座农场和每种方案的水的生产力和价值。

[1] 《2063 年议程》是非洲国家转型成为未来全球强国的蓝图和总计划。au.int/en/agenda2063/overview。

8.1.3 撒哈拉以南非洲地区的水资源价值评估：重要案例和结果

对撒哈拉以南非洲地区水资源价值的研究主要集中在生活用水方面。以下是非洲大陆水资源价值评估的一些案例结果。

西非

在西非，Markantonis 等（2018）使用条件估值法调查了布基纳法索、贝宁和尼日尔跨界梅克鲁河流域一个家庭实际支付的生活用水的价格或愿意支付的价格，并探讨了贫困家庭对生活用水的支付问题。研究表明，根据财富状况，梅克鲁河流域的家庭愿意每月为家庭供水管网平均支付 2.81 欧元。

调查估计，每个家庭以及每个月的平均最高实际支付的价格或愿意支付的价格为 2,089 西非法郎（3.18 欧元），而平均最低实际支付的价格或愿意支付的价格为 1,532 西非法郎（2.34 欧元）。发现布基纳法索的最高实际支付的价格或愿意支付的价格值比尼日尔高出近 10%，最低值比尼日尔低约 5%。同时，家庭日常生活用水量和费用结果表明，尼日尔居民的生活用水费用最高（平均值是 109.55 西非法郎），比全流域平均水平高 30% 以上。相比之下，贝宁是年均费用最低的国家（72 西非法郎）（Markantonis 等，2018）。

东非

Kaliba 等（2003）估计实际支付的价格或愿意支付的价格将改善坦桑尼亚多多马和辛吉达地区以社区为单位的农村供水设施。调查范围为这两个地区的 30 个村庄，研究表明“希望增加多多马地区供水的调查对象愿意支付32坦桑尼亚先令/桶，高于目前 20 坦桑尼亚先令 / 桶的价格。在辛吉达地区，该价格比目前每户每年 508 坦桑尼亚先令的使用费高 91 坦桑尼亚先令。如果不得不提高税率或使用费，则多多马地区被调查村庄的平均潜在收入估计为 2.52 亿坦桑尼亚先令 / 年（265,263 美元），辛吉达地区为 520 万坦桑尼亚先令 / 年（5,474 美元）”（Kaliba 等，2003，第 119 页）。

同样，Bogale 和 Urgessa（2017）研究了埃塞俄比亚东部 Haramaya 地区农村家庭为改善供水服务的付费意愿，以及决定水价值的因素。根据对随机选择的农村家庭进行调查所获得的主要数据显示，家庭的平均实际支付的价格或愿意支付的价格相当于每桶（20 升）0.273 美元。利用二元常态概率模型研究，得出结论为：改善供水服务的实际支付的价格或愿意支付的价格也是由家庭收入、教育、性别、取水时间、水处理工艺、水质和水费等因素决定的。

南非

Yokwe（2009）应用余值估计法、实际支付的价格或愿意支付的价格和运营和维护成本核算来评估南非两个灌溉计划（Zanyokwe 和 Thabina）下的水的生产力和价值。研究显示，在 Zanyokwe 计划中，积极主动的农民实际支付的价格或愿意支付的价格为 0.03 南非兰特 / 立方米，低于生产毛利率（0.69 南非兰特），每立方米水的核算成本（0.084 南非兰特）也低于毛利率。在 Thabina 计划中，主动支付的农民愿意为每立方米水 0.19 南非兰特，这是每立方米水拟议运营和维护成本（0.062 南非兰特）的 3 倍。研究表明，核算成本和实际支付的价格或愿意支付的价格都低于 Zanyokwe 计划中每立方米水的毛利率。

Farolfi 等（2007）使用条件估值法评估了 Eswatini 地区改善水量和水质的家庭实际支付的价格或愿意支付的价格由哪些因素决定。采用杜宾模型对 374 个家庭进行调查。不出所料，实际支付的价格或愿意支付的价格受家庭收入影响显著，但水源的距离（在农村和城市环境中）以及户主的年龄、教育水平和性别也是重要因素。此外，研究发现，当前耗水量对实际支付的价格或愿意支付的价格产生了负面影响，换句话说：一个家庭消耗的水越多，就越不愿意为增加水量而支付费用——但事实证明，他们却愿意为改善水质而支付更多费用。调查发现农村家庭对改善供水服务的实际支付的价格或愿意支付的价格特别高。

8.2 泛欧地区

8.2.1 泛欧地区水资源价值评估

在单一辖区内进行水价值评估已很不易，因此跨界评估更是挑战重重。在联合国欧洲经济委员会界定的泛欧地区内，诸如 2000 年欧洲联盟水框架指令（欧洲议会 / 欧盟理事会，2000）等总体框架的制定表明，人们越来越重视水的价值。尽管如此，在跨界背景下，评估水价值的范围仍然非常有限，而且采用的方法往往也不同。在《跨界水道和国际湖泊的保护与利用公约》(《水公约》)（联合国欧洲经济委员会，1992）的支持下，联合国欧洲经济委员会泛欧地区各国之间的共享水资源管理非常先进（联合国 / 联合国教科文组织，2018）。因此，本节的重点是在跨界背景（而非任何国家案例）下对水价值的评估努力和方法。

8.2.2 跨界流域内水资源价值评估：案例研究及合作优势

泛欧地区内的几乎所有流域协议和流域组织在其法律和体制框架中均未包含明确的水定量评估方法。相反，在跨界背景下对水资源进行定量评估的可辨别方法更侧重于跨界水资源的具体管理，如洪水管理、减少灾害风险、预警系统和生态系统服务。

阿塞拜疆和格鲁吉亚共有的库拉河流域一直是若干次水资源评估框架的重点（经济合作与发展组织，2015a）。第一阶段旨在确认库拉河合作管理对两个流域国家的利益及其相关价值。这是基于 2013—2015 年在《水公约》下制定的框架（参见表 8.1），其目的旨在支持跨界合作。

第二阶段，“制定了不同情景下跨界合作净收益的评估方法，其中包括协调行动总收益和成本的评估”（经济合作与发展组织，2015a，第 48 页）。通过两个库拉河流域案例研究对这一方法进行了检测：跨界詹达里湖水量和库拉河沿岸的洪水问题。最后，就如何实现这些利益提出了一些机制。

总之，虽然“由于缺乏基本的用水定量数据以及经济信息数据，不可能仅通过两个案例研究实现对跨界合作的成本和收益进行全面的评估”（经济合作与发展组织，2015a，第 48 页），但与流域内不采取洪水管理行动的情况相比，两个流域国家的共同经济收益超过共同投资成本 15 倍以上。因此，建议安装联合预警系统。另外，还出现了一些与跨界背景下的水资源价值评估相关的一般性结论。首先，“经济学应该从一开始就为决策过程提供信息，与环境数据携手并进”（经济合作与发展组织，2015a，第 48–49 页）。因此，对数据收集系统的投资是至关重要的，尽管这会增加成本，但有效合作的好处可以弥补由此产生的成本增加问题。此外，将经济思维纳入跨界水资源管理受限于区域性水资源利用相关法律框架的缺失。因此，该流域内的两个国家可以根据双边协议建立双边委员会（经济合作与发展组织，2015a）。

再比如流经捷克共和国和德国的易北河。2002 年，强降水导致灾难性的洪水，造成了巨大的经济损失，在德国境内的损失约为 90 亿欧元（Teichmann 和 Berghöfer，2010）。此次事件后，对综合性洪水风险管理价值的评估方法增加了成本—效益分析。针对三种可能性选择进行了评估：“（1）对选定的堤坝重新定位，从而可永久性扩大河床；（2）建立洪泛区，作为指定滞洪区域，根据需要接纳洪水；（3）前两种的组合”（Teichmann 和 Berghöfer，2010，第 1 页）。通过制定的成本—效益分析框架对以下政策选项进行比较：“（1）维护成本；（2）每年避免的洪灾损失（基于之前的洪灾事件）；（3）生物多样性价值；（4）营养保持价值（Teichmann 和 Berghöfer，2010，第 1 页）。重要的是，综合洪水风险管理价值评估中采用的成本—效益分析框架不仅考虑了货币成本和收益，还在计算和评估中纳入了另外两个更广泛的生态系统服务收益，即：自然洪泛区生物分解所发挥的水净化功能，以及河岸生物多样性和栖息地的恢复。最终，若干生态系统服务的成本—效益分析显示，“低地滞洪区提供了高性价比的防洪保护措施，并进一步提高了生态效益”（Teichmann 和 Berghöfer，2010，第 1 页）。

对数据收集系统的投资是至关重要的，尽管这会增加成本，但有效合作的好处可以弥补由此产生的成本增加问题

在更广泛的区域范围内，2017 年阿德尔菲和中亚地区环境中心（CAREC）关于中亚的联合研究中，试图通过计算不作为成本，并将其与跨界管理相关利益进行比较，从而进行水合作总体价值评估。该研究的目的是“对该区域水资源管理跨界合作不足的直接影响和间接影响进行全面分析并确定其货币价值”（阿德尔菲 / 中亚地区环境中心，2017，第 1 页）。这方面的“不作为”不是指完全不采取行动，而是衡量当前有限合作活动与跨界水资源全面合作相比，对该区域未来发展带来的惠益之间的差距。利用当前框架，由区域利益相关者参与，这项研究确定了 11 种次优水资源管理产生的相应成本（图 8.1）。

通过该项研究认识到，特别是在试图整合不能直接因为跨界水治理的重大间接成本时，很难全面量化不作为的所有 11 种成本（阿德尔菲 / 中亚地区环境中心，2017）。尽管有已经存在的困难，但研究指出，“重要的是不要忽视次优水资源管理的间接成本，因为这表明水合作的真正价值远远大于更好的水资源管理可以带来的直接经济利益”（阿德尔菲 / 中亚地区环境中心，2017，第 7 页）。

为了得出一个大概的价值结果，该项目随后借鉴了之前的三项研究（联合国开发计划署，2005 年；世界银行，2016c；Shokhrukh-Mirzo 等，2015），计算了三个类别的成本货币价值：农业损失、低效的电力交易和由于不合作而无法获得融资。总体来说，合作不足的总成本计算为每年 45 亿美元以上，但后来认为该项计算并没有反映真实成本，因为总体认为对某些因素系统评估不足。总体来说，有人认为“水治理的质量将对该区域未来经济发展产生巨大影响强调‘质量’”（阿德尔菲 / 中亚地区环境中心，2017，第 8 页）。该研究还阐述了不同层次的合作如何将“一切照旧”的方式转变为跨境合作。此外，提出了几个互利解决方案的切入点，以解决当前的不作为问题，但前提条件是“这些成本的规模包含重大机遇，因为更好的水资源管理和更密切的合作可以大幅降低所述成本”（阿德尔菲 / 中亚地区环境中心，2017，第 3 页）。

图 8.1

有限合作产生的成本类型

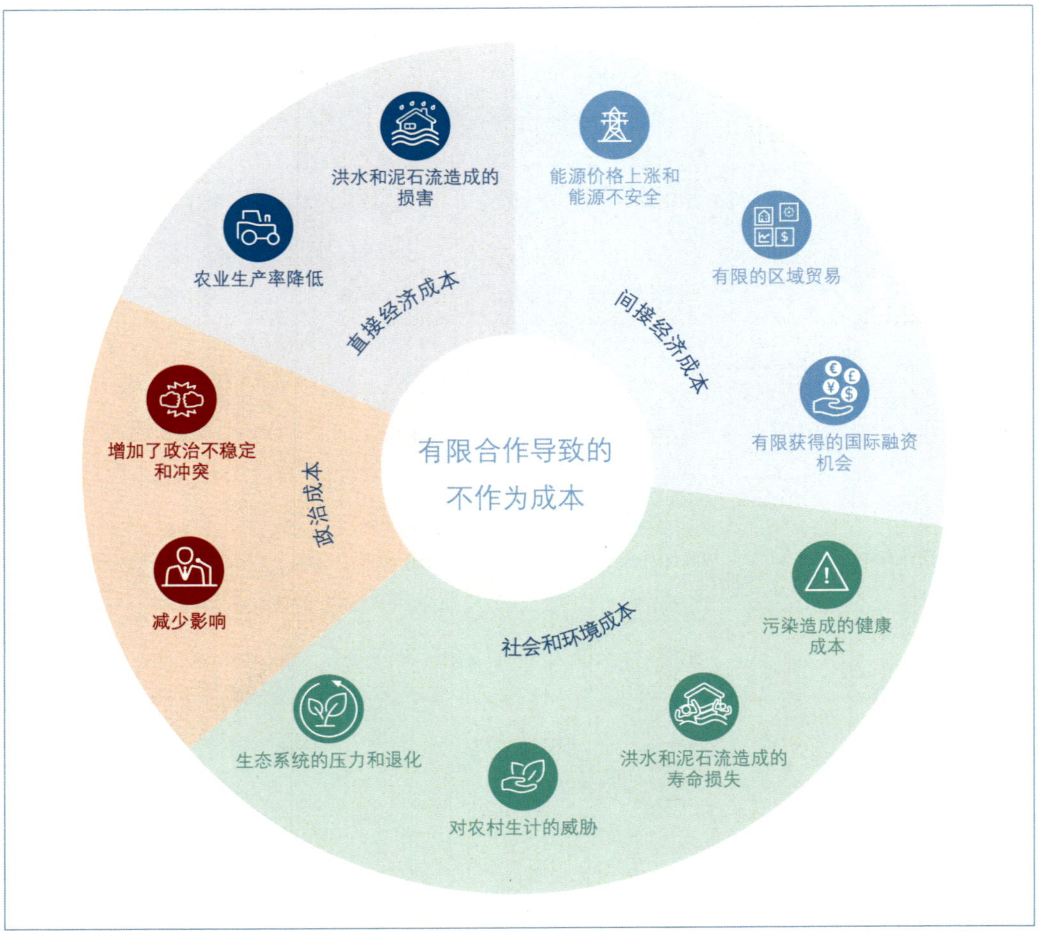

资料来源：阿德尔菲/中亚地区环境中心（2017，第 6 页）。

> 很多但并非全部效益可以进行定量评估。只有在某些情况下，才能对由此带来的效益进行货币价值评估

就可用工具而言，《水公约》制定了两种具体方法，目的是确定跨界水合作的一系列效益，以增加跨界环境下共享水资源管理价值。第一种方法侧重于确定、评估并交流跨界水合作效益，以帮助各国获得联合行动各种优势（表 8.1）。该方法循序渐进地指导了如何开展效益评估工作以及如何将效益评估纳入政策进程，从而促进并加强跨界水合作（联合国欧洲经济委员会，2015）。很多但并非全部效益可以进行定量评估。只有在某些情况下，才能对由此带来的效益进行货币价值评估。

第二种相关方法是水—食物—能源—生态系统的联动方法。跨界流域联动评估（TBNA）方法旨在共同确定跨界流域各部门间的问题，并通过区域、流域、国家和地方各级相关具体政策和技术解决方案解决这些问题。2016—2017 年，在波斯尼亚和黑塞哥维那、黑山和塞尔维亚主要共享的德里纳河流域开展了一项以分析为基础的对话，该对话结合了两种评估跨界水资源合作的方法（联合国欧洲经济委员会，2017）。评估的结论是，协调流域现有水坝的运行不仅可以更好地治理洪水，还可以改善国家能源安全，增加电力出口机会，并长期减少温室气体年排放量。

对联合国欧洲经济委员会泛欧地区内为数不多的选定案例进行简要的审查，从中可以清楚地看出：（1）不存在对水资源进行定量评估的单个统一方法；（2）在跨界背景下，对水资源进行定量评估要面临各种挑战，因为缺少计算所需数据，而共享水资源的国家往往对与水资源相关部门的价值、需求和优先事项给予的重视程度不尽相同；（3）由于缺乏数据和无法量化的间接收益，几乎所有可评估价值的要素

表 8.1
跨界水合作潜在效益类型

效益来源	经济活动效益	经济活动以外的效益
改善水资源管理	**经济效益** 扩大不同经济部门（水产养殖、灌溉农业、采矿、能源生产、工业生产、自然旅游业）的活动和生产力 降低开展生产活动的成本 减少水灾害相关（洪水、干旱）经济影响 财产增值	**社会和环境效益** 水质的改善和与水相关灾害风险的降低对健康产生的影响 经济效益对就业和扶贫的影响 改善获得服务的机会（如电力和供水） 由于保护文化资源或获得娱乐机会，满意度提高 提高生态完整性，减少生境退化和生物多样性损失 加强关于水状况的科学知识
增强信任	**区域经济合作效益** 发展区域商品、服务和劳动力市场 增加跨界投资 发展跨国基础设施网络	**和平与安全效益** 加强国际法 稳定地缘政治，加强外交关系 增加信任带来的新机会（联合倡议和投资） 降低风险，避免冲突成本，节省军费开支 创建共享流域身份

资料来源：联合国欧洲经济委员会（2015，表 2，第 19 页）。

均以近似值为基础，因此会出现本质上的低估情况；（4）考虑到联合国欧洲经济委员会泛欧地区的跨界水合作是世界上最先进的合作之一，可以假设各国非常重视跨界合作，均乐于积极参与（联合国 / 联合国教科文组织，2018）。尽管具有这些一般性结论，但仍有若干基础广泛的办法，可以在个案基础上确定跨界水合作的部门间利益，加强上述效益将有助于降低在共有流域内的“不作为”或合作不足产生的经济成本和其他成本，从而有助于增加跨界水管理的价值。

8.3 拉丁美洲和加勒比地区

拉丁美洲和加勒比地区水资源丰富。根据最新区域估算，该地区人均水资源量接近每年 28,000 立方米，是世界平均水平 6,000 立方米 / 居民 / 年的 4 倍多（联合国粮食及农业组织，2016）。同样地，这里拥有世界上最大的潘塔纳尔湿地，面积为 20 万平方千米，调节着大部分陆地水文状况（联合国环境规划署 – 世界监控中心，2016）；而亚马逊河是世界上流量最大的河流，该河流的总流量超过尼罗河、长江和密西西比河的总和。这些事实往往助长了一种误解，即拉丁美洲和加勒比地区所有公民均享有公平的水权。这与事实相去甚远。

尽管淡水资源占世界可再生资源的 1/3，但这种资源分布非常不均衡。水主要在农村和亚马逊自然保护区，而干旱或半沙漠地区（如利马、圣地亚哥或布宜诺斯艾利斯）、不断扩大的城市地区或集水面积较小的高海拔地区（如波哥大、墨西哥城和基多）在确保稳定用水方面面临着更大的挑战。加勒比小岛屿国家也是如此（联合国拉丁美洲和加勒比经济委员会，即将出版）。

如果干旱（联合国粮食及农业组织，2018b）造成的压力水平不属于国家级别，而是根据河流流域或特定领土进行分类，拉丁美洲和加勒比局部地区较大的水资源压力水平将再次在人口稠密地区得到确认，并且这些地区均属于经济活动中心。相关案例包括智利的中央山谷、阿根廷的库约地区、秘鲁和厄瓜多尔南部的海岸线、哥伦比亚的考卡和马格达莱纳山谷、玻利维亚高原、巴西东北部、中美洲的太平洋海岸以及墨西哥北部的大部分地区（联合国粮食及农业组织，2016）。所有这些地区都报告了每年 3 至 12 个月的水资源紧张程度超过 80%（占比已经很高）（Mekonnen 等，2015）。根据 Manson 等人的说法（2013），由于人口增长，墨西哥人均可用水率为 64%，比 20 世纪中叶低。在南美洲的安第斯山脉，冰川也大量消失，2000 年 3 月至 2018 年 4 月期间，每年消失 229 亿吨（Dussaillant 等，

2019），相当于每年损失 900 万个奥林匹克游泳池。

拉丁美洲和加勒比地区水资源的紧张加剧了冲突，因为包括农业、水力发电、采矿甚至饮用水和卫生设施在内的各个部门都在争夺稀缺资源

该地区水资源的紧张加剧了冲突，因为包括农业、水力发电、采矿甚至饮用水和卫生设施在内的各个部门都在争夺稀缺资源。农业部门是最大的用水户，占用水量的 71%，其次是饮用和卫生设施用水占 17%，工业用水仅占 12%（联合国粮食及农业组织，2016），但采矿用水与当地居民发生冲突的可能性往往较高。这是因为采矿集中在高海拔地区，而这些地区几乎没有水，且采矿活动会造成水源（源头流域或"源头"）污染，有时采矿活动集中于建有水库的干旱地区或半干旱地区（联合国拉丁美洲和加勒比经济委员会，即将出版）。水力发电的用水量并未计入抽水量（尽管目前认为蒸发是相关的水流失来源），冲突往往出现在以前很少蓄水或根本没有蓄水的过境电站，因为这些电站会导致长距离的河道脱水，从而引发下游冲突（Embid 和 Martín，2017）。

无论用水采用特许权（该地区采用最广泛的机制）还是水权（如智利）方式，在减少冲突或控制整个区域水体的过度开发和污染方面都不是非常有效。事实上，该地区约 1/4 的河流受到严重的病原污染，每月粪大肠菌群浓度超过 10,000cfu/L（从 1990 年到 2010 年增加了近 1/3）。这种污染的主要来源是生活污水（联合国环境规划署，2016）。

确保有效分配过程的一些主要障碍与监管不力、缺乏激励和 / 或缺乏投资有关

确保有效分配过程的一些主要障碍与监管不力、缺乏激励和 / 或缺乏投资有关。所有这些因素最终反映出水在该地区被赋予的价值普遍偏低。例如，在拉丁美洲和加勒比地区，安全处理的废水的平均比例低于 40%。2018 年，经过适当处理的废水比例在阿根廷为 22%，哥伦比亚为 23%，巴西为 34%，秘鲁为 39%，厄瓜多尔为 43%，墨西哥为 51%，智利为 72%（联合国经济和社会事务部，未另作说明）。水的使用或维护成本（一旦获得特许权或使用权）对于水力发电厂、矿业公司甚至农民来说通常为零或者微不足道；有时他们在经济平衡中根本没有考虑这部分成本（Embid 和 Martín，2017）。后者是一种隐性补贴，并未反映水在多种生产过程中和气候变化背景下的战略价值。随着各种用途冲突的增加，当水变得稀缺时，问题便凸显出来，而且通常没有适当的定价机制可建立相关节约用水或限制用水机制。最后，该地区的多数国家没有拨付足够的资金满足污染或过度开发案件的执法需求。

尽管有许多案例表明，水带来的各种各样、不可替代的经济、社会和环境效益显然没有得到充分重视，但拉丁美洲和加勒比地区仍采用了一些令人鼓舞的态度和创新举措。

关于获得饮用水的问题，世界银行开展了一项研究，利用条件估值法展示相关偏好。该项研究表明，中美洲最贫穷的城市家庭愿意为每立方米管道服务支付更多的费用（Walker 等，2000）。最近一项针对危地马拉的研究显示，针对安全饮用水可靠供应的支付意愿增加了 200% 以上（Vásquez 和 Espaillat，2016）。此外，在萨尔瓦多农村地区，人们关于饮用水和卫生设施的支付意愿非常高，这是显而易见的（Perez-Pineda 和 Quintanilla-Armijo，2013）。这些调查结果表明，这一弱势群体非常需要获得水资源和卫生服务。

为生态系统服务付费办法（PES），与水有关，是一种积极的经验，通过该方法确认生态系统在流量调节、风暴防护以及从相关流域提供足量优质水资源时所具有的重要作用和价值。由于这些服务往往依赖于充足的森林覆盖，因此系统服务与森林养护和繁衍紧密相连。哥伦比亚、哥斯达黎加、厄瓜多尔和墨西哥实施了水文

服务和森林付费（Sánchez，2015）。Beltrán（2013）记录了墨西哥政府环境分支机构的PROBOSQUE案例。2003—2011年，PROBOSQUE在142,087公顷土地上投资了1,630万美元，确保森林的水文服务。该举措惠及了219,218人。在哥斯达黎加国家森林基金论坛中获取了与水资源相关的生态系统服务付费方法的另一个积极的经验。国家森林基金是哥斯达黎加环境和能源部的一个分支机构，对碳氢化合物征收固定税，该项目由此资助。在2003年至2011年期间，约9%的国家土地，相当于51,000平方千米或所有森林面积的17.4%，归生态系统服务付费方案（Manson等，2013）。之前这些地方大都用于放牧，因此在过去几十年中，该项方案也有助于减少该国的温室气体排放（Saravia-Matus等，2019）。

最后，哥伦比亚发明了一种创新方法，旨在更好地评估保护水环境效益。2017年，宪法法院承认乔科省的阿特拉托河属于法律主体。河流的权利包括保护、养护、维护，以及在特殊情况下的修复。法院命令国家成立监护人委员会，并实施一项保护计划，防止该地区采矿活动过度扩散（Benöhr和González，2017）。

从水体本身的价值出发，《厄瓜多尔宪法》（厄瓜多尔共和国宪法，2008年）也列举了另一个有关环保的相关案例。第7章第71条表示大自然或Pacha Mama具有繁殖再生权利。厄瓜多尔成为世界上第一个正式承认自然的权利并制定以生物为中心的宪法国家。其他国家也紧随其后，例如玻利维亚，该国于2010年颁布了《地球母亲权利法》（Benöhr和González，2017）。

虽然这些法律规则极为相关，但与任何其他法律或授权一样，有必要确保采用适当的监管执法权。在这方面，监管和监测措施以及协调一致的激励措施至关重要。特别是在当前气候越来越不稳定的背景下，不仅要确保更好地理解水资源的作用和价值，还要防止水资源的过度开发和污染。

8.4 亚洲和太平洋地区

8.4.1 背景

亚洲和太平洋地区拥有世界60%的人口，但其水资源仅占世界的36%，因此所述地区人均水资源可用性为世界最低（亚太水论坛，2009）。

由于人口增长、城市化和工业化程度提高，该地区各部门之间的水资源竞争变得更加激烈，甚至威胁到农业生产和粮食安全，同时也影响到水质。取水的不可持续是该地区的主要问题，因为一些国家取水超过了总可用水量的一半，这是不可持续的淡水供应比例，而世界15个最大的抽取地下水国家有7个在亚洲和太平洋地区（联合国亚洲及太平洋经济社会委员会/联合国教科文组织/国际劳工组织/联合国环境规划署，2018）。研究表明，到2050年，地下水用水量将增加30%（联合国亚洲及太平洋经济社会委员会/联合国教科文组织/国际劳工组织/联合国环境规划署，2018；亚洲开发银行，2016）。在中国华北平原和印度西北部观察到由于灌溉需求造成的严重水资源紧张，这两个地区是该区域的主要粮食供应地（Shah，2005）。因此，水是该区域相对稀缺和宝贵的资源，由于气候变化的不利影响，水资源短缺可能会进一步恶化。除了人均水资源可用水平较低之外，该区域还存在严重的水污染，该区域发展中国家产生的废水有80%以上没有得到处理（Corcoran等，2010）。

该地区污水资源仍未得到充分的利用。因此，亚洲及太平洋地区需要利用污水，解决水污染问题，提高用水效率，包括工业部门的用水效率（联合国亚洲及太平洋经济社会委员会，2019）。这在该区域最不发达国家、岛屿和水资源特别匮乏的国家尤为紧迫。

我们可以看到该地区已经开始利用全新的金融、治理和伙伴关系模式，积极地进行水资源评估。在昆山水资源管理联盟项目的支持下，中国正在制定水资源管理计划（水资源管理联盟，2018）。这些方案的具体定义为“通过包括利益相关者在内的以站点和流域为基础的行动，实现水资源在社会和文化方面的公平利用，并且以获得环境可持续发展和经济效益的方式对水资源加以利用”（水资源管理联盟，未注明日期）。在马来西亚，作为马来西亚教科文组织合作项目（MUCP）的一部分，对普特拉贾亚湖和湿地的水生生态系统服务进行了评估，旨在为管理方面的决策提供信息，并确保公众理解并支持所做的决定（Ghani，2016）。在澳大利亚的墨累－达令流域，基于安全的可交易水权，在农业用水市场实施了限额交易，通过将消耗性用水总量限制在行政决定的环境可持续水平上，承认水资源对当代和后代的价值（澳大利亚水伙伴关系，2016）。

8.4.2 案例研究：评估日本熊本市的地下水

熊本市位于火山地区，有地下水含水层，超 100 万人的饮水及其他工业用途均依赖于这一含水层（熊本市，2020a）。科学研究证实，西拉河流域中部的稻田和水稻种植贡献了多达 1/3 的地下水补给。因此，由于建造住宅区和作物转化，稻田减少，导致熊本市的地下水资源减少（日本环境省，2015）。[1]

为了扭转这一趋势，2004 年，熊本市政府以为生态系统服务付费的形式向农民提供补贴（日本环境省，2010），目的是激励农民在休耕期间（5—10 月）用附近希拉河的水灌溉轮作稻田，将其作为具体的农耕措施（联合国，2013）。支付的款项涵盖了此期间每公顷土地的管理费用和其他费用，如表 8.2 所示。公共部门和私有部门响应这一倡议，在公共法令的激励下，每年报告地下水抽取量和补给量，以及财政支持及参与工作的人员情况等。

因此，自 2004 年以来，地下水回补量有所增加，2018 年地下水回灌量为 1,220

表 8.2

日本熊本市稻田地下水补给工程的生态系统服务费用

补给时间	每立方米补给的补贴
0.5 个月（15 天以上 25 天以下）	8.25 日元（0.078 美元）
1 个月（25 天以上 40 天以下）	11 日元（0.12 美元）
1.5 个月（40 天以上 55 天以下）	13.75 日元（0.13 美元）
2 个月（55 天以上 70 天以下）	16.5 日元（0.16 美元）
2.5 个月（70 天以上 85 天以下）	19.25 日元（0.18 美元）
3 个月（85 天以上 100 天以下）	22 日元（0.21 美元）
3.5 个月（100 天以上 115 天以下）	24.75 日元（0.24 美元）
4 个月（115 天以上 120 天以下）	27.5 日元（0.26 美元）

资料来源：熊本市（2020d）。

[1] 如果不采取任何行动，预计到 2024 年，地下水将从 2007 年的大约 6 亿立方米减少到 5.63 亿立方米。熊本地区的目标是在 2024 年保全 636 万立方米的地下水补给量（熊本市，2020b）。

万立方米（熊本市，2020c）。[1] 地下水开采量也减少至 1.047 亿立方米。将其换算成该地区消费者的水费，水资源补给费相当于 27,145,300 美元。[2] 2004—2018 年[3] 期间，总共提供了 646 万美元的财政捐助，以确保提升熊本地区人民、经济和环境的水安全。

地下水价值评估还使 11 个城市的水利和农林部门之间的多个利益相关方伙伴关系制度化。例如，2012 年熊本地下水基金会的成立，补充了熊本市实施的现有方案：冬季休耕地的另一个地下水回补项目和水补偿方案（日本环境省，2015）。

熊本市采用生态系统服务付费办法保护地下水，此举也对私营部门的水资源管理做法产生了进一步的积极影响，包括通过在工厂颁发水管理证书，加强公司对水可持续性的企业社会责任政策。

8.5 阿拉伯地区

8.5.1 区域设置

其他地区对水资源的重视程度均不及阿拉伯地区。几千年来，该地区人民的身份、生活和生计与获得水资源并从中受益的能力密切相关。在农业灌溉的基础上，尼罗河沿岸以及底格里斯河和幼发拉底河之间的文明蓬勃发展，而航运可以促进经济繁荣。社区沿海岸线的延伸得益于沿海含水层。游牧民族得以生存是因为沙漠景观上布满了溪流、绿洲和间断的溪流，为现代城市提供了一个支点。巧妙的本土方法，例如阿曼的阿夫拉季运河系统，可确保社区对水资源的重视和共享。2006 年，该方法作为独特的水资源管理系统被列入联合国教科文组织世界遗产名录。

在阿拉伯地区，近 86% 的人口，即近 3.62 亿人，生活在干旱或绝对缺水的条件下（联合国西亚经济社会委员会，2019a）。如图 8.2 所示，该地区有 14 个国家可用淡水资源的使用率超过了 100%。可持续发展目标 6.4 旨在减少面临水资源紧张的人口，但如此高的淡水资源的使用率大大增加了上述目标的实现难度。水资源的稀缺性增加了对跨界水、不可再生地下水资源和非常规水资源的依赖。如果考虑到水质因素，以可持续方式提取的淡水量可能会更少。

8.5.2 区域挑战和机遇

各种挑战加剧了淡水短缺，包括较高的人口增长率、水污染、高度依赖跨界水资源、冲突和占领造成的水利基础设施破坏以及水资源的低效利用，特别是农业部门。气候变化的影响情况进一步恶化，因为预计气温将上升，降水趋势将普遍减少（联合国西亚经济社会委员会等，2017）。

水资源在阿拉伯地区受到高度重视，因此在国家间的双边和多边讨论中一直将其视为安全议题。更为严重的是，阿拉伯国家现有的 2/3 以上的淡水资源跨越一个

---

[1] 自来水 78,155,820 立方米，农业和水产养殖 10,577,233 立方米，工业、建筑、家庭等 15,960,929 立方米。数据来自熊本市水利部门的内部文件。

[2] 数据来自熊本市水利部门的内部文件。进入 www.kumamoto-waterworks.jp/waterworks_article/11113/ 可获取熊本市的水费资料。计算方法可从 kumamotogwf.or.jp/File/doc/donation/bessi.pdf. 熊本地下水基金会获得。

[3] 数据来自熊本市水利部门的内部文件。

图 8.2

根据可持续发展目标 6.4.2，阿拉伯区域的水资源紧张程度

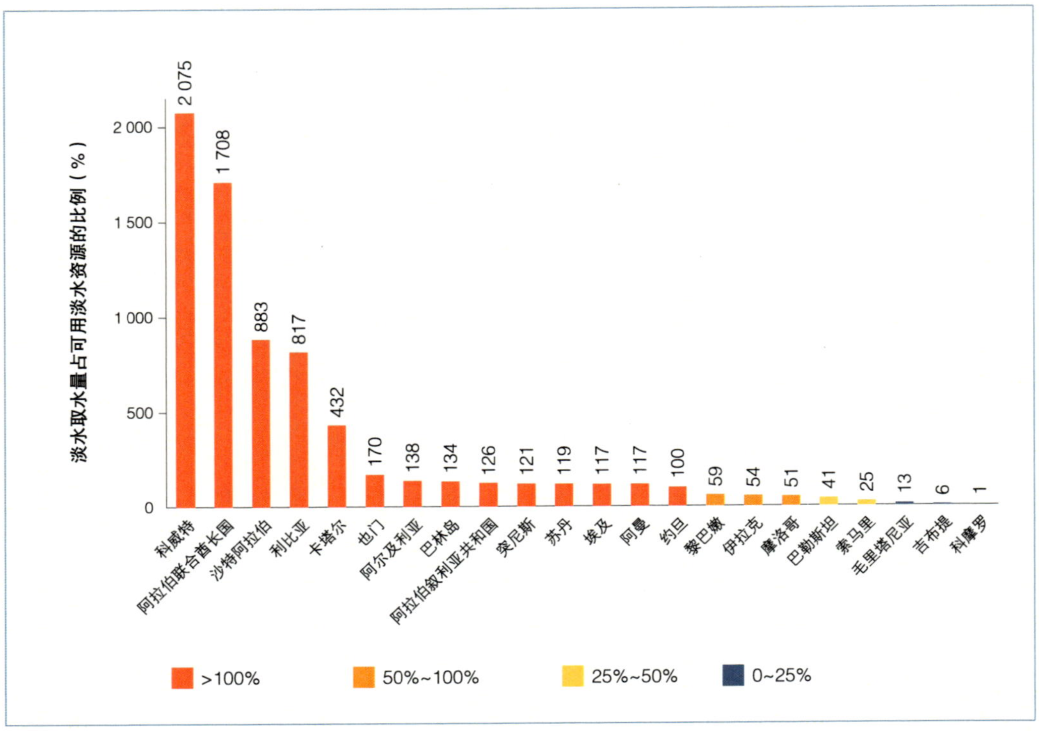

注：所有国家数据均为 2017 年的数据，但毛里塔尼亚、阿拉伯叙利亚共和国和也门除外，这些国家提供的是 2014 年的数据，索马里是 2012 年的数据，科威特是 2011 年的数据，科摩罗和吉布提是 2009 年的数据。

资料来源：联合国经济和社会事务部提供的数据（未注明日期）。

或多个国境边界。阿拉伯部长级水理事会（AMWC）自通过了《2010—2030 年阿拉伯地区应对可持续发展挑战和未来需求的阿拉伯水资源安全战略》以来，一直将共享水资源管理方面的合作列为优先事项（阿拉伯部长级水理事会，2012）。

然而，跨界水域经济评估的联合方法尚未被纳入合作项目，并且为联合管理工作提供信息的资金仍然非常有限（联合国西亚经济社会委员会，2019b）。此外，尽管具有重视跨界水合作的新举措，例如努力确定流经阿尔及利亚、利比亚和突尼斯的西北撒哈拉含水层系统跨界水合作的惠益范围（联合国欧洲经济委员会，2019），以及侧重于中东和北非的跨界水环境气候安全和风险减缓分析，但国家安全事项和水权观点往往主导了沿岸国的讨论（Schaar，2019）。

对于仅可获得有限地表水或者无法获得地表水等常规水资源的地区而言，那里的国家越来越多地利用可再生和不可再生地下水来支持城市、工业和农业用水需求。然而，这是以耗尽地下水储量和降低几个国家的地下水位为代价的，这会威胁到使用这些地下水带来的未来社会经济发展利益。此外，还引入了平衡机制，当碱性水被泵入地下帮助提取石油和天然气时，水和能源的价值形成对比。过度抽取地下水，尤其是不可再生地下水是一个主要问题，特别是海湾阿拉伯国家合作委员会成员国（图 8.3）。认识到地下水对水资源安全和扭转地下水位下降趋势的价值，包括卡塔尔和沙特阿拉伯在内的几个海湾阿拉伯国家合作委员会成员国最近投资管理的含水层回灌项目，其中大多数国家依赖于处理过的废水作为回灌来源。

阿拉伯区域还扩大了对非常规水源的依赖，以满足其日益增长的用水需求。随着生产成本的降低，海水淡化和处理后废水的使用显著增加。世界上一半以上的海水淡化产能在阿拉伯地区，大部分为海湾阿拉伯国家合作委员会成员国（联合国环境规划署，2019）。需要使用淡化水来满足日益增长的水需求，特别是在城市地区，不过越来越多的淡化厂也用于满足农业供水需求。具体范例参见最近在摩洛哥阿加迪尔投产的海水淡化厂（参见框注 8.1）。尽管近年来海水淡化成本大幅下降，

图 8.3
海湾阿拉伯国家合作委员会成员国地下水资源的过度开采

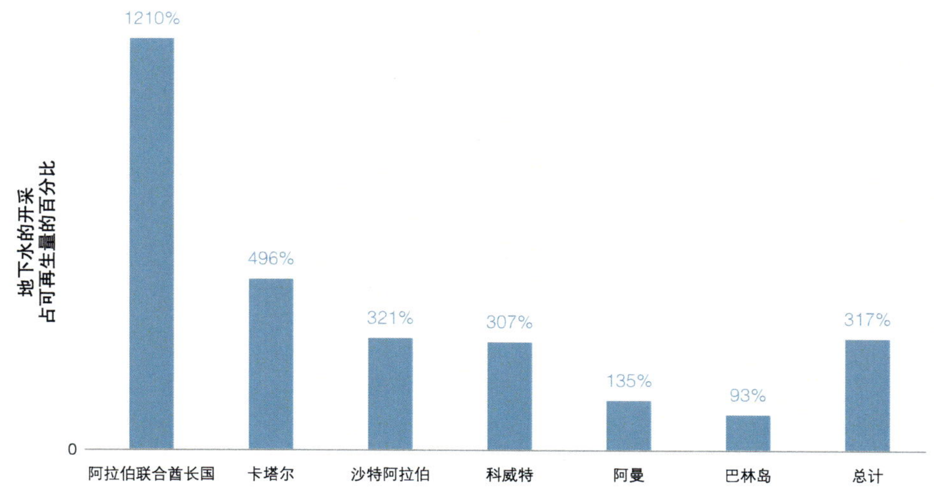

资料来源：基于 Al-Zubari 等人的数据（2017，表 2，第 3 页）。

框注 8.1　摩洛哥阿加迪尔海水淡化厂

在摩洛哥阿加迪尔，非洲最大的海水淡化厂正在建设中。该工厂初期平均每天生产 275,000 立方米的淡化水，最大生产能力为每天 450,000 立方米。因此，该工厂将向生活在索斯马萨地区的 230 万人提供饮用水。二期时，将供应淡化水，灌溉面积约为 15,000 公顷。该项目成本超过 3.7 亿欧元。该地区的农民逐渐认识到水资源对其生计的价值，他们以未来淡化水的折扣价作为交换（Novo，2019）。风电场和压力交换器的能源将有助于降低未来的海水淡化成本（Mandela，2020）。

但一些国家正在投资新技术和可再生能源，以进一步降低海水淡化成本，并利用可持续性较高的选择。沙特阿拉伯利用纳米技术在海夫吉建造了一座光电海水淡化厂，预计满负荷能力为每天 60,000 立方米（Harrington，2015）。

该地区使用处理后污水已经大大普及。在阿拉伯地区，2/3 以上收集的污水经过 2 级或 3 级的安全处理。然而，上述水量只有 1/4 用于农业和地下水补给。在阿拉伯半岛的大多数国家，经过处理的污水被用于绿地和自然保护区，防治土地退化。约旦在使用处理过的污水方面领先于阿拉伯地区，据报道，2013 年 100% 的处理过的污水均已使用（联合国西亚经济社会委员会，2017）。然而，在阿拉伯区域的其他地方，特别是农业部门，扩大已安全处理的污水的使用及其价值还存在很大的潜力。

虽然农业仅占该区域国内生产总值的 7%，但该部门消耗了该区域所有淡水取水量的 84%（联合国西亚经济社会委员会，2019a）。尽管这些水的价值没有很好地反映在农业商品的定价和出口中，但该部门雇用了该区域约 38% 的人口，并在阿拉伯最不发达国家产生了 23% 的国内生产总值（联合国西亚经济社会委员会，2020a）。这使得作物和牲畜用水对于维持该区域一些最脆弱地区的农村生计、收入和粮食安全至关重要。然而，正如阿拉伯农业和水资源部长高级别联合委员会的定期讨论，鉴于政府间、国家和农场正在努力提高农业部门的水资源利用率和生产力，水资源在这一缺水地区的价值是众所周知的。阿拉伯地区水资源的利用率和生产率的提高约占该地区国内生产总值的 0.5%（Rosegrant 等，2008 年），该地区平均灌溉效率低于 46%（阿拉伯环境与发展论坛，2015）。

该地区相对城市化，目前超过 58% 的人口生活在城市（联合国西亚经济社会委员会，2020a）。城市和农村地区覆盖范围的差距、断断续续的供应、大量的非收入用水以及低成本回收也使得城市的水很难有效地估价，供水服务提供商面临的压力越来越大，需要满足不断增长的城市和非正规住区的需求，包括阿拉伯区域约 2,600 万被迫流离失所者（难民和境内流离失所者）（联合国西亚经济社会委员会，2020b）。虽然流离失所社区的涌入增加了对水和卫生服务日益增长的压力，但流离失所者往往没有能力支付这些服务的费用，因此很难满足其基本的供水、公共卫生设施和个人卫生服务需求。近 8,700 万人无法获得改善的水源，7,000 万人没有持续供水，超过 7,400 万人无法获得基本的洗手设施（世界卫生组织 / 联合国儿童基金会，2019a）。这就导致了许多成本问题和健康影响问题，特别是对新型冠状病毒传播的遏制。

在考虑水的价值时，水资源的经济性和可获取性是最根本的因素。世界卫生组织 / 联合国儿童基金会的联合监测项目（JMP）下的可持续发展目标 6 的监测结果强调指出，北非和西亚的水量消耗位居第二，这两个区域与阿拉伯区域基本重叠。近 20% 的人口将其家庭支出的 2%~3% 以上用于供水、公共卫生设施和个人卫生服务（联合国，2018）。弱势社区往往没有接入供水网络和公共卫生设施，因此最终要为与水相关的服务支付比有连接的社区高得多的代价。健康成本并不低廉，因为 2016 年该地区有近 30,000 人死于不安全的水、不安全的公共卫生设施以及缺少公共卫生设施（可持续发展目标 3.9.2—世界卫生组织，未注明日期）。

为了让所有人都认识到水资源的全部价值并将其视为一项人权，有必要在基础设施、相应的技术和非常规水的使用方面进行大量投资，以提高水的生产力、可持续性和普遍可获得性。

第 9 章

运用多元价值方法进行水治理

联合国开发计划署

Marianne Kjellén

全球水伙伴

Ranu Sinha

撰稿人：

David Hebart-Coleman*和 Elizabeth Yaari（斯德哥尔摩国际水资源研究所），联合国供水和卫生合作理事会（WSSCC），Amanda Loeffen（水人权 / 水务法律数据库），Lesley Pories（水世界），Jerome Delli Priscoli（全球水伙伴技术委员会），Dustin Garrick（全球水伙伴技术委员会，牛津大学），Gina Gilson（牛津大学），Colin Herron（全球水伙伴），Edeltraud Guenther（联合国大学入海物质通量与资源综合管理研究所），Ambika Jindal（珍惜水、爱护水的倡议组织），Sebastien Willemart（世界青年水问题议会），Nicole Webley（联合国教科文组织政府间水文计划）和 Rémy Kinna（联合国欧洲经济委员会）。**

* 代表斯德哥尔摩国际水资源研究所主办的联合国开发计划署 – 斯德哥尔摩国际水资源研究所水治理处。

** 代表斯德哥尔摩国际水资源研究所主办的水合作国际中心。

9.1 逐渐重视将多元价值观纳入水治理

《2030 年可持续发展议程》强调发展的综合性以及平衡经济、社会和环境的必要性。因此需要机构改革和创新的治理方法，以减轻权衡工作并最大限度地发挥可持续发展目标及其政策领域之间的协同作用（Breuer 等，2019；经济合作与发展组织，2017c）。人们逐渐认识到，在相关水资源决策中，经济和财政考虑，是由一套多元化的价值观来驱动的（Schulz 等，2018；Pahl-Wostl 等，2020）。采取的价值观立场比《都柏林原则》倡导的立场更加广泛（国际水与环境会议，1992）；水问题高级别小组（2018）鼓励各国“承认和拥抱水的多重价值”（相关“贝拉吉奥原则”参见框注 1.6）。不仅要认识到水的多元价值，还需要一套更稳健的计量和价值评估方法帮助解决平衡取舍问题（Garrick 等，2017）。这大体上就是本章所指的向水治理多元价值法的转变。

使用多元价值法进行水治理，需要承认价值在推动关键水资源管理决策中的作用，并呼吁各类行为人积极参与，从而也将各种不同的价值纳入水治理中。需要吸纳不同群体的内在或相关价值观，以做出更合理合法的水与相关土地资源管理决策，通常需要让经常被排除在相关水决策之外的群体直接参与其中。这种做法可能会更加强调生态过程和环境过程，并重新关注分享水资源利益——从当代到未来若干代——而不是将水量分配给价值最高的经济优先领域。

9.2 将多元价值纳入水治理的挑战

本节指出了在向认识到多元价值和各类行为人积极参与的水治理体系过渡过程中所面临的一系列挑战。第一个挑战涉及承认水的治理是由一套隐性或显性价值观驱动的（Schulz 等，2018 年）。需要认识到，与水有关的社会、文化、环境、生态和经济价值所固有的不同利益和不同观点，会推动与资源有关的不同决定。不仅涉及“谁在治理桌子上”，还清醒地认识到水对社会不同群体的价值。第二个挑战涉及水的价值评估：评价或描述当以不同方式使用水时产生的价值几何。然而，水的价值评估不仅充斥着测量问题，而且还涉及什么可以并且应该被测量，以及由谁来测量的问题。这就导致了第三个挑战，与公共决策过程和实际行动之间的普遍脱节问题，包括行动计划被既得利益集团控制的风险。

9.2.1 讨论不同的意见和价值观——参与挑战意义深远

各方的有效参与可以极大地影响水治理成果，包括从水的使用中产生并分享更多的利益。尽管参与方法对水行业并不新鲜，例如,《都柏林原则》建议“在规划和实施水项目时，应充分征求公众意见并确保用户参与”（国际水与环境会议，1992，原则 2），但《2030 年可持续发展议程》呼吁继续努力工作，提供相关决策信息，并以参与和包容的方式认识管理政策优先事项之间的平衡事项和潜在冲突（经济合作与发展组织，2016）。实际上，土著社区、妇女和青年团体中的个人或团体往往不包括在内；因为人们往往认为他们不属于“相关”群体，或者同时也存在其他原因导致所述群体无法参与相关决策过程（Pahl-Wostl，2020）。在水问题高级别小组成果文件中强调解决排斥的挑战问题，该文件呼吁在确定相关利益相关方及其作用方面进行过渡，包括“在所有影响水的决策中，确定并考虑水对不同群体和利益相关方的多重及不同的价值”（水问题高级别小组，2018，第 17 页）。

尽管最好的方式是确保各类行为人的参与，但应该强调的是参与需要花费时间。这种时间投资对于治理过程来说是必须的，尽管所述投资可能与特定的项目、政策或国家及地方的政治时间表不兼容。如果要超越捐助方驱动的项目生命周期，并在特定地点与特定利益相关方实际实现用水项目的长期“管理”，就需要建立相应的对话机制，以实现基于多种价值观的水资源利用和保护战略的“共同管理”。另一方面，项目是发展融资的一种手段，而“管理过程”可能无法提供激励投资回报。因此，多方参与——或治理——不能被视为“灵丹妙药”或快速解决方案，它的确需要时间和资金。

尽管最好的方式是确保各类行为人的参与，但应该强调的是参与需要花费时间

参与的另一个障碍是，这是一个需求不断更新的过程。即使某个地点的成功协商经验可以作为“方法”传授给其他地方，甚至某种方法已经在其他地方实施成功，也不能减少对利益相关者或协调人的可能需要的培训，以及官员或管理人员到不同的地方考察或者参与的时间。因此，规模经济的机会很少。此外，参与——被理解为“共同所有权”或真正的影响力——可以挑战既得利益可能很重要的现状。可能有理由以放弃所有各方参与讨论和全面审查而仓促推进项目，因为各方参与可能会导致项目无法进行，即使已有所需的资金。

最后，重要的是，即便有“更多行为者”“更多”或“更好”的参与，也可能仍然无法解决水治理过程中固有的一系列复杂的挑战和相互竞争利益。利益相关方有时出于好意，可能会对改革启动中涉及的多个利益相关方的工作进程结果深感不满，或者既得利益者提出的想法可能会阻碍持久改革。这意味着，仅仅“更多的参与”可能无法解决本章所述的挑战，但仍然应将此类“参与”纳入国家的水政策，以在寻求加强水资源管理多重价值治理进程中，采取更广泛的干预措施。

9.2.2 当无法衡量真正珍惜的内容，必须进行权衡

水的价值评估工作主要集于相关水商品和水服务货币价值的量化。Hellegers 和 Van Halsema（2019，第 522 页）认为，“在更大的范围内进一步关注水对社会福祉的影响已经进入了价值评估的争论层面，越来越明显的是，决策应该更多地关注水的不同价值之间的平衡（协调）关系，而并非建立相应的价值。因此，价值评估不应再仅仅以‘经济’价值确定为目标，而应更多地致力于提供一个结构化的透明机制，支持多个利益相关方的过程”，以认识、平衡并解决不同类型价值之间的权衡问题。水资源决策出现在伦理、公共政策、自然、价值观、信仰和理性的结合点上（Priscoli，2012）。

Garrick 等（2017）强调了通过超越容易测量的东西来评估水资源价值的重要性。对水资源进行价值评估是困难且具争议的，这不仅缘于水的计量问题，根本原因在于其深层的部分：“无论价值评估方法是否有效、准确，均可能产生争议，这反映了水治理背后不可避免的权衡问题”（第 1004 页）。价值评估或衡量对这种内在政治审议的贡献主要在于采取何种方法揭示与水相关的各种价值，以及利用（也可能不利用）这些价值可能采取的方式。这样，决策者可以明确认识到推动水治理决策的具体价值。这表明多个利益相关方需要参与其中，应当作为一项体制战略，体现价值的认可和包容。启动治理机制，根据更广泛的价值（例如代表社会、文化、经济和生态价值观）进行水资源管理，有助于促进包容性和基于价值观的水资源决策。正如 Hellegers 和 Van Halsema（2019，第 521 页）所指出的那样，可通过多个利益相关方参与过程（如第 9.3.1 节所述）寻求纳入多种价值观，“在（一国）发展战略的既定优先事项范围内，在一定程度上共同就水资源管理达成一致的

认识”。然而，除了多个利益相关方流程具有的相关性之外，关键的挑战是如何考虑或度量不同的价值，因为还没有一个共同的“分母”（见框注 1.1 和 1.2，其中定义了不同类型的“值”）。

不同社区（专业和非专业、土著和非土著群体等）拥有多样化的知识和价值体系。此外，不同利益相关方与水体、自然、环境之间的关系与社会其他群体的关系也不同。

有些价值不太有形，而且很难量化或转化为货币术语——这本是比较不同价值的常用方法。例如，原住民与环境有关的世界观和价值观可以超越实用价值或内在价值。[1] 图 9.1 将此描述为人与自然的“关系”价值。这种与水之间的道德和情感联系挑战了大多数水资源管理价值评估的所谓标准方法。

这些更深层次的紧密且长期关系表现为价值，可以通过有利于人类福祉的关怀或管理伦理找到（Bennett 等，2018；Jax 等，2018）。关系价值存在数种定义，

图 9.1

与自然相关的实用价值、内在价值和关系价值

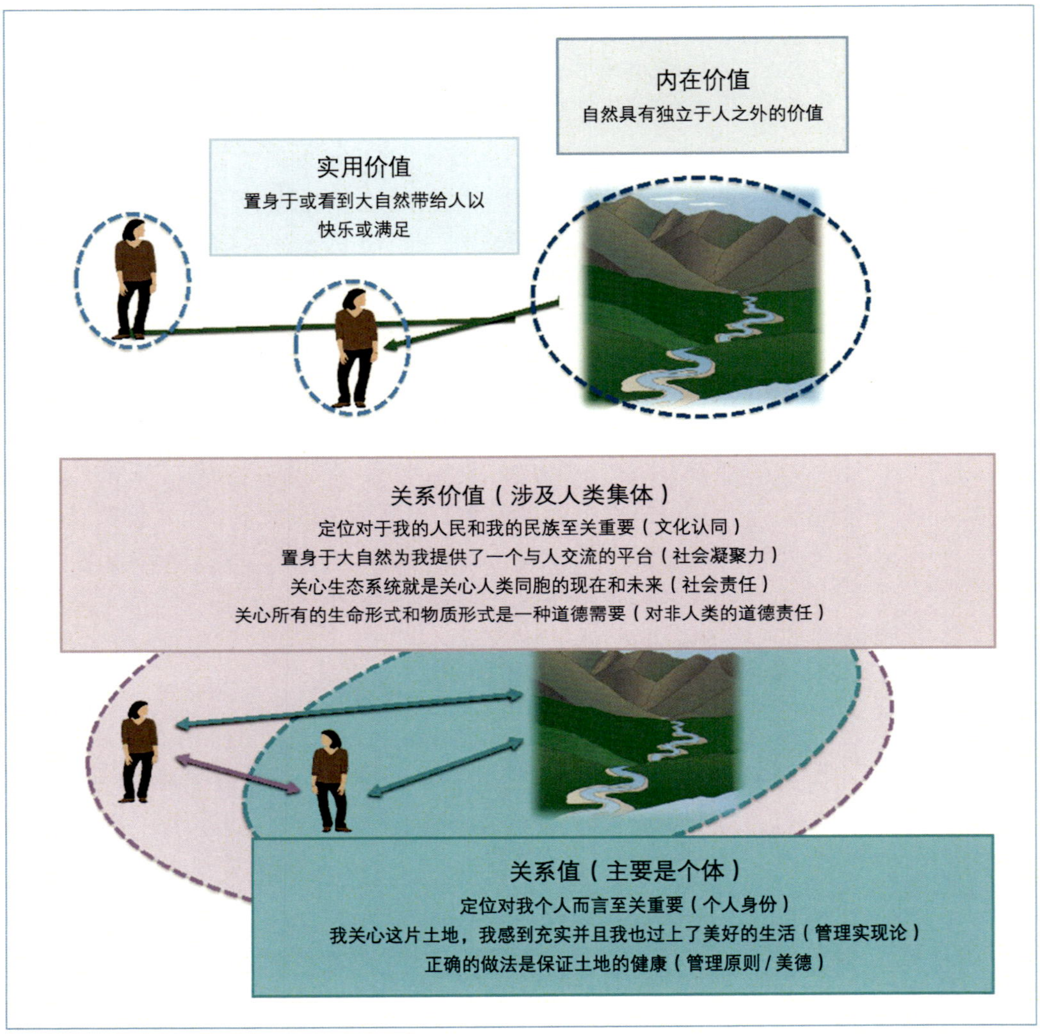

资料来源：Chan 等（2016，图 1，第 1462 页）。

[1] 实用价值是指因本身所能提供的服务或效用而具有重要性或具备价值的事物，例如用于便捷洗手的洗手盆。举例来说，艺术或音乐可能具有实用价值，因为它们的价值依赖于并来自它们所唤起的反应。另一方面，内在价值是指不论是否提供服务或效用，本身就具有重要性 / 价值或因其自身而被他人珍视的事物。不管洗手是否有利于健康或者清洁，只要能使人感觉良好，那么洗手便具有了内在的价值。甚至可能基于道德原因而具有内在价值——做这件事是正确的。进一步说，内在价值和实用价值是道德理论和保护生物学的基础（例如，参见 Justus 等，2009）。

但大多数定义都抓住了“人与人之间以及人与自然之间主要关系和责任的重要性”（Arias-Arévalo 等，2017）。正如 Chan 等（2016）所观察到的，关系价值不存在于事物本身，而是存在于关系衍生物及其责任中。对“关系价值”的认可和使用对于培养多元化的方法很重要，可以在与水体相关的不同世界观之间架起沟通的“桥梁”（Parsons 和 Fisher，2019）。

在实用性经济增长优先事项与相关和/或内在价值之间取得平衡，可以重振国家和区域的政治活力

在实用性经济增长优先事项与相关和 / 或内在价值之间取得平衡，可以重振国家和区域的政治活力。在实践中，这非常复杂，因为没有包含所有与水相关的多重价值的“最佳”水资源分配策略，各种不同价值体系相互交织重叠（Hellegers 和 Leflaive，2015）。事实上，水治理的本质是尽可能地创造更多的利益并协同权衡和解决冲突，因为这些方法具有多重价值，并且具有不确定性，不过这些方法正逐渐成熟（LeRoy Poff 等，2015；另参见下文关于路径的第 9.3 节）。

除了与测量方法相关的挑战之外，如上所述：下一个挑战在于实施一个开放、包容和平衡的决策过程，这将在下一节讨论。

9.2.3　从理论到做法：操纵隐藏的议程和既得利益

第三组挑战涉及实现并维持多元价值治理过程中的一些障碍。如果决策者未能采纳其他人的意见，也就是说不仅没有听，而且还重构了问题和答案，那就是浪费参与者的时间，而且咨询过程也失去了信任。最不利的情况是，协商可能会变成一种不公正的做法，使地方发展非政治化，或者成了经济或政治精英“俘虏”（Cooke 和 Kothari，2001；Gaynor，2014 年；经济合作与发展组织，2015b）。“清洁印度”运动（Swachh Bharat Mission）的经验表明，有必要采取强有力的协商措施，将不同群体及其可能的各个等级群体纳入其中（Mukherjee，2020）。

实施过程也有可能遇到官僚惰性问题。不公正、过度监管或严格遵守规则可能会加剧腐败。用水诚信网（2016，第 23 页）指出，“腐败和缺乏诚信威胁着生活中权力、金钱和声望岌岌可危的每一个领域”。除了干扰政策执行之外，腐败还进一步加剧了社会群体之间已有的不平等性（Søreide，2016），影响妇女和男子可获得的资源（联合国开发计划署 /Huairou 委员会，2012）。如下文所述，透明度和不同性别身份和背景人员的平等参与可能有助于打破既得利益网络和背后的议程。

由于存在各种挑战，多重价值驱动的治理方法不仅与水有关，而且与整个社会、文化、经济和更广泛的政治体系相互关联。水治理需要在政治层面明确设定优先事项，同时毫无保留的在实际中执行优先事项（价值）。这不仅涉及公务员，还涉及整个社会，包括私营部门、民间社会和其他群体。

9.3 运用多元价值方法进行水治理的路径

本节重点介绍各国过渡到多元价值治理的可能途径。这些途径建立在水资源综合管理等现有方法的基础上。水资源综合管理是一种规划导向、以多规模的流域为基础的方法，它整合了各级政治和政策部门的不同利益相关方群体的利益（Lubell 和 Edelenbos，2013），水资源综合管理对所有的关联或者系列问题都持开放或包容的态度。水资源综合管理涵盖了人居用水、粮食用水、生态用水、工业用水和其

他，旨在兼顾所有社会、经济和环境考量。[1]

下文介绍的不同途径或方法旨在应对上一节中强调的许多挑战。

9.3.1 强化多方参与进程，承认并调和水治理中的综合价值

采取多元价值水治理方法治理水就意味着，认识到最终推动水治理决策的是价值，并在特定政策背景下积极地平衡文化、精神、经济、环境或社会价值，并纳入水资源管理决策（Hellegers 和 Van Halsema，2019）。可以通过启动决策过程来实现上述目标，使广泛的利益相关方表达他们的价值观，启动决策过程可以实现上述目标。这样，利益相关方能够表达他们的价值观，期望在某种程度上达成一致。这一过程可看作是"共同创造"水管理的过程（参见 Hermans 等，2006）。最重要的是，加强的水治理包括"对在决策过程中一些特殊群体或容易被忽视的社区给予一定的'发言权'"（Garrick 等，2017，第 1005 页）。本节举例说明了特殊群体或附加价值被纳入各级水治理进程的情况。

自 21 世纪初期以来，人们已不再将土著人民在水和环境管理方面的利益排除在外，而是逐渐将土著人的观点和知识纳入水治理，特别是全球水管理（土著事务国际工作组，2019；Makey 和 Awatere，2018）。将土著人民的知识和信仰纳入水治理意味着水价值的根本改变，涉及独立于主流社会文化，并且具有不同文化社会身份的社会机构（Awume 等，2020）。例如，在新西兰，凯帕拉港口综合管理小组将毛利人的价值观与基于生态系统的管理原则联系起来。涉及与可持续资源管理（kaitiakitanga）、尊重（manaakitanga）和关系（whanaungatanga）有关的价值观（Harmsworth 等，2016）。框注 9.1 举例说明了政府如何积极寻求从土著社区的角度将水的价值纳入水治理进程。

除了土著社区，还有许多群体的声音也并未有效地纳入水资源管理决策中。例如，妇女在保障家庭用水需求方面付出了大部分劳动，但在正规水管理机构中的女性代表数量仍然较少（Thakar，2019；世界银行，2019）。通过让妇女进入各级水管理机构，可以提高效率（Mommen 等，2017；Trivedi，2018）。[2] 管理机构中的性别多样化也可能产生连锁效应，如开放紧密联系的管理社区，将日程公开。决策者积极参与，可以提高透明度，减少腐败和管理不善等现象。

其次，动员青年组织参与水治理，这是将后代的权利纳入水治理的一种具体方式。充满活力的青年运动"周五为未来"通过大规模的持续动员，对环境政策产生了重大影响，构成了全球变化的关键力量（Braw，2019）。地中海干旱的管理也有青年运动参与（Pedrero 等，2018）。这些声音和观点极大地影响了水资源决策中的价值观和时间观。

在国际层面，挑战是如何才能将各国、国际机构、联合国机构、民间社会和学术界聚集在一起。水与和平问题全球高级别小组（2017）敦促各国遵守并执行国际水法，因此呼吁各国广泛加入由联合国欧洲经济委员会主办的 1997 年《水道公

---

1 水资源综合管理（IWRM）被定义为"以协调的方式促进水、土地和相关资源，以公平的方式最大限度地提高经济和社会福利，同时不损害重要生态系统的可持续性的过程"（全球水伙伴，2000，第 22 页）。

2 该"效率论点"阐明了妇女更平等地参与水管理的实用价值。然而，男女平等参与或影响决策的道德责任也具有一定的内在价值。

框注 9.1 澳大利亚国家水倡议

在澳大利亚，联邦和州政府机构的目标是从资源开发重点转移，承认水治理有不同的价值和利益。这对澳大利亚土著人来说很重要，直到 2004 年，他们对水的诉求才通过国家水倡议得到正式承认（国家水委员会，2004；Bark 等，2012）。

国家水倡议规定，所有签署方通过以下方式向土著人民提供水资源：（1）确保尽可能将土著代表纳入水资源规划；（2）考虑集水区现有土著人的水权；（3）向土著产权持有者分配水资源。[1] 只要土著利益是“非消耗性”和“非商业性”的，便不需申请就能获得水（参见 Maclean 等，2014）。

澳大利亚土著人开展了治理活动，将他们的知识与同时保护和管理土地知识以及培训结合，使他们能够在其传统土地上参与水资源规划和管理（Maclean 等，2014）。此外，土著群体和社会研究人员之间在水价值、知识和关注点的记录过程中建立的伙伴关系具有多重效益。首先，这些伙伴关系记录了宝贵的传统生态知识和相关价值。其次，土著群体在与科学家和规划者相互接触时，可以表达土著利益，同时最重要的是，保持真实的相对世界观。土著群体可以利用社会研究工具，直接向政府机构表述他们的水知识、价值观和关注点，并建立必要的关系，以保持有意义的对话。

资料来源：Maclean 等（2015，第 142~144 页）。

[1] 原住民土地权是“为满足个人、家庭、社会、文化、宗教、精神或非商业性的公共需求而获得的取水权利，包括遵守传统法律和习俗，教授与土地上和水域上或水域中重要地点和区域相关物质精神属性相关的权利”（O' Donnell，2011，第 11 页；另参见 Jackson 和 Langton，2012）。

约》和 1992 年《水公约》。小组还建议加强这两项联合国全球水公约补充文书的工作，包括促进水合作的准则和程序等“软法律文书”。水资源综合管理工作组促进水治理方面的技术和政治对话，例如在水分配、水电开发和灌溉方面。此类工作利用了表 9.1 中概述的价值和受益。

最后，纳入人权原则是试图通过另一个角度扩大利益相关方的进程，实现更公平的水治理进程和成果。基于人权的方法（HRBA）侧重于最边缘化、最受排斥或最受歧视的人，但不着眼于“受益者”的“基本需求”，而是着眼于“实现人民的权利”（联合国人口基金会，未注明日期）。享有水和卫生设施的人权不仅指普遍

表 9.1

跨界水资源管理的价值和收益

收益类型	相关价值	效益说明
类型 1：提高水资源可用性带来的收益	消耗性直接利用价值	合作带来的收益可以解决水短缺问题，进而改善各部分水资源的安全性，提升水量分配的高效性（供水增加量——需求管理）
类型 2：提升水资源质量带来的收益	所有的利用价值都取决于水资源质量	改善户外运动质量、规避治理成本及沉淀成本、避免健康风险
类型 3：流域或水生态系统带来的收益	间接利用价值、选择价值、非利用价值	改善生物多样性、提高防洪及防暴雨能力、规避或减少荒漠化成本、改善地下水补给等
类型 4：区域安全和一体化改善带来的好处	次要效益	规避或减少冲突产生的成本、改善贸易关系及区域一体化

资料来源：经济合作与发展组织（2015a，表 3，第 9 页），改编自 Sadoff 和 Grey（2003）。

和充分享有水和卫生设施的内容，还指影响提供这些服务方式的程序权利。

9.3.2　将利益共享纳入水治理决策

在水资源管理中通过明确的利益共享来提高水资源共享的生产力，已被提倡为一种用于替代按水量分配水资源的选择（Sadoff 和 Grey，2003；2005）。Sadoff 和 Grey（2003）认为，通过将注意力从水资源（数量）共享转移至水资源利用可能带来的利益共享上，水资源共享的零和博弈正在被正和博弈所取代。“专注于流域用水的收益而非水资源本身，也是一种拓宽流域规划者视野的方法”（第 396 页）。利益共享为不同利益相关者之间的互利和可持续布局提供了更大的空间（Yu，2008）。所涉及的财产和服务（可附带价值的收益）包括水电、防洪、灌溉农业或改善航运。其收益可能是非经济的，但会远远超过货币性补偿，比如改善环境管理、区域一体化，乃至政治收益。如前一节表 9.1 中所强调的，这种收益还包含了区域一体化、贸易及冲突的减少。在塞内加尔河流域的案例（框注 9.2）中，对关于非洲如何在跨界范围内试行利益共享方法提供了一些深刻见解。

而利益共享还可以促进贫困地减缓。迄今为止，正如上述框注所说，为实现这种效益，其行动者与决定利益共享的参与者之间的组合是至关重要的。因为利益是可以通过价值来衡量的关系，利益共享便成为了一个范例，告诉我们如何将各种各样的价值纳入国家内部即国家之间的水治理中。

尽管关于利益共享的大多数讨论都会涉及跨界范围（参见第 8.2.2 节），但原先理念中提供了一个框架，以解决城市与农村、家庭、工业及农业之间日益激烈的用水竞争（Garrick 等，2019）。利益共享甚至可以被看作是系统观的一种应用，远远超出了液态水本身，要应对不同利益的需求，这些利益代表了不同行为者或利益相关者所获得的各种收益（及其价值）。

9.3.3　专注于跨领域的严格干预制度

以系统为基础的方法涉及多尺度的政策和规划，将分配水的激励措施纳入体制改革和基础设施发展的更广泛部门进程。这需要充分理解行为反馈，行为反馈会放大或破坏行为本身（Garrick 等，2020b）。因此，水治理的重点和适当的管理水平在很大程度上取决于问题出现的规模（Kjellén，2018）。水治理进程可以从“打破藩篱”中获益，以解决全球、区域和 / 或地方问题。

将多尺度的多个价值纳入水治理的制度方案要求：（1）了解水文、行政、经济、政治、社会和生态 / 环境系统之间的相互联系，以及这些系统中的潜在价值；（2）识别出人类和 / 或生态系统或生产系统所面临的风险、冲击或压力源；（3）开发情景或模型，以对趋势、反应、问题及影响（涉及第 9.3.1 节所述的各领域的行动者）有所了解；（4）根据各式各样价值的代表所达成的协议，共同设计要采取的行动的类型和组合；（5）测试、学习并适应。[1] 正如 Garrick 等（2019）所指出，

---

[1] 换句话说，若要将多种价值纳入水治理中，其政策方案可以考虑以下因素：（1）对政策界限进行定义；（2）对政策进行强调；（3）对场景进行塑造；（4）对方案进行协同设计；（5）学习、测试并适应这种方案。

框注 9.2 塞内加尔河流域的利益共享和成本分配

塞内加尔河是西非第二长河，流经几内亚、马里、塞内加尔和毛里塔尼亚，最后进入大西洋。在 20 世纪 60—80 年代，塞内加尔河流域严重干旱，随之而来的是饥荒及自然资源严重恶化，农业和生态损失巨大，还伴随着地下水位下降及咸水入侵等问题。正是在这种背景下，1972 年由马里、毛里塔尼亚和塞内加尔所组成的塞内加尔河流域开发局（OMVS）成立。塞内加尔河流域组织成立的宗旨是:（1）促进流域内粮食自给自足;（2）降低气候变化和外部因素造成的经济脆弱性;（3）加速经济发展;（4）通过三个沿岸国家之间的利益共享与合作，保障和提高流域收入。

为治理和管理塞内加尔河，需要确立一个框架来让所有成员国都能以其满意的方式分配收益和成本，因此，开发出一套方法，用于分配各服务项目（水电、航运及灌溉）和成员国之间的联合成本。在传统的单一国家多用途投资中，成本分摊通常是通过比较各种项目服务成本的收益来完成的。而对多国的方法要复杂得多，因为从这条河所能获得的收益因国而异。对马里来说，其首要兴趣是获得进入大西洋的通航权限以及发电，而对毛里塔尼亚和塞内加尔来说，发展灌溉和较低程度的发电（城市除外）是最重要的。

因此，为估计将在塞内加尔河上建造的两个水库所带来的水电、灌溉和航运收益，基于成员国从灌溉、发电及航运中所获得的收益，确立马里、毛里塔尼亚和塞内加尔的成本分摊比例分别为 35.3%、22.6% 和 42.1%。

在 20 世纪 70 年代早期，这是一种独特且创新的河流流域项目方案。当时，要对一个重大项目进行全面的环境和社会评价还不是很常见。

与世界其他河流流域相比，塞内加尔河流域开发局的经验更为突出。因为在其他流域，沿岸成员国之间的交流往往围绕水资源分配展开，没有注重不同成员国之间对河流的不同利用所带来的收益。这种利益共享的设想在马里、毛里塔尼亚和塞内加尔国家之间的讨论中是不可或缺的，并助其对“区域合作是绝对必要的，因为所有人都能以任何一方都无法单独完成的方式受益”进行重申。对这三个国家关于这些利益共享原则的承诺，其通过建立法律公约，并赋予塞内加尔河流域开发局与超国家行政权力相当程度的权力来将其编成法典。此外，在早期塞内加尔河流域开发局的目标中对利益共享方面的团结一致表示支持，其目标中指出,“发展的利益和目标将超越政治边界，惠及生活在塞内加尔河流域的所有社会团体”。

资料来源：改编自 Yu（2008，第 12~26 页）。

在这一进程中应进行定期审查，以避免危机事件所驱动的反应。荷兰所资助的珍惜水、爱护水的倡议组织强调了此类分析的重要性，即人们必须认识到各领域水决策之间的系统联系。哥伦比亚、埃塞俄比亚、荷兰、秘鲁和赞比亚（珍惜水、爱护水的倡议组织，2020）针对该倡议成立了联盟，以促进不同群体之间围绕权衡和利益竞争话题的相互交流[1]。

尽管水资源综合管理被视为水资源管理的“系统方法”，其旨在采取一种有序

---

[1] 欲了解珍惜水、爱护水的倡议组织的更多信息，请访问：www.government.nl/topics/water-management/valuing-water-initiative。

框注 9.3 关联方法

被称为水资源综合管理的概念框架可以说是一种追求综合和协调，并对不同用水进行平衡的水及土地管理手段，同时满足社会和生态需求，促进经济发展。然而，若明确注重于水资源本身，就有可能过度强调与水相关的发展目标，从而增强了传统的领域做法。

水的普遍关联方法考虑到水、能源、粮食和环境的不同层面，认识到不同资源使用的相互依存关系，以实现可持续发展，以便在人类和环境的不同目标、利益和需求之间取得平衡。它明确地解决了人类和自然系统之间复杂的相互作用和反馈。关联的相互作用是关于如何使用和管理资源系统，并对其相互依赖（互相依靠）、约束（强加条件或权衡）和协同（相互增强或共享收益）作用进行了描述。

关联方法超越了许多水资源综合管理方法，它考虑到了在全球相关驱动因素背景下发生的相互作用，其背景包含有如人口变化、城市化、工业发展、农业现代化、国际贸易和区域一体化、经济和市场、技术进步、饮食多样化与变化，以及气候变化，同样还有更加具体的驱动因素，如治理结构和流程、文化与社会信念及行为。这些驱动因素往往会对资源基础产生强烈影响，并恶化环境使得资源稀缺，但它们也会对不同的社会、经济和环境目标和利益造成影响并受其影响。

对关联方法反复出现的一个评价就是，如果水资源综合管理能得到正确且全面的实施的话，它对现有资源管理集成方法（如水资源综合管理）的提升就会相对较少。

资料来源：改编自联合国粮食及农业组织（2014c，第 6–9 页）。

的、包容的和制度化的方法，以应对环境现状，从而实现水资源安全（全球水伙伴，2009；Schenk 等，2009；Villarroel Walker 等，2012），但实际上，在管理水资源的方法上，它被批判为“过于以水为中心”（Giordano 和 Shah，2014）。水资源综合管理往往不会充分考虑到其他经济领域之间重要的社会、经济和环境联系（Hoff，2011；Roidt 和 Avellán，2019）。为此，不同的“关联”方法已然成为互补的框架，能更明确地说明水利部门以外的某些相互依赖和联系（参见框注 9.3）。

而在这些互补的“关联”方法中，可能会包括“水和健康”“源到海”“脊到礁”的关联关系，或是例如“基于生态系统的方法”（EBA）。随着人们越来越认识到气候变化和跨越“地球界限”的全球危机，“基于生态系统的方法”和对生态的依赖性的更多考虑因素被提出（联合国开发计划署，2020）。

9.3.4 将生态和环境价值纳入具备气候韧性的水资源管理

在最近关于在水治理和管理中增强气候适应能力的呼吁中，建议系统地对不确定性和风险加以考虑，并在与水有关的决策中增强韧性（Timboe 等，2019）。其中一个主要问题是确定哪些价值（以及对谁而言）与气候变化（各种气候冲击对社会、经济和生态健康所造成的风险及成本）有关，以及是否可以将未充分体现的生态和环境价值更好地纳入水治理中，从而实现能够适应气候变化的水资源管理。

在最近关于在水治理和管理中增强气候适应能力的呼吁中，建议系统地对不确定性和风险加以考虑，并在与水有关的决策中增强韧性

欧盟率先提出将生态和环境价值纳入水资源管理，因为“基于生态系统的方法”已被纳入欧盟的生物多样性战略、“第七个环境行动项目”以及“水框架指令”（WFD）中。“水框架指令”侧重生态角度，其主要目标是使水资源处于良好的生态状况（欧洲议会/欧盟理事会，2000）。为实现这一目标，欧盟需支持以下措施：（1）关注水资源及压力评价的实施机制；（2）参与程序，支持流域决策的成本效益考虑；（3）流域管理计划的制定（欧洲委员会，2019a；Grizzetti 等，2016）；（4）对生态系统及其服务进行测绘、评估和核算，包括生物物理和货币方面（Maes 等，2018）。

其次，生态系统框架可能是一种可行的方式，以确定生态系统和环境的价值并将其纳入水治理中（参见第 2 章）。这些政策通过将生态系统及其服务纳入决策中，有助于保护和修复欧洲的自然资本（欧洲委员会，2019b）。在欧洲以外，哥斯达黎加、厄瓜多尔和墨西哥也在大力使用以生态系统服务为基础的方法，突出水所依赖的生态系统的多重价值（Engels 等，2008）。

推而广之，适应气候变化的水资源管理方法将会超越水资源综合管理，因为其目标不仅仅是通过适应全球气候变化管理自然资源，还要确保不会“一切照旧”；包括有冗余度[1]、灵活性和适应性；并将减少贫困社区的脆弱性作为其具体目标（James 等，2018）。

9.4 结论

本章强调了向多元价值及多个利益相关者的水治理过渡的挑战和途径。这种治理方法强调要将多角度纳入决策流程中，而不仅仅是为改进决策和结果。对多元价值的纳入也是一项道德责任，为决策和随后的政策执行提供合法性。

水资源的管理流程往往只包括为数有限的利益相关者，并狭隘地注重于水资源的开发，将经济目标作为优先考虑。这种技术主义或狭隘的水资源管理方法受到了社会和环境两方面的批判。水资源管理者和决策者对超越“水利部门”的需求，不仅要触及那些在经营业务期间暗中决定土地及水资源利用的领域和行业，还需要将历史上那些被排除在自然资源管理和水资源管理之外的社区纳入其中。正是这种将多重价值纳入决策流程的利益的扩大，使得正式流程的复杂性有所增加。它还可能会遭遇既得利益者的抵制，因为有关如何利用或保护水资源及土地的需求冲突或世界观被摆到了桌面上。

实现多元价值方案的最重要方法仍然是参与，以允许新的和未充分体现的群体能参与到进程中

克服这些差异，为高度复杂的水管理决策寻求支持的解决办法的机会包括，将多重价值视角积极纳入治理过程。实现多元价值方案的最重要方法仍然是参与，如上文强调的，以允许新的和未充分体现的群体能参与到进程中。基于人权的方法的发展确认了以有效方式涉及所有相关事项的必要性。但除此之外，这些问题的界定方式也会有很大影响：首先，从水资源本身拓宽视野，将其视为实现其他许多事情的手段。作为实现更高层次目标的手段，这种“利益共享”的方法可以引起更加合理和互利的水资源共享和利用。

此外，所有利益相关者都有必要看到并了解这些相互联系。本章所讨论的方法和途径都建立在制度角度的基础上，其中包括基于生态系统、关联方法和气候适应

[1] “冗余度是指在系统内部特意创建的备用容量，以便它们能够适应扰乱、极压或需求激增的情况”（洛克菲勒基金会/Arup，2014，第 5 页）。当本应提供“相同、相似或备用功能”（Ahern，2011，第 342 页）的多个功能、元素或组件，以“从失败中拯救”的方式提供韧性时，冗余度便实现其功能了。

型的水资源管理方法。再有，这可能有助于利益相关者找到新的互利方式，可以在保护或发展价值方面，甚至在更宽泛的时间范围内（即更长期的可持续性上）进行合作。

虽然本章提供了许多与多元价值水治理方法有关的好处，但也存在着巨大的挑战。积极过渡到包容且多元价值的水资源管理方法，以平衡生态、社会、经济/金融和其他关键要素（其中的许多并没有在与水有关的重大决策中得以体现），也同样会与既得利益者和现状间的关系发生破裂。即使决策能够实现流程的公平与包容性，融资和政策的执行也有必要同步进行。各国政府、私营领域和民间社会可以从价值角度参与未来的开发项目和治理进程中，并从中受益。通过平衡环境、社会、文化、经济以及其他优先事项，系统地整合目标和决策之间的相互依赖和权衡，通过包容多元价值和多个利益相关者的方法，改善水资源的治理情况。

第 10 章

水服务的融资与资金：评估水资源价值时的挑战和机遇

世界银行

Jason Russ

撰稿人：

Neil Dhot（国际私人水务运营商联合会），Winston Yu（世界银行）和 Valentina Abete（世界水评估计划）

10.1 简介

管理和评价水资源的基本挑战是，水包括了许多不同类型财产的质量和收益。[1]从源头说起，水通常被视为一种公共物品，一种免费获取的资源，抑或是一种共享性资源，可供公众没有任何限制地随意使用（Anisfeld，2011）。通过其免费获取以及共享性，用户们可以通过自身使用获取所有好处，但成本各不相同，且往往是不平等的（例如资源耗竭或品质劣变），并可能会导致水被过度使用、开采和劣化。为了让城市、农场和家庭受益，需要大量投资在大坝、管道和处理系统等基础设施的建设上。而供水和公共卫生基础设施，这些服务很多是个人财产（比如，这些服务既具有排他性也具有竞争性），这意味着价格如果太高，穷人就会被排除在外。大坝及堤坝所提供的防洪措施等其他服务，属于公共财产，不会排除任何人，也不会轻易收取任何使用费。水既可以是一种经济产品，一种几乎所有形式的经济生产都需要的关键性投入；也可以是个无价之宝，一种应按需而非根据意愿所支付的有效商品，因为它对生命和人类健康都至关重要。

任何不能通过关税追缴的成本，都必须通过税收和转让来一起弥补

为使水资源所带来的收益最大化，必须同时考虑几种不同的评价标准。首先，鉴于水作为价值商品的地位，以及联合国大会（2010）第 64/292 号决议所宣布的人权，所有人都应能以负担得起的价格获得安全管理的饮用水。其次，为防止公地悲剧，即在使用水资源时没有考虑到资源的可持续性，通常需要一项价格或“关税”来限制浪费。然而水的价格、运输成本和价值并不相同，价格只不过是为了水资源利用和其价值保持统一的一个工具（参见第 1 章）。最后，提供服务所需的重要基础设施有着运营、维护和建设成本，而这些成本必须被回收，以确保其获取和服务范围扩大。这些资金来源能够发挥重要作用，从而决定谁能获得、如何扩展服务，以及服务提供者需要最终对谁作出回应。

有三种方式主要为水资源投资提供资金：关税、税收和转让。关税是用户所支付的费用，且通常随服务使用量的增加而增加。[2]为支付服务提供总成本（即包括使用资本总额的折扣和利润）或其中的某些部分，可能需要对成本回收费用进行预估，任何不能通过关税追缴的成本，都必须通过税收和转让来一起弥补（Andres 等，2019）。最近对 16 个国家进行的一项调查显示，它们的卫生项目资金来源各不相同（图 10.1）。

在决定是否资助水利基础设施项目之前，必须要考虑到几个标准。投资银行在投资某项业务时，可能只考虑其财务前景，而在投资水利基础设施方面时，除了财务前景外还需要考虑更多。这是因为水利基础设施所能带来的许多收益并不在金钱上，即并不会带来任何经济回报，但其仍能以有意义的方式造福社会。然而，是否为投资提供资金的决定，往往和如何为投资提供资金是相互关联的，因为资金来源

[1] 自 20 世纪 50 年代以来，本章所提出的财产分类在经济文献中一直是被广泛争论的问题。根据财产的竞争性和消费排他性这两个属性，可将其分为四种类型。竞争是指一个人对一种财产（或服务）的消费会降低或阻止另一个人在同时消费同一种财产（或服务）的能力；而排他性是指排除其他人获取和消费财产（或服务）的可行性。财产可分为：私人财产（排他性和竞争性）；公共财产（非排他性和非竞争性）；如普通财产或共有资源的混合财产（非排他性和竞争性）；以及社团财产（排他性和非竞争性）。无论私人或是公共，这些财产的性质都不取决于其提供者，同时也与其无关，不管他们是私人公司还是公共实体。在整个章节中，“公共”和“私人”的利用与本脚注中所提供的含义有关，且并不涉及资金来源或所有权的类别（私人 vs 公共资金 / 所有权）。

[2] 国内和工业关税通常含有固定部分，以及根据使用量增加的可变部分（参见第 10.4 节）。灌溉用水费用也可能包括按量收费，但通常是根据灌溉面积（公顷数）和 / 或正在生产的作物大小而定（例如，参见 Berbel 等于 2019 年参加的一场关于欧洲灌溉费用的讨论）。

图 10.1 全球环境卫生和饮用水分析和评估（GLAAS）2018/2019 年度卫生支出国家调查

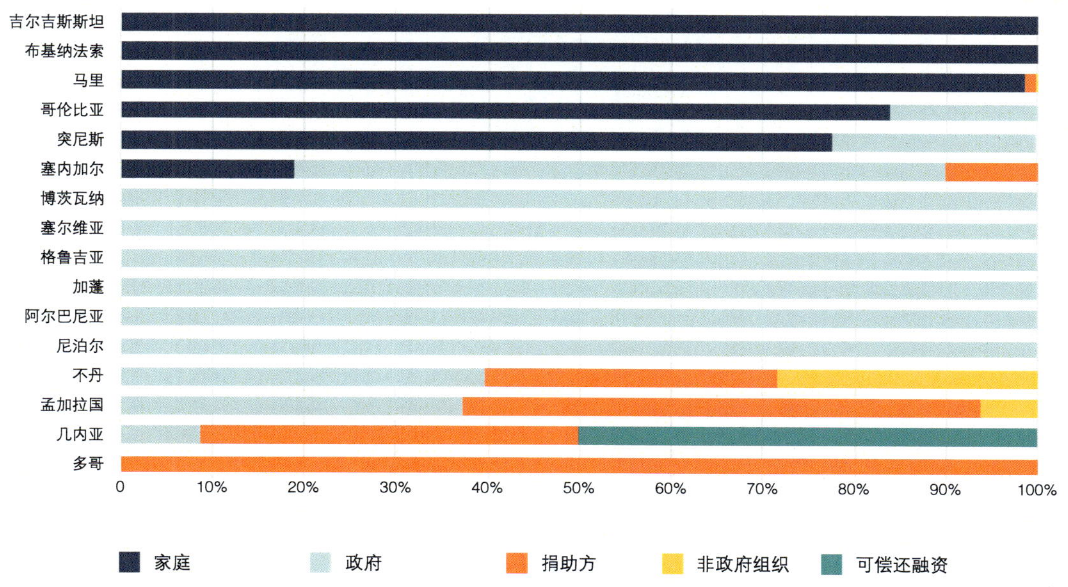

资料来源：世界卫生组织（2020e，图 5，第 12 页）。

可以决定项目的整体收益。正是在这种背景下，本章要讨论评估水利部门投资的方法、融资和基础设施融资的挑战和重要性，以其所提供最大化利益的方法。

10.2 基础设施投资和融资决策评估

不同类型的水利基础设施有着不同的经济和财政收益概况。由于基础设施类型的多样性，将其普遍化有一定困难。一些水利基础设施主要产出的是私人经济收益（例如饮水和灌溉服务），而一些基础设施主要产出的则是公共经济收益（例如防洪、雨水排放）。多用途水坝等的基础设施，可以同时提供两种收益。还有一些基础设施在一定条件下，同样可以提供共有财产以及社团经济财产。一些水利基础设施也会有更多机会通过收取使用费来产生现金流（即更高的财务收益），而其他水利基础设施则主要基于其经济基础（通过税收及其他来源提供资金）。若能理解这些不同的经济收益及财务收益，对确定整个项目生命周期（规划、评估、实施、运行、维护和更换）的筹资机制非常重要。然而，所有水利基础设施都需要进行财务和经济成本—效益分析，以便确定在与其他领域的其他潜在投资相比之下，将稀缺的资金资源用于该基础设施是否最为合适。与水利服务相关的基础设施（例如供水、废水、灌溉、水电）可以从政府和商业来源获得更广泛的融资模式。

通过成本—效益分析来比较项目的成本和收益，以确定该项目在经济上是否可行且值得。鉴于政府和捐助机构预算的缺乏，将资金用于资助那些能带来最大净收益的项目至关重要。理想的分析结果是在其成本方面同时涵盖资本支出（CAPEX；即建设基础设施的前期成本）和运营支出（OPEX；即项目的持续运行及维护成本）。例如，水处理厂的资本支出即是工厂本身设计和建造的成本。而运营支出则是支付工资和材料的成本，以此来运营和维护工厂的整个使用期。理论上的其他成本包括社会成本（如对人类健康的影响），以及环境成本（如土地的使用 / 劣化，或不可再生的地下水枯竭）。评估这些成本的技术与评估社会及环境效益的技术相类似，下文中将会对其进行讨论。

与项目成本相同，许多水资源投资也会带来经济、社会及环境效益。例如，扩大供水和公共卫生基础设施将会降低家庭取水的成本（经济）；减少腹泻等疾病或带来总体健康效益（社会）；减少取水所需时间（社会）；减少营养源流出和细菌污染，改善水质（环境）。但将这些类型的好处汇总起来可能很困难，因为要想把它们全部转换成货币量并不容易。然而，经济学家有工具能将这些收益货币化（参见框注 10.1）。在无法将收益货币化的情况下，可以使用其他评估工具，如成本效益分析，可以将成本与非金钱产出（如挽救的生命、服务的人，或所达成的环境指标）进行比较。

确定一个项目经济效益的关键因素，就是将其与该项目未进行时的情况进行比较。例如，将居民与自来水公司相连供水系统扩大，大大降低了取水的成本。但水是人类的一项基本需求，如果没有供水渠道，居民将不得不寻找其他的取水方式。此外，要为居民提供更优质的水源，可能还有其他成本更低的选择，比如使用社区水龙头。因此应将拟议投资的成本和收益与现状以及这些备选项目进行比较，确定真正的投资净收益。通过这个过程，人们便可以确定拟议的投资是否真的是对稀缺资金的最佳利用，或者是否存在其他可行的替代方案。

框注 10.1　将水项目的非货币成本和收益货币化的工具

环境经济学领域提供了几种不同的方法来评估非货币收益。最常见的方法包括：

条件评估法：这种方法需要直接去了解人们对某个商品或服务的支付意愿（WTP），或是他们对放弃某个商品或服务的接受意愿（WTA）。例如，建设污水处理厂可以改善附近河流的水质。或许这不会给附近的居民带来经济上的好处，但会给他们提供更多的消遣机会，并改善附近的环境质量，进而改善周围环境。通过收集居民们对水质改善的支付意愿，评估者可以了解他们对河流清洁的重视程度，并能在评估污废水处理厂所提供的收益时将其考虑在内（Alberini 和 Cooper，2000）。

特征价格：这种方法通常需要将收益转化成住房或房地产价格中的收益来衡量。特征价格模型会对不同因素如何影响房价进行预估。若对上述例子加以利用，当污水处理厂的建设改善了附近的河流水质时，该模型就能对房价如何变化进行预估。为此，该模型会将水质较差地区的住宅价格与水质较好地区的相似住宅价格进行比较，并同时控制住其他的混杂因素。房价或租金的差异便是公众对水质改善的重视程度。

旅行成本法：旅行成本法的基本假设是，如果一个个体愿意支付访问休闲场地所需的费用，那么，他们对该场地的重视程度至少应该与他们为访问该场地所支付的费用相当。而这种方法的基础是，增加旅行成本所带来的影响被认为与提高入场价格相同。由于许多自然区域的入场价格很低或是没有，这种方法便会将旅行成本作为替代来预估消费者的盈余（Bolt 等，2005）。倘若一个个体愿意花更多的钱去水质更加干净的湖泊或河流旅行，其旅行成本的差异便可以作为该个体对水质改善的重视程度的下限。

更多详情见第 1 章和第 2 章。

10.3 水资源的稀缺性分析

为了在规划和设计基础设施项目时能够正确评估水的价值，经济分析时要考虑到项目所产生的所有外部效应至关重要。外部效应是指一项活动对其他各方所产生的积极或消极作用。例如，一个旨在向新居民扩大供水管网的项目，就会产生显著的外部效应。有些是积极的，如减少传染病传播从而提高社区的健康收益；有些则可能是负面的，例如，水是由不可再生的地下水提供的。若要将水的价值纳入经济分析，从而对水资源损耗进行说明，合适的方法是通过利用水的影子价格。[1] 通过计算稀缺水资源的影子价格，经济分析能够使该项目更广泛的经济和生态影响内在化，并得出更好的决策。简而言之，当水资源非常稀缺且有许多竞争性用途时，它的影子价格也会随之提高，并将对水资源投资的预估净收益造成影响。

要想确定水资源的影子价格并非易事，需要大量的信息和假设。计算水的影子价格的标准方法是通过一种优化控制技术，目标是使一系列收益随着时间的推移最大化。由于这需要以一种经济上可信且严格的方法进行，因此需要大量关于未来用水的信息。为计算水的影子价格，人们必须了解（或作出假设）未来所有关于经济状况的信息，如人口规模、产业构成、国内外市场，以及未来的水文状况。更复杂的是，水的影子价格会因地而异，因为从一个流域到另一个流域，水的可用性和质量都可能会有很大波动，因此必须对每个潜在投资项目分别进行预估。

由于水的影子价格难以得出，它便经常被排除在水资源投资的经济分析之外；但仍然有些不那么严格的解决方案。其中一种技术是重置成本法（框注 1.4）。利用此方法，人们要预估需要通过减少其他领域的用水来替代现用水的经济成本；或是从当前水源切换至另一个水源的经济成本，如跨流域调水或脱盐。这两种方法，

框注 10.2　使用重置成本法解决孟加拉国达卡地下水位下降的问题

达卡市的工业用水和市政用水严重依赖地下水。由于过度开采，其地下水位正在急剧下降，一些地区每年下降 2 米。造成这种情况的主要原因是快速的工业化和城市化、糟糕的规划，以及缺乏能表明水资源日益短缺的关税。理想状态下，地下水的价值可以用最优控制法来预估，其影子价格也可以被用来对关税结构或新型投资 / 政策进行重新设计。然而，由于上述种种原因，这是不切实际的。

在 2030 水资源小组的 Gulland 等委托进行的一项分析中（2020），采用了重置成本法对地下水位下降所造成的成本进行了评估。他们还为此考察了纺织业，这是一个对国家经济至关重要的行业，也是个极其耗水的行业。他们预估了改用地表水和雨水收集这两种替代水源所增加的成本，以及通过提高水资源利用效率来减少用水需求的成本。研究结果表明，在可利用地表水替代地下水的条件下，可利用地下水总价值占纺织工业年净利润的 5%～46%；相当于每年使用 1,700 万立方米水，花费 1.08 亿～9.64 亿孟加拉塔卡（120 万～1,130 万美元）。这些信息可以用来得出水的影子价格，并帮助达卡市就其用水策略做出更好的决策。

---

[1] 影子价格：当市场价格在某种程度上不足以衡量经济价值时，它是一种在经济分析中所使用的价值（Young，1996）。

都对特定水源更广泛的经济价值做出预估（框注 10.2）。然而必须特别注意的是，重置成本法并不是最优控制问题的完美替代方法，因为它并不会将所有重大外部效应考虑在内。因此，其结果可能高于或低于真实影子价格的净现值。

10.4 水利基础设施投资的财务可行性

上述讨论都围绕着水行业投资的经济可行性；但供水、卫生、灌溉、防洪和水处理等服务仍有必须支付的财务费用。在对是否要对水行业投资进行评估时，必须考虑清楚是否以及如何来投资。这是评估分析的一个关键组成部分，因为如果一个项目没有融资手段，那么当运营和维护都没有资金支持，且资本成本无力偿还时，服务最终就会中断（联合国儿童基金会 / 世界卫生组织，2021）。同理，资金类型的演变会对投资本身的净收益，以及获益的对象造成影响，本节将对此展开讨论。在供水、卫生和灌溉服务方面，这尤其是个挑战，因为这些服务所能提供的都是私人财产（其与防洪和污水处理等大部分公共财产不同）。因此本节的重点就是供水和公共卫生领域。

对于供水、公共卫生或灌溉服务的投资来说，要想设计出相称的费率结构是一项挑战，因为其中需要考虑多种经常相互矛盾的政策目标。水既是一项基本人权，也是一项重要的经济投入，也是一种可再生（但可耗尽）的资源，从其源头到开发都需要大量投资。若要重视水资源和服务的整体价值，并最大限度地提高这些服务的收益，则需要对环境可持续性、公平性、成本回收及经济效率等往往相互矛盾的目标进行智慧管理。在提供这些服务的同时，还必须注意确保穷人的负担能力，将服务最广泛地扩展到每个个体，并为确保可靠性和供水管网改进提供资金。必须精心设计水费（即价格），以尽可能多地实现这些目标。此外，在费率设计中还需要考虑其他问题，其中包括气候变化、公众可接受性、简洁性以及透明度（框注 10.3）。

但若要同时将所有这些不同目标都适当考虑到，费率结构是很难确定的。例如，要想增加获得水利服务的机会，就需要使水费有所降低。但这将会导致浪费、无法维持的取水以及低效率的用水产生。同时也将导致水利服务资金不足，从而降低质量并限制其扩大服务范围。此外，虽然更高的价格可能会减少浪费并提高效率，但会限制其获取机会，并向富人靠拢。在某些情况下，即使是一个目标也会需要多种政策来干预。经验表明，激励农民改变其灌溉方式所需要的不仅仅是价格激励，还可能需要结合其他的干预措施，如推广服务、水权分配、教育，以及改善进入市场的机会（Frija 等，2012；Levidow 等，2014）。

虽说改变定价是减少浪费的有效手段，但大多数地区现行水价都过于低廉，因而无法打消民众过度使用的念头。最近美国在几项研究中使用统计方法，来证明水市场和定价如何能够提高用水效率，并带来显著经济收益的（Debaere 和 Li，2020；Hagerty，2019）。目前已有更多文献对城市用水需求对其价格的响应性作出了分析（参见 Arbués 等，2003；Dalhuisen 等，2003；Espey 等，1997；Nauges 和 Whittington，2010；Worthington 和 Hoffman，2008）。总体发现，对自来水的需求是缺乏价格弹性的（即价格的变化不会对其造成明显的反应），而且居民的用水量会随其收入的增加而略有增加。这对需求管理有着重要的影响，若要劝说用户减少用水，就需要将有影响力的价格进行大幅提高。如上所述，如果因过度使用而使水资源变得稀缺，其影子价格便会变高，从而使得管网扩大的净收益有所减少。

框注 10.3　为确保法国水费负担能力的创新机制

经济合作与发展组织（OECD，2020）在一项研究中发现，2011—2015年间，法国收入最低的家庭平均用水支出仅占总支出的1.17%。相比之下。帮助那些无力支付的人比降低所有人的关税更可取（世界水评估计划，2015），当地的私营供水商创新了以下机制，确保供水及公共卫生设施的可获得和可负担得起，并使设施更加符合人权：

·1995年，公共和私人机构共同创建了“多服务点信息”（PIMMS），涉及法国以及几个城市（法国国民会议，2016）。到2020年，整个区域内已经有67处“多服务点信息”在运行，预估有100万人可以得到援助，其中包括供水和卫生部分。[1]

·2000年，私营水务运营商联合会（FP2E）在住房团结基金（FSL）的框架内率先提出了欲消除经济困难家庭未付账单的想法（法兰西共和国，2015，第L115-3条）。目前这项措施已覆盖了全法国面积的75%（Da Costa等，2015）。

·2010年，法国私人经营商创造了“水券”，以减轻最贫困家庭的压力，并做到每年能惠及2万户家庭（BIPE-BDO/私营水务运营商联合会，2019）。

·最后，有几个城市对社会关税进行了测试，其中也涉及了私营水务运营商联合会的成员。在正收益的基础上（法国国家水委员会，2019），法国于2019年通过了一项法律，允许其在全国范围内进行推广（法兰西共和国，2019）。

资料来源：由国际私人水务运营商联合会提供。

[1] 如需了解更多信息，请访问www.pimms.org/。

人们普遍认为，提高分段税率（IBT）是平衡获取/负担能力与资金需求和可持续性的解决方案，特别是在国内和工业系统方面。有了分段税率，起初较低的费率会随着使用量的增加而提升，因此第1立方米的水就会比第100立方米的水要便宜很多。而分段税率的普及是基于一种假设，即穷人的耗水量要比富人更少。因此，通过降低低消费阶层的价格，可以使得穷人更能负担得起这些服务。所以耗水量大的人便能在暗中对耗水量小的用水进行资助。此外，如果用水量大的分段税率的成本高到足以对水的过度使用有所限制，便可以抑制消费。

到目前为止，分段税率已经成为世界上最受欢迎的水费形式。尽管没有完整的数据库来确定全球正在使用的各种关税结构，但可以将若干个综合来源用作信息的来源：国际供水与污水处理绩效管理网络（IBNet）关税数据库，以及国际水务情报局（GWI）所进行的公用事业调查。[1]综上，这些来源表明，这些数据库中所覆盖的全球公用事业公司中约有一半在使用分段税率（图10.2），尤其在拉丁美洲和加勒比（占公用事业的70%）、中东和北非（74%）、东亚和太平洋（78%）被广泛普及。统一容量关税是第二种最常见的水费，许多发达国家（44%）都有在使用。它也是欧洲及中亚地区（85%）的主要做法（国际供水与污水处理绩效管理网

[1] 国际水务情报局所进行的年度关税调查中并未包含有全球中特定地区或特定国家公用事业公司的代表性样本。而国际供水与污水处理绩效管理网络关税数据库也不具备代表性，但它规模更大，且更关注于发展中国家。

图 10.2
按公用事业及按地区实行的关税结构概要

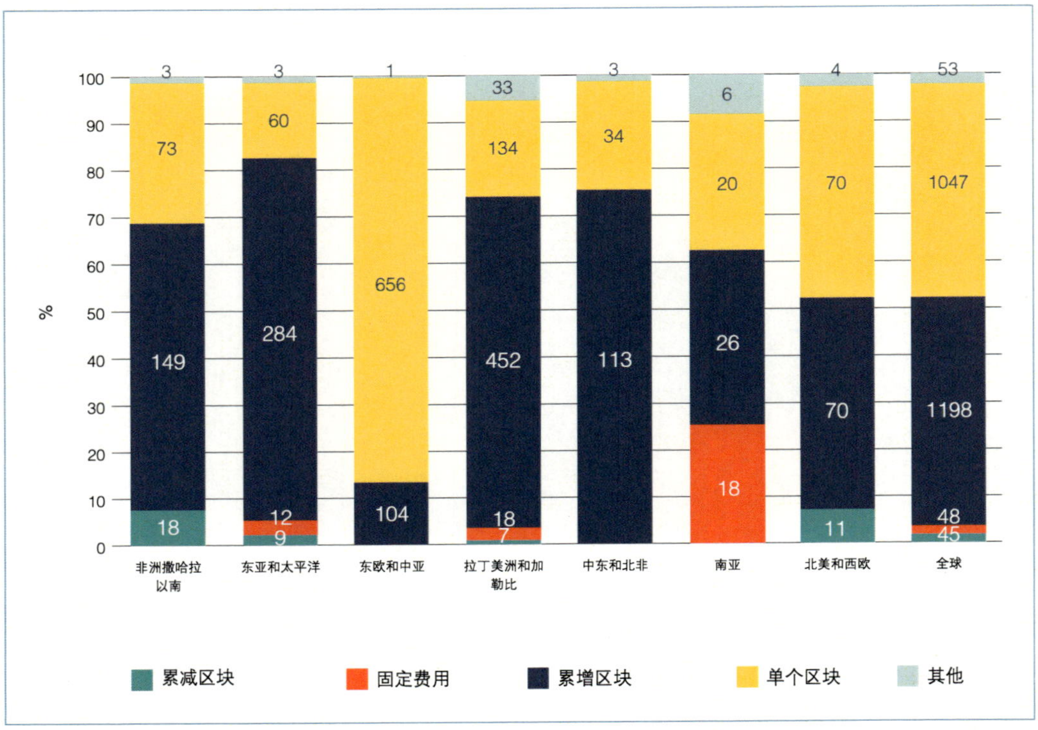

资料来源：基于国际供水与污水处理绩效管理网络关税数据库数据（2018）。北美和西欧地区的数据来自国际水务情报局（GWI）。

络关税数据库，2018）。而分段税率的另一种相对形式就是累减分段率费（DBT），即以较低的率费向较高的消耗量收费。北美、西欧和非洲部分地区约 7% 的公用事业公司采用这一方法。这样的关税结构既不会激励人们节约用水，似乎也没有达到任何假定的公平性目标。

尽管分段税率有着很高的普及度并带来明显的收益，但它并不是管理和评估水资源的灵丹妙药。此前的研究发现，如果分段税率的目标是资助低收入家庭或限制水资源的过度使用，那么它就不是一个有效的关税设计产物（Foster 等，2000；Walker 等，2000；Banerjee 等，2010；Angel-Urdinola 和 Wodon，2012；Barde 和 Lehmann，2014；Whittington 等，2015）。人们也的确发现分段税率的使用结果相当令人失望。为解释这一点，本章节确定了至少五个因素：

1. 排除性引发的错误：分段税率需要为连接到管网的用户支付水费。但特别是在低收入国家，最贫穷的家庭中并没有连接供水。他们便因此丢失了获得“生命线”（即最便宜的）水费的资格，并错过了分段税率的固有补贴。

2. 共享供水：一些较贫穷的家庭更倾向于共享供水，因为他们的多个家庭可能都住在同一个住宅中，或者是可能共用同一个水龙头。因此，分段税率便引出了一种反常的效果，更多的家庭共享主用户的供水，而更多的水就会通过主供水计费，这些水也因此会以分段税率中较高区段的价格出售。结果就会导致穷人最终需要支付更高额的水费。

3. 收入对水的需求弹性较低：分段税率是以假设家庭用水量和收入之间关联密切为基础的，这样用水量较少的贫困家庭就会落在较低的区段，而用水量较多的富裕家庭就会处于较高的区段。然而事实证明用水量和收入之间的关联性其实很低。因此，任何通过较低区段发放的补贴都不存在针对性。

4. 较低的平均成本：在世界范围内，特别是在发展中国家，分段税率中所有区段的体积价格都非常低，且要低于总平均交付成本。若采用分段税率，所有水资源的定价都将低于总平均成本，意味着客户不会收到关于水资源稀缺性价值[1]的经济信号，也不会收到关于增加用水对公用事业公司造成边际成本的信号（框注10.4）。

5. 客户需响应的是平均价格而非边际价格：为使分段税率达成减少用水的目标，客户必须对边际价格作出响应，而并非平均价格。这是因为边际价格（即下一单位耗水量的价格）是分段税率的目标价格。几乎没有实验证据能够证明，各家庭能对边际价格作出响应。而让家庭对平均价格（即总账单）作出响应似乎更合理一些，因为许多分段税率的关税结构复杂且难以理解，而且大多数低收入和中等收入国家的关税都很低。

10.5 供水、公共卫生设施和个人卫生服务补贴

供水、公共卫生设施和个人卫生服务领域的补贴遍布世界各地，几乎存在于所有区域、收入群体及环境中。最近世界银行的一项研究发现，只有 35% 的公用事业公司可以通过关税所产生的收入来支付运维成本，只有 14% 可以支付与提供服务相关的所有经济成本（Andres 等，2019）。而能够支付原始资本成本的公用事业公司几乎没有，因为这种成本通常与运维成本持平或更高［例如在英国，资本成本平均要占公司总成本的 49%（Kingdom 等，2018）］。而剩下的费用要么由显性（比如直接向水务公司转让现金）或隐性（通过贴现投入，比如抽水所需能源以及水净化）的补贴来支付，要么就是通过推迟维修，以及允许服务崩溃来“解决”。

从经济、社会和道德的角度看，为供水、公共卫生设施和个人卫生服务提供大量补贴是合理的；但它们往往目标不明确，从而导致不良结果。如上所述，水是一种价值商品，也是一项公开的人权。因此确保所有人都能获得服务是至关重要的，而补贴则是实现这一目标的重要手段。然而正如 Andres 等（2019）所发现的，供水、公共卫生设施和个人卫生服务领域 56% 以上的补贴能够惠及最富有人口的 1/5，而最贫穷人口的 1/5 仅拥有 6% 的补贴。这主要由两个因素造成。第一，补贴倾向于注重管网服务，而较贫穷的社区内通常并没有任何管网服务。第二，有许多家庭有着接入管网的潜力，但他们并没有这么做，因其负担不起连接费用或水量费用。因此，接受补贴的家庭主要都是较富裕的家庭，他们因此获得了大部分的补贴。

大规模、无目标的供水、公共卫生设施和个人卫生服务补贴可能会降低水利服务收益，从而降低其投资的价值评估，并因此产生相反的效果

大规模、无目标的供水、公共卫生设施和个人卫生服务补贴可能会降低水利服务收益，从而降低其投资的价值评估，并因此产生相反的效果。事实上，在那些自来水被认为非常廉价或免费的国家，穷人往往完全得不到或得不到足够的服务，从而需要被迫支付比富人高得多的水价（世界银行，2016a）。这是因为大量补贴会使得公用事业公司更加受制于提供补贴的人（通常是地方或国家政府），而不是客户本身。供水系统往往与政治联系密切相关，而穷人不得不依赖像水车这样的非正规手段，这要比正规管道系统的水贵很多。此外，当资金依赖于补贴时，若政府预算变得紧张或优先级发生改变时，未来的资金就会变得不确定，从而使得经济价值评估的不确定性有所提升。

要解决这些意想不到的结果，就需要改变融资方式。相比于降低单位成本，应该通过为低收入社区的投资提供资金来发放补贴，并使贫困家庭更能负担得起供水管网的接入。此外，与根据用水量提供补贴的分段税率不同，可以通过经济状况调

[1] 稀缺性价值是一种经济因素，它对由于人为供应不足而导致的物品相对价格上涨进行了描述。

框注 10.4　南非的“零水日”事件和稀缺信号

2017 年和 2018 年，开普敦在“零水日”临近之际所做的一切努力都表明水的重要性。据统计，这一天整座城市的供水都将告罄。随着“零水日”的临近，开普敦的自来水公司面临着复杂的“分段税率”，它未能向客户发出明确的价格信号，表明“零水日”即将到来，每个人都需要节约用水。即使当时的预测表明距离“零水日”只剩几个月的时间，但开普敦的大多数客户收到的价格信号仍然是水是便宜且充足的，并且平均水费远低于增加供水的成本（Booysen 等，2019）。

所吸取的教训不只适用于开普敦。随着城市化和富裕程度的提高，世界上的任何地方对水的需求都会增加，而供水成本则会随着低廉选项的枯竭而逐步上升。倘若价格信号不能传达水稀缺的价值，就会人为地增加对水的需求，并造成依赖，从而增加面对干旱的脆弱性。

查等行政选项，或是家庭位置等可观察因素来确定需要补贴的目标家庭。这将更好地确保补贴惠及穷人，并确保公用事业公司对其客户负有责任。

10.6 结论

总而言之，对水行业的投资需求很多，而公共资金却很少。若要在投资决策中将水的价值最大化，就需要对项目所提供的成本及收益进行仔细评估。需要考虑包括经济、社会或环境方面在内的所有收益。这些投资有着许多意想不到的结果，无论它们是消极还是积极的，都必须加以考虑。只有这样，我们才能优先考虑到那些能给大多数人带来最大收益的项目。

第 11 章

知识、研究与能力建设作为实现条件

荷兰国际水利环境工程学院
Yong Jiang

世界水评估计划
David Coates 和 Richard Connor

撰稿人：
Juliane Schillinger 和 Waqar Ahmed Pahore（世界青年水问题议会），Graham Jewitt 和 Marloes Mul（荷兰国际水制环境工程学院），David Hebart-Coleman（斯德哥尔摩国际水资源研究所），Marianne Kjellén（联合国开发计划署），Angelos Findikakis（国际水利与环境工程学会），Christophe Cudennec（国际水及科学协会），以及 Lesha Witmer（WfWP）

11.1 简介

“水数据”是关于水利用、可用性和可及性的物理、环境、生态、社会、经济、文化和政治等参数（Laituri 和 Sternlieb，2014）。“数据”是指“收集起来供参考或分析的事实及统计数字”，而“信息”则是一个更加宽泛的概念，包含了“提供的或了解到的关于某物或某人和 / 或通过事物的特定排列或顺序来传达或表示的事实”（牛津英语词典）。数据总是离散且可计算的，而信息可以更为宽泛，包含有量化的、定性的或无法测量的知识。在经过评估或在上下文中被提出之前，数据并不是有用的信息。通常情况下，相同的数据能用来表示不同的知识，就像统计数据能有多种不同的解释一样。这一点在《联合国世界水发展报告》的许多地方显而易见，不同的利益相关者会使用相同的数据来对不同的信息或价值解释描述，他们会将相同的数据放在不同的背景下，并 / 或采用不同的假设和方法来解释它们。此外，价值评估的一个关键因素是，一些利益相关者还能故意排除数据，以此来强化他们的理由。这就意味着虽然数据本身很重要，但它们用于构建信息的方式同样很重要。

而一些信仰体系里是没有数据或知识的，他们依靠的是信仰、宗教或文化理念来评估水的价值。例如，顺势疗法是基于“水是有记忆的”这一科学上毫无根据的信仰（Baran 等，2014）。然而，正如数以百万的“信徒”所解释的那样，这些信仰最终都会影响到价值判断，无视科学认定的所有数据及知识。例如第 2 章所指出的，一些基于文化或信仰的价值观念能够压倒任何基于科学和数据的价值评估。

《联合国世界水发展报告》系列不断强调支持水的可持续管理，数据和信息的不足。本章探讨了数据和信息为支持和促进更广泛评估水资源价值的有利条件，这符合贝拉吉奥原则（参见第 1 章）。重点是需要改进关于评估水的多重效益的数据和知识。但是，正如前面所有章节所提出的，目前存在的价值评估方法以及不同的价值和信仰体系，造成了对其相对重要性存在着各种各样的价值和观点。

11.2 知识建立与共享

11.2.1 评估数据、获取和使用

作为知识建立与共享的核心组成部分，与水相关的数据和信息对于了解和评估资源，包括关系到人类及环境的需求，以及支持决策都至关重要。除非有关于水资源位置、水质、水量以及随时间变化的数据和资料，否则不能对水资源的许多方面加以评估或管理（Stewart，2015）。但是，水文方面的数据及信息本身并不能反映水带来的利益的价值。因此，需要与水的社会、经济和环境方面需求和用途相关的数据和资料，以全面了解水所产生的潜在价值。水文是由气候和天气所驱动的，很难得到准确预测。尽管几十年来从水文网络收集的数据提供了观察水循环的动力（Tetzlaff 等，2017），作为水文建模和其他目的的基础（框注 11.1），但是缺乏水资源管理数据和信息仍然是一个挑战（Alida 等，2018）。而气候变化就意味着，以前的水文记录将不再能对未来的情况进行准确预测。

由于与人口增长、城市化进程和经济发展相关的全球变化，今后对水文数据的需求和评估可能会进一步扩大。气候的变化会增加对水的需求和竞争，同时也会使水资源的时间与空间分布变得更加多变并难以预测，进而对供水的可靠性造成威胁（政府间气候变化专门委员会，2018）。为应对这些挑战，需要改善适应性的水资

框注 11.1 水文数据的使用和价值

为满足社会需求，水文数据已被广泛用于支撑水资源管理。应用案例包括：（1）多用途水资源管理系统的规划、设计、运行和维护；（2）保护生命和财产的洪水预报和警报的准备和分发；（3）溢洪道、公路、桥梁、涵洞的设计；（4）洪泛区的绘制；（5）环境或生态流量的确定及监测；（6）水权和跨界水问题的管理；（7）教育与研究；（8）保护水质，调节污染物的排放（Stewart，2015；Hester 等，2006）。有一篇关于评估水文监测项目投资回报的经济研究文献综述，其中发现，若在公共供水情数据系统上投资 1 美元，便会产生中位数 4 美元的社会效益（Gardner 等，2017），这突出了水文数据的社会经济和管理价值。

源管理。相反，也会要求水文数据具备更高的密度，更长时间内、更好的连续性和更好的可用性，以对不断变化的水文状况及其对生物物理、社会、经济和环境状况的影响作出解释（Cho 等，2017）。

尽管水文数据有着巨大的社会价值，但在全球范围内依然缺乏包括地下水在内的水文数据。尽管对水的竞争日益加剧、预计的气候变化影响进一步扩大了对水文数据的需求和价值，但公开报告的数据水平远远低于已经建立的监测站覆盖的基准。在可获取的全球最广泛、最全面的三个公共水资源数据库所报告的数据显示，差距日益扩大，非洲、亚洲和南美洲的发展中国家尤其落后（Cho 等，2017）（表 11.1）。世界各地的现场监测系统也出现了整体下降趋势，包括雨量站（Stokstad，1999；Sun 等，2018）、水质监测系统（Zhulidov 等，2000）以及河道流量传感器（Fekete 等，2012）数量减少。最后，尽管可持续发展目标 6.5 促进了水资源综合管理的跨界合作，但目前还没有单一的全球水文监测系统，而是由各自的所有者为特定用途和不同空间尺度所设计和运营的网络，涵盖参数不同、数据类型不同（Cho 等，2017）。

表 11.1
实际报告与建议覆盖范围之间的水文数据差距说明

水情数据	来源	站点报告	国家报告	差距报告*
流量	全球径流数据中心（GRDC）	到 2010 年，站点数量比 1979 年峰值下降了 40%	从 1979 年的 142 个国家下降到 2010 年的不足 40 个国家	目前全球数据库的差距为 30,938 至 52,057
降雨量	美国国家海洋和大气管理局（NOAA）	到 2010 年，站点数量比 20 世纪 80 年代早期峰值下降了 31%	自 19 世纪中期以来，有超过 180 个国家做了报告	目前汇总数据库的差距为 6,416 至 14,773
水质	全球环境监测系统（GEMS）	到 2010 年，站点数量比 1993 年峰值下降了 41%	自 1965 年以来，共有 83 个国家提交了报告，但在 2010 年之后只有 16 个国家	未按参数计算为无目标

* 差距报告定义为，世界气象组织所推荐的站点数量，减去 2010 年以来特定数据库中所报告的站点数量。

资料来源：改编自 Cho 等人（2017，表 3，第 8 页）。转载经 Xylem Inc. 许可。

当涉及与水相关的社会经济及环境数据时，情况会变得更糟。这些对揭示水的不同价值，以及对有关规划、政策及管理决策的推动或影响至关重要。与水的社会使用及需求相关的数据，包括与环境用水需求和制约因素，及其相对价值相关的数据，仍然很分散、零碎或根本无法获得。例如，关于供水、公共卫生设施和个人卫生服务或水资源管理等专题按性别分列的数据过少，即使有这些数据，由于使用方法和较高的合计水平，也非常有限或是未被记录（第 4 章）。而按性别和年龄分列的参与水资源管理及决策的数据也有所不足。导致尽管性别敏感的分析结果对政策的制定至关重要，但几乎从未实时进行过。联合国教科文组织世界水评估计划性别专责小组[1]所开发的按性别分列的水情数据工具包，以及在国际水域学习交流和资源网络（IW：LEARN）[2]框架下所开发的现有政策和工具清单，都可以在这方面提供宝贵的援助。当涉及解决方案时，相比于男性，女性会倾向于不同的偏好，更倾于多加考虑环境因素等（经济合作与发展组织，2014）。

与水的各种用途的经济价值相关的数据和资料的汇编、储存和传播也需要更加标准化。特别是社会、文化和其他内在价值很难做到标准化。若要维持数据供应链的收集、分析、共享和应用，需要进一步努力和投资，以支持跨领域和跨规模的管理需求。

若要维持数据供应链的收集、分析、共享和应用，需要进一步的努力和投资，以支持跨领域和跨规模的管理需求

11.2.2 知识和数据共享工具

随着地球观测以及信息和通信技术（ICT）的现代发展，收集和共享水资源数据的来源和工具在不断拓展。与水相关的数据和信息有七个主要来源（表 11.2）。其中包括了通过政府直接运作的监测网络进行的监测、模型估计及行政征收等措施（例如许可等监管数据或普查数据）（气象局，2017）。与水相关的数据和信息也可以通过其他来源产生，如地球观测、传感器网络以及公民数据，包括社交媒体上的数据。地球观测的开发已取得了进展，包括立体卫星、无人飞行器及智能手机技术所提供的大量感知机会，使得新的测量手段成为可能，如风暴发展、洪水传播和降水监测的实时高清视频等（McCabe 等，2017）。这些扩展数据来源能够相互补充，增加了管理决策的知识基础（例如 Hadj-Hammou 等，2017），并改进了用于理解水的价值的数据和信息（表 11.2）。

---

1 可访问此网站以获取 2019 版联合国教科文组织世界水评估计划按性别分列的水情数据工具包：www.unesco.org/new/en/natural-sciences/environment/water/wwap/water-and-gender.

2 有关 IW：LEARN 的性别子组件的更多信息，请访问 www.iwlearn.net/gender.

表 11.2 涉水数据来源的对比

数据来源	机制	特征
直接正规测量	在监测网中使用气象、水文及其他测量仪器进行测量，通常需要采用科学设计的采样方案及策略	• 主要涵盖了水的物理、化学及生物参数 • 通常会产生最准确且可靠的数据 • 是水情数据战略的重要组成部分 • 最为昂贵（在仪器、安装及实验室分析方面） • 由于预算限制，监测网络的规模和密度有限，抽样方案的强度及寿命也有限 • 水情数据在空间和时间上的覆盖范围有限
模型估计	可用直接测量的监测数据进行验证和校准的水文 / 生物物理模型估计值	• 当直接测量不充分、无法负担或有问题时使用 • 填补监测网络空间覆盖的空白 • 填补连续数据记录中的空白 • 提供对未来状况的假定 / 预测 • 结合大量的复杂信息以进行理解 / 作出决策 • 需要模型设计、开发、编程工具及数据输入 • 基于对相似状况以及真实世界观察的假设
行政征收	管理机构作为业务流程的一部分，所捕获的管理维护记录、文档、信息及报告数据，或统计机构和研究人员对家庭及企业的调查数据	• 用于不能进行直接测量或模型估计的数据类型 • 通常包括社会经济以及与管理相关的水情数据，如基础设施清单、取水许可等 • 用于开发和评价水资源管理战略及政策的重要背景信息
地球观测	从安装在卫星、飞机及无人机上的无源（例如辐射计和光谱仪）或有源（例如雷达和激光雷达）遥感仪器 / 传感器的图像进行的推断	• 主要涵盖了土壤水分、降雨量、蒸发量、温度及环境状况等物理水分参数 • 需要使用直接测量方法进行仔细校准 • 为空间范围连续的广泛区域提供低成本测量机会 • 提供暂时规则的数据 • 由于距离地球较远，空间分辨率相对粗糙 • 需要大规模信息技术基础设施来对大型数据集以及处理复杂的图像处理任务，以使数据适合使用
空间数据基础设施	空间数据、元数据、工具及用户社区交互相连的框架，允许空间数据被有效且灵活地使用（例如国家水文数据集、流域边界数据集、国家高程数据集）	• 规模大、成本高、且相互作用量多 • 需要明确的标准以及行动者之间的协调来保证正常运作
商业 / 业务数据	由私营公司出于个人业务目的而管理和维护的数据（例如会计 / 财务数据，移动电话记录）	• 私人拥有，且公共访问权限较少或受限 • 散布式、分布式的
公民产出数据	由公民、社交媒体或大众外包被动地或有目的地产出的数据	• 局部现场观测 • 与人类关系密切，感知型观测 • 成本相对较低 • 为公众参与、学习和提升意识提供机会

资料来源：基于 Fritz 等人（2019）及气象局（2017）信息。

这些丰富的数据流需要转换成与价值相关的信息产品和工具，为政策及管理提供信息。重要方面包括：（1）数据提供者和用户之间协调并沟通，确保创建的数据和工具有用，避免数据需求与其可用性不相配；（2）解锁私人数据，促进利益相关者之间数据共享的策略或方法；（3）允许数据聚合和集成的公共标准（Grossman 等，2015）。运作良好的水观测网络产生符合目标的数据及信息，并与所有利益相关方共享这些数据和信息，对于最大限度减少不确定性和为水资源管理提供信息至关重要（世界气象组织，2009）。

世界自然基金会编制了一个数据库，列出了过去 15 年间与水及环境风险、影响和价值相关的工具、流程和方法（世界自然基金会，2019b）。该数据库可以比较不同利益相关方在实践中采用的各种广义的水价值评估方法，或者对不同受众和管理需求的不同产出和可及性水平的方法。

一些标准和协议，如《国际水资源管理标准》（水资源管理联盟，2019）和《水电可持续性评估规范》（水电可持续性评估协议，2018），正越来越多地纳入利益攸关方参与和社会包容的标准和评估，包括土著人民的权利和妇女的参与，以及生态系统的保护。

11.3 本土知识

促进水资源价值的包容和变革，除主流、传统科学或学术知识外，对本土知识的独特作用加以承认有着非常重要的战略意义。本土知识指的是社会在与自然环境长期互动的历史中所形成的认识、技能和哲学，这些都为日常生活的基础决策提供了信息（联合国教科文组织，未注明日期）。为社区生存以及在当地环境、地理和文化背景下的繁荣提供了必要的社会文化信息，同时促进了社区内的沟通和决策（Tharakan，2015）。直到近期，水资源管理和政策还没有适当地将反映和承载当地水资源价值的本土知识纳入其中，尽管它与可持续性相关联（例如 Escott 等，2015）。若将本土知识和主流科学联系起来，便可以为新的合作方式创造空间，以便对水资源进行评估和管理（框注 11.2）。科学研究已经确定、展示或证明本土知识在各种与水相关的环境及应用中的独特价值，其中包括如适应气候变化（Makondo 和 Thomas，2018；Son 等，2019）、沿海韧性增强（Chowdhooree，2019）、水域及河流管理（Parsons 等，2019；Borthakur 和 Singh，2020）、环境管理（Boiral 等，2020）和灾害风险降低（Cuaton 和 Su，

框注 11.2　伟大的独木舟之旅

本土知识能够提高人们对水价值观念的认识。由加拿大组织“Waterlution”所开发的一款学习工具“伟大的独木舟之旅”就是一个例子。该项目将文化和水教育相结合，并将目标人群定为 7—18 岁的加拿大学生。教育活动中包括由当地本土的独木舟建造者向学生传授传统船只及当地水域的知识，建造者身旁会带有专门从事与当地环境相关的其他领域的本土及非本土青年顾问。项目会利用当地知识，让学生了解当地文化、水道和其他自然资源。还会要求学生试着根据本土及非本土的不同视角和价值体系，来反思他们自己与水资源的关系。2018—2020 年期间，加拿大有 4,200 多名青年参加了“伟大的独木舟之旅”的活动。

资料来源：Waterlution（2020）。

2020）。关于水资源管理的本土知识的事例或实践已经遍布世界各地的文化和地区中（联合国教科文组织，未注明日期），提供了许多具有启发性且适合当地状况的解决方案，并以此对如何重视水的价值，以及如何在当地水平之下有效地管理水资源进行了说明（框注 11.3）。

框注 11.3 利用价值产出管理水资源短缺的本土知识

摩洛哥提兹尼特附近的小溪流 oueds，其水流稀少且不规律。当地社区认识到了地下水对未来的重要价值及稀缺价值，修建了长长的地下隧道，称为 foggara 或 khettara，以可持续的方式开采地下水。在不常见的降雨过后，这些水可以被人为地储存，在需要时用于灌溉。“水主人”（abbar）根据预先建立的基于价值的规则分配水，以便每个用户确切地知道他们何时和多长时间有权灌溉他们的作物。因此，本土知识被纳入并应用于基于价值的思维对水资源进行更加智能化的管理。

资料来源：Civiltà dell’ Acqua Centro Internazionale（未注明日期）。

11.4 跨学科及参与式研究

对与水相关的价值评估往往是不完整、近似以及相互矛盾的（Garrick 等，2017）。但有些问题可以通过跨学科及参与式研究来解决，通过多学科及利益相关者的参与来为常见问题找到有效且可接受的解决方案，帮助确定、理解并纳入水的不同价值。

解决方案之一便是扩大公众科学。公众科学通常要先于正式科学，因为公民参与收集气象数据的历史已经存在了数个世纪（Buytaert 等，2014）。包括妇女、青年及土著人民组织在内的当地社区，通常会对当地的状况及实践方法有着充分的了解，并在改善管理方面有既得利益（框注 11.4）。此方案的限制之一是会被受过正规训练的学者抵制。为提高公众科学的吸收程度，欧洲公众科学协会（2015）制定了利用公众科学的十大原则（框注 11.5）。尽管对互联网的访问一直是使用移动应用程序的一个限制因素，特别是在一些最不发达的国家，但其数字鸿沟正在不断缩小（联合国教科文组织，2017）。在缺乏信息通信技术传播知识方法的地区，无线电、印刷资料以及讲故事可能是传达知识的重要手段。

重要的是数据及信息核实工作中要有具有代表性的当地利益相关者参与。但是，妇女往往不会被邀请或不能够参加收集或传播资料的会议。

公众科学不仅促进了数据和知识的产生，而且还促进了包容性、参与性决策、地方领导力、认识的提高以及能力的发展（Liebenberg 等，2017；McKinley 等，2017）。因此，它可以通过一种自上而下的包容性方法，来制定更加知情的政策认识并评估水资源，同时为长期建立一个更加可持续的社区奠定基础（Hugh，2019）。

11.5 能力开发

能力开发是一个人、组织及社会逐步获得、加强并维持能力以制定和实现自身发展目标的过程。在重视水资源的背景下，能力发展涉及建立专门知识，以全面和适当地评价水的价值，并根据这些价值有效地管理水，这些价值在不同级别和不同条件下的应用，会带来不同的产出。作为一个关键的赋能条件，能力建设寻求建立一个强大的知识库，意识其必要性，理解水资源的价值，以及利用、应用和改进这些知识的能力（Wehn de Montalvo 和 Alaerts，2013）。特别需要注意：

- 从所有传统和非传统来源，增加数据的收集和覆盖，特别是社会经济方面的数据，反映水在不同价值观下的多重价值；
- 发展和加强有效机制，整合水数据，并利用它们为政策和管理部门提供信息；
- 强化水行业内外的知识和数据共享机制，扩大对知识产生过程的参与，促进利益相关方更密切的合作，在有争议的情况下建立相互信任，并激励和支持创新；
- 在科学研究中，包括在制定研究议程以及在政策和管理决策中，承认并纳入当地和土著知识，加深对当地价值观、人与水的相互作用和适合当地的 / 经过证明的解决方案的理解，并提高公平性。

为了跟上水行业日益复杂且不断发展的步伐，教育方面的创新是非常必要的

随着以水的价值为总目标的贝拉吉奥原则的实现，可以为短期、中期和长期的能力发展确定具体目标（表 11.3）。目前的目标主要集中于对水价值的指标和方法论进行衡量和分析，其中包含有水情数据的覆盖率和质量。中期和长期目标更多地集中在社会一级的体制和有利环境创建，包括社会规范和评价水的文化方面的水知识普及。

为了跟上水行业日益复杂且不断发展的步伐，教育方面的创新是非常必要的。但与水相关的专业教育项目仍存在着差距。与水有关的专业教育方案是差距的。将气候变化、提高水的弹性和风险防控作为目标的话，满足社会需要的教育和培训支持如果有的话也是有限的。这些教育和培训都非常重要。因此需要更多的投资来对其以及其他需要进行支持，并在与水相关的各种学科之间制定更加综合性的教育方案。

表 11.3
用于水评估战略的能力开发

总体目标：贝拉吉奥原则在水价值评估上的实现	中期至长期目标：改善水价值评估的制度和有利环境	近期目标：改进测量和分析水重要性及价值的数据和方法，并提升水情数据和统计数据的质量和覆盖率
· 认识水资源的多元价值 · 协调价值，并建立信任 · 保护水源 · 教育赋能 · 投资和创新	· 采用更可靠且一致的数据和统计，并基于已改进的方法对价值评估进行完善 · 提高分析技能，对水或相关政策的风险和价值影响进行评估 · 采用新的方法和工具来监测并评价政策和项目的价值影响 · 提高对不同政策工具及策略的权衡和成本的理解	· 改善与水有关的可用性、可变性、质量、使用及需求，性别相关性的数据和统计的质量、一致性、可靠性和覆盖率 · 改进价值衡量的标准、指标和方法，并建立行政统计系统，以加强监测及面向政策的分析工作 · 就价值、特征及指标的分类达成共识 · 在政府范围内向其他领域 / 机构宣传并传播数据 · 保证数据访问的开放 · 在价值、利益及平等性方面提升参与度和交流

资料来源：部分基于世界银行（2003，表 1，第 16 页）。

框注 11.4　公众科学有助于填补赞比亚的水文数据及信息缺口

Kafue 河流域的人们采用“淡水观察”来实现改善该河流监测的领域目标。赞比亚水资源管理局（WARMA）同赞比亚世界自然基金会及欧洲地球观察组织一起，于 2018 年发起了这一公众科学活动，以实现领域及当地目标，从而改善流域管理及国家报告责任。通过项目应用程序收集数据并将其传至赞比亚水资源管理局。

照片：©Enock Mwangilwa，Unite4Climate and Conservation.

资料来源：摘自地球观察研究所（未注明日期）。

框注 11.5　公众科学的十大原则

1. 公众科学项目应积极地让公民参与科学研究，产生新的知识或认识

2. 公众科学项目应有真实的科学成果

3. 不论专业科学家还是公民科学家都能从参与中获益

4. 若公民科学家愿意，他们应能参与科学流程中的多个阶段

5. 公民科学家应能从项目中获得反馈

6. 公众科学与其他研究方法类似，因此应考虑到其局限性和偏差，并加以控制

7. 公众科学项目的数据及元数据应向公众开放，在可能的情况下，其结果还应以能够公开获取的方式发表

8. 应在项目成果和出版物中承认公民科学家的劳动成果

9. 应对公众科学项目的科学产出、数据质量、参与者经验及更加广泛的社会或政策影响进行评估

10. 公众科学项目的领导者应考虑到有关版权、知识产权、数据共享协议、保密、知识共享及对任何活动的环境影响的法律和伦理问题

资料来源：欧洲公众科学协会（2015）。

第 12 章

结论

世界水评估计划
Richard Connor 和 David Coates

12.1 水的价值是什么……对谁而言?

水是一种独特且不可替代的资源。作为生命、社会和经济的基础，它有着众多的价值和益处。但与其他大多数的自然资源不同的是，要确定它“真正”的价值仍是极其困难的。因此，世界上许多地区的政治关注点和财政投资中都没有合适地反映出这一必不可少的资源的整体重要性。这不仅导致在获得水资源和水相关服务方面的不平等，而且还会导致水供应本身的低效率、不可持续利用和退化，进而影响到几乎所有可持续发展目标的实现以及基本人权。

评估水价值的方法在不同的用户层面及视角有着很大的差异，甚至还会受其影响。评估水资源和环境（第 2 章）的标准主要侧重于量化供水、净化及其生态系统服务所带来的经济影响和效益，而对水利基础设施（第 3 章和第 10 章）的评估更适合对成本效益类型分析。对供水及卫生（第 4 章）的评估与这些服务给人民及社区所带来的利益密切相关，其中包括对健康及生活条件的改善。通过投入产出经济学的角度，便能很容易对水资源、对农业（第 5 章）、工业和能源（第 6 章）的价值进行评估，该角度中可能包括有对经济效益及其他收益的量化，比方说能将工作量化为单位水的价值。最后，水的社会文化价值往往是无形的（第 7 章），通常难以量化，但仍可被视为最高层次的价值。

当然，这些都过于简单化了。正如本报告所述，实际情况要复杂得多。例如，对水进行尝试性评估可能会在某些程度上受到偏见的影响，即使它是无意的，直接参与评估流程同样仍会受其影响，因为对水及其相关利益价值的认识可能是高度主观的。而关于价值的根本问题便是，对谁而言? 对价值的评估往往会过分地偏向目标受益人，而其他利益相关者受益较少，或甚至受到其负面影响。

12.2 认识并攻克复杂性

若想将不同的方案及方法巩固起来，从多个层次及角度对水进行评估，仍然会具有一定挑战性。如框注 1.3 中所示，即使是在特定的用水领域（在本例中指农业），不同的方案也会导向截然不同的评估结果。倘若试图对各领域的价值评估加以协调，便需要考虑到不同社会文化背景下水资源的一些更为抽象的价值，从而使整体难度等级有所提升。虽说在某些情况下可以降低复杂性及标准化指标，但现实是，需要更好的方法来对不同的价值给予识别、维护和适应。

虽然目前存在着一些用于评估水资源的工具和方法，即使不考虑其瑕疵，往往也未得到很好的利用。从逻辑上讲，经济学可能是一门在评估方面最有用的学科，其应用已经从一些方法上尤其是在环境方面（第 2 章）得到了提升。为更加有效，经济学所覆盖的范围必须最为广泛，不限于基于货币价值评估或是基于市场的方法，必须涵盖对所有正在发生的成本和收益的分析，其中还要包括那些隐藏或是无形的成本和收益。即便如此，我们也必须意识到有些价值观是可以凌驾于那些基于经济学的价值观之上的。

然而，尽管对水资源的评估可能很复杂，但它依旧是解决全世界所有水相关挑战绝对必要的一步。否则水资源将仍得不到充分利用，而更好管理水资源的途径也会因此变得难以确定。若能使所有的水资源评估变得更加明确，便可以认识到并表达出那些容易被忽视、理解不足或定义不清的方面，而这些方面可能会引发不公平的利益共享、对负面影响及成本的协调不足、解决方案的不可持续、意外后果及风险，以及政策和机构的执行不力。

而关键的一步在于更好地理解“价值”概念本身。正如本报告中所述，“价格”“成本”和“价值”绝不是同义词。主要从基于经济货币的角度看，前两者是很容易量化的，而“价值”概念中包含了更加广泛、且往往是无形的效益。虽说货币估价比其他大多数的方法都要更容易，而且还有一个重要的优势，即能使用一种通用的度量标准来对不同用途的价值进行定量比较，但它会导致那些更难以货币化的利益受到低估或被排除在外。

而另一个问题则涉及对评估方法目前存在的不足的认识，以便对其应用与表现进行改进。正如第 3、4 和 10 章所提到的，在对水利基础设施进行评估时，资本成本往往不会被考虑在内，这便反而使分析发生扭曲。在大多数水资源的评估方案中，无论是涉及水利基础设施还是涉及农业及工业等主要用水领域，往往都不会考虑到补贴所造成的影响。而若将资本或补贴成本算入其中，便会使得对效益成本的分析从正变为负。尽管在某些情况下，包括资本补贴在内的补贴可能是合理的，但如果不透明的话，就会使价值变得更为虚假。

评估水价值的方法在不同的用户层面及视角之间有着很大的差异，甚至还会受其影响

知识（第 11 章）的重要性也是至关重要的。数据和信息需要得到全面改善，能被更好地纳入决策中。但是，更好的数据并不一定会带来更好的管理成果，许多与水相关的政策、管理及投资决策都会刻意忽略掉相关的数据信息，而数据上的任何改进都无法纠正这些决策。其中包含有因既得利益或贪污而驱动的决策（参见第 3 和第 9 章）。问题便因此远远地超出了数据信息的范围、相关性和可靠性。数据和信息的利用方式也是同样重要的。

现在存在着一种想法，即“水资源评估”必定会转化为地方性的节水，而这种想法需要重新思考。在第 5 和第 6 章中明确指出，在某些情况下，水生产率及使用效率的提高不仅不能降低需求，反而还会导致权衡的相互矛盾，特别是在减贫方面。这并不是说要在所有领域都大力减少用水量，而是说需要考虑到各种潜在的社会经济影响。水资源的评估在确定水资源管理的投资价值方面也有着重要的作用；例如，并不是只能通过高价值作物才能为农业用水效率的提高带来增值，通过将水资源更多地用于其他高价值用途也可以实现。这回避了一个重要问题，如何将激励措施从高价值用途转移到低价值用途。例如，大多数人会将粮食安全视为优先事项，但粮食本身就是一种低价值的用水。那么对用于工业、家庭或环境目的的高价值用途的促进，如何能够激励提高作物的水生产率呢？

无形价值并不限于“和平之水”或第 7 章中所述的各种社会文化观念及现实。例如，水资源对于粮食安全的价值可以说是不可估量的，但水在农业（第 1 章）中的价值经常会被低估（甚至可能为负值）。这表明水和其他的领域政策之间存在着一定的脱节，因为在这些政策中，水的价值仍然会被隐藏或忽视。同样，虽然水对发电至关重要，但直到由于缺水而使得发电能力有所削弱之前，其价值往往是隐蔽的。

有一个显著差距就是，价值评估未能考虑到与风险以及不确定性相关的潜在成本，或是能够使风险及不确定性降低的效益。与水相关的极端事件、供水系统的灾难性故障、或价格假设的突然性改变，以及其他风险及不确定性的来源，都可能在很大程度上影响价值评估。在这样一个因气候变化使得风险及不确定性不断增加的世界里，这是一个令人惊讶的疏漏。

12.3 解决冲突观点

解决相互冲突的观点和管理潜在的权衡仍然是水管理的最大挑战之一。从长远看，从供水、公共卫生及个人卫生，到农业、能源、工业和环境等各用水领域，都将受益于从规划到提高效率、适应性管理和监测等整个发展周期中水价值整合性的提高。但在短期内，通过一系列的控制和激励措施，一些领域在特定情况下若能更加有效地利用水资源，需要一些权衡和调整。在水资源规划和基础设施设计的初期阶段，提供了大量并未充分利用的因素对水的各个方面的价值进行介绍。一旦通过利益相关者参与和授权的过程被认定，就能对水各个方面价值认可，进而有助于确保在水资源管理的后续阶段中更加公平。而在决策的后期阶段也存在着进一步处理权衡的类似因素。并非所有领域每次都能在短期内受益，若非全部，有些领域则会需要对不同的水价值加以适应。

低估和忽视水资源的风险太大

如第 9 章中所述，通过多个利益相关者的平台、交谈、构想以及为水资源开发所定目标制定流程，利益相关者的参与和授权都为确保对水多重价值的充分考虑提供了切入点。将道德规范纳入所有的水决策及行为中，可以为与水相关的法律、政策和规章提供一套补充性的行为指导。具备能够虑及水资源的所有价值，并能在此基础上加以行动的政治意愿是极其重要的，因此必须通过建立公众意识并施加变革压力，以改变政治进程，并重新分配权利及愿望。

最后，需要创造出对水资源评估的需求。水的价格及价值总是会被低估。只有很少部分的政府、企业或公民强烈要求重视水资源。此外，如果公民将用水认作是一种人权，并因此认为其理应供公众免费使用，那么对水价值的评估就会受到抵制。

12.4 尾声

即使并非所有人都能认识到水资源的价值，但它仍然是有价值的。水的价值从某些角度来看是无限的，因为没有水，生命也就不会存在，而且也没有能够替代水的东西。在寻找地外水方面所付出的努力和投资，以及最近在月球和火星上发现水时的欢欣鼓舞，也许就是其最好的例证。但令人遗憾的是，水在地球上却被认为是理所当然的存在。低估水资源的风险太大，不容忽视。

2030 WRG (2030 Water Resources Group). 2009. *Charting Our Water Future: Economic Frameworks to Inform Decision-Making. Executive Summary*. www.mckinsey.com/business-functions/sustainability/our-insights/charting-our-water-future.

Abell, R., Asquith, N., Boccaletti, G., Bremer, L., Chapin, E., Erickson-Quiroz, A., Higgins, J., Johnson, J., Kang, S., Karres, N., Lehner, B., Mcdonald, R., Raepple, J., Shemie, D., Simmons, E., Sridhar, A., Vigerstøl, K., Vogl, A., Wood, S. 2017. *Beyond the Source: The Environmental, Economic and Community Benefits of Source Water*. Arlington, Va., The Nature Conservancy. www.nature.org/content/dam/tnc/nature/en/documents/Beyond_The_Source_Full_Report_FinalV4.pdf.

Acuña, V., Díez, J. R., Flores, L., Meleason, M. and Elosegi, A. 2013. Does it make economic sense to restore rivers for their ecosystem services? *Journal of Applied Ecology*, Vol. 50, No. 4, pp. 988–997. doi.org/10.1111/1365-2664.12107.

ADB (Asian Development Bank). 2016. *Asia Water Development Outlook 2016: Strengthening Water Security in Asia and the Pacific*. Manila, ADB. www.adb.org/sites/default/files/publication/189411/awdo-2016.pdf.

ADB/APWF (Asian Development Bank/Asia-Pacific Water Forum). 2013. *Asian Water Development Outlook 2013: Measuring Water Security in Asia and the Pacific*. Mandaluyong City, Philippines, ADB. www.adb.org/sites/default/files/publication/30190/asian-water-development-outlook-2013.pdf.

Adelphi/CAREC (Central Asia Regional Economic Program). 2017. *Rethinking Water in Central Asia: The Costs of Inaction and Benefits of Water Cooperation*. Berlin, Adelphi. www.adelphi.de/en/system/files/mediathek/bilder/Rethinking%20Water%20in%20Central%20Asia%20-%20adelphi%20carec%20ENG.pdf.

Adikari, Y. and Yoshitani, J. 2009. *Global Trends in Water-Related Disasters: An Insight for Policymakers*. United Nations World Water Assessment Programme (UNESCO), Insights Side Publication series. Paris, UNESCO. unesdoc.unesco.org/ark:/48223/pf0000181793.

AFED (Arab Forum for Economic Development). 2015. *Sustainable Consumption for Better Resource Management in Arab Countries. Annual Report of the Arab Forum for Environment & Development*. AFED.

Ahern, J. 2011. From fail-safe to safe-to-fail: Sustainability and resilience in the new urban world. *Landscape and Urban Planning*, Vol. 100, No. 4, pp. 341–343. doi.org/10.1016/j.landurbplan.2011.02.021.

Alberini, A. and Cooper, J. 2000. *Applications of the Contingent Valuation Method in Developing Countries: A Survey*. FAO Economic and Social Development Paper No. 146. Rome, The Food and Agriculture Organization of the United Nations (FAO). www.fao.org/3/X8955E/x8955e00.htm.

Ali, M., Nelson, A., Lopez, A. and Sack, D. 2015. Updated global burden of cholera in endemic countries. *PLoS Neglected Tropical Diseases*, Vol. 9, No. 6. doi.org/10.1371/journal.pntd.0003832.

Alida, C., Kiparsky, M., Kennedy, R., Hubbard, S., Bales, R., Pecharroman, L. C., Guivetchi, K., McCready, C. and Darling, G. 2018. *Data for Water Decision Making: Informing the Implementation of California's Open and Transparent Water Data Act through Research and Engagement*. Berkeley, Calif., Center for Law, Energy & the Environment, Berkeley School of Law, University of California. doi.org/10.15779/J28H01.

Alliance for Water Stewardship. 2018. *First Municipal Incentive for AWS Certification*. Alliance for Water Partnership website. a4ws.org/updates/first-municipal-incentive-for-aws-certification/.

_____. 2019. *The International Water Stewardship Standard – Version 2.0*. North Berwick, UK, Alliance for Water Stewardship. a4ws.org/the-aws-standard-2-0/.

_____. n.d. Alliance for Water Stwardship website. a4ws.org. (Accessed August 2020).

Al-Zubari, W., Al-Turbak, A., Zahid, W., Al-Ruwis, K., Al-Tkhais, A. Al-Muataz, I. AbdelWahab, A., Murad, A., Al-Harbi, M. and Al-Sulaymani, Z. 2017. An overview of the GCC Unified Water Strategy (2016–2035). *Desalination and Water Treatment*, Vol. 81, pp. 1–18. doi.org/10.5004/dwt.2017.20864.

AMWC (Arab Ministerial Water Council). 2012. Arab Strategy for Water Security in the Arab Region to Meet the Challenges and Future Needs for Sustainable Development 2010–2030. AMWC.

ANA (Agência Nacional de Água). 2011. *ANA abre seleção para projetos de conservação de água e solo* [ANA calls for projects on water and soil conservation]. ANA website. www2.ana.gov.br/Paginas/imprensa/noticia.aspx?id_noticia=9304. (In Portuguese.)

Anderson, E. P., Jackson, S., Tharme, R. E., Douglas, M., Flotemersch, J. E., Zwarteveen, M., Lokgariwar, C., Montoya, M., Wali, A., Tipa, G. T., Jardine, T. D., Olden, J. D., Cheng, L., Conallin, J., Cosens, B., Dickens, C., Garrick, D., Groenfeldt, D., Kabogo, J., Roux, D. J., Ruhi, A. and Arthington, A. H. 2019. Understanding rivers and their social relations: A critical step to advance environmental water management. *WIREs Water*, Vol. 6, No. 6, e1381. doi.org/10.1002/wat2.1381.

A

参考文献

Andres, L. A., Thibert, M., Lombana Cordoba, C., Danilenko, A. V., Joseph, G. and Borja-Vega, C. 2019. *Doing More with Less: Smarter Subsidies for Water Supply and Sanitation*. Washington, DC, World Bank. © World Bank. openknowledge.worldbank.org/handle/10986/32277. License: CC BY 3.0 IGO.

Angel-Urdinola, D. F. and Wodon, Q. 2012. Does increasing access to infrastructure services improve the targeting performance of water subsidies? *Journal of International Development*, Vol. 24, No. 1, pp. 88–101. doi.org/10.1002/jid.1668.

Anisfeld, S. C. 2011. *Water Resources*. Washington, DC, Island Press.

Annandale, G. W., Morris, G. L. and Karki, P. 2016. *Extending the Life of Reservoirs: Sustainable Sediment Management for Dams and Run-of-River Hydropower*. Directions in Development – Energy and Mining. Washington, DC, World Bank. openknowledge.worldbank.org/handle/10986/25085. License: CC BY 3.0 IGO.

APWF (Asia-Pacific Water Forum). 2009. *Regional Document: Asia Pacific*. Istanbul, Turkey, 5th World Water Forum Secretariat. apwf.org/documents/ap_regional_document_final.pdf.

AQUASTAT. 2010. *Global Water Withdrawal*. AQUASTAT website. Rome, Food and Agriculture Organization of the United Nations (FAO). www.fao.org/nr/water/aquastat/water_use/image/WithTimeNoEvap_eng.pdf.

_____. 2014. *Did you know...? Facts and Figures about*. Rome, Food and Agriculture Organization of the United Nations (FAO). www.fao.org/nr/water/aquastat/didyouknow/print3.stm.

_____. 2016. *Water Withdrawal by Sector, around 2010*. Rome, Food and Agriculture Organization of the United Nations (FAO). www.fao.org/aquastat/en/overview/methodology/water-use.

_____. n.d. *AQUASTAT – FAO's Global Information System on Water and Agriculture*. Rome, Food and Agriculture Organization of the United Nations (FAO). www.fao.org/aquastat/en/.

Arbués, F., García-Valiñas, M. A. and Martínez-Espiñeira, R. 2003. Estimation of residential water demand: A state-of-the-art review. *Journal of Socio-Economics*. Vol. 32, No. 1, pp. 81–102. doi.org/10.1016/S1053-5357(03)00005-2.

Arias-Arévalo, P., Martín-López, B. and Gómez-Baggethun, E. 2017. Exploring intrinsic, instrumental, and relational values for sustainable management of social-ecological systems. *Ecology and Society*, Vol. 22, No. 4, Art. 43. doi.org/10.5751/ES-09812-220443.

Arouna, A. and Dabbert, S. 2012. Estimating rural households' willingness to pay for water supply improvements: A Benin case study using a semi-nonparametric bivariate probit approach. *Water International*, Vol. 37, No. 3, pp. 293–304. doi.org/10.1080/02508060.2012.687507.

Artelle, K. A., Stephenson, J., Bragg, C., Housty, J. A., Housty, W. G., Kawharu, M. and Turner, N. J. 2018. Values-led management: The guidance of place-based values in environmental relationships of the past, present, and future. *Ecology and Society*, Vol. 23, No. 3, Art. 35. doi.org/10.5751/ES-10357-230335.

Arthington, A. H. 2012. *Environmental Flows: Saving Rivers in the Third Millennium*. Berkeley, Calif., University of California Press.

Arthington, A. H., Bhaduri, A., Bunn, S. E., Jackson, S. E., Tharme, R. E., Tickner, D., Young, B., Acreman, M., Baker, N., Capon, S., Horne, A. C., Kendy, E., McClain, M. E., Poff, N. L., Richter, B. D and Ward, S. 2018. The Brisbane Declaration and Global Action Agenda on environmental flows (2018). *Frontiers in Environmental Science*, Vol. 6, No. 45, Art. 45. doi.org/10.3389/fenvs.2018.00045.

Assanvo, W., Abatan, J. E. and Sawadogo, W. A. 2016. *Assessing the Multinational Joint Task Force against Boko Haram*. ISS West Africa Report, No. 19. Institute for Security Studies (ISS).

Assemblée nationale. 2016. Rapport d'Information sur l'évaluation des politiques publiques en faveur de l'accès aux droits sociaux [Information report assessing public policies on the access to social rights], N° 4158. Enregistré à la Présidence de l'Assemblée nationale le 26 octobre 2016. www.assemblee-nationale.fr/14/rap-info/i4158.asp. (In French.)

Australian Academy of Science. 2019. *Investigation of the Causes of Mass Fish Kills in the Menindee Region NSW over the Summer of 2018–2019*. Canberra, Australian Academy of Science. www.science.org.au/supporting-science/science-policy-and-sector-analysis/reports-and-publications/fish-kills-report.

Australian Bureau of Statistics. 2010. *Water Account, Australia, 2008–09*. ABS Cat. No. 4610.0. Canberra, Australian Bureau of Statistics. www.abs.gov.au/AUSSTATS/abs@.nsf/DetailsPage/4610.02008-09?OpenDocument.

Australian Water Partnership. 2016. *Valuing Water: A Framing Paper for the High-Level Panel on Water*. Canberra, Australian Water Partnership. waterpartnership.org.au/wp-content/uploads/2016/08/HLPW-Valuing-Water.pdf.

Avello, P., Beane, G., Birtill, K., Bristow, J., Bruce, A., Bruebach, K., Ellis, L., Fisher, S., Fletcher, M., Karmann, C., Giné, R., Jiménez, A., Leten, J., Pharr, K., Romano, O., Ruiz-Apilánez, I., Saikia, P., Shouler, M., Simkins, P., Sobey, M. and Svidran, R. 2019. *City Water Resilience Assessment – Methodology*. The Rockefeller Foundation/The Resilience Shift/Stockholm International Water Institute (SIWI)/ARUP. www.arup.com/perspectives/publications/research/section/city-water-resilience-assessment-methodology.

Awume, O., Patrick, R. and Baijius, W. 2020. Indigenous perspectives on water security in Saskatchewan, Canada. *Water*, Vol. 12, No. 3, Art. 810. doi.org/10.3390/w12030810.

Bakker, K. 2012. Water: Political, biopolitical, material. *Social Studies of Science*, Vol. 42, No. 4, pp. 616–623. doi.org/10.1177/0306312712441396.

Banerjee, S. G., Foster, V., Skilling, H. and Wodon, Q. 2010. *Cost Recovery, Equity, and Efficiency in Water Tariffs: Evidence from African Utilities*. Policy Research Working Paper No. WPS 5384. Washington, DC, World Bank. openknowledge.worldbank.org/handle/10986/3868. License: CC BY 3.0 IGO.

Baran, G. R., Kiana, M. F., and Samuel, S. P. 2014. Science, pseudoscience, and not science: How do they differ? G. R. Baran, M. F. Kiani and S. P. Samuel, *Healthcare and Biomedical Technology in the 21st Century*. New York, Springer. doi.org/10.1007/978-1-4614-8541-4_2.

Barde, J. A. and Lehmann, P. 2014. Distributional effects of water tariff reforms – An empirical study for Lima, Peru. *Water Resources and Economics*, Vol. 6, pp. 30–57. doi.org/10.1016/j.wre.2014.05.003.

Bark, R., Garrick, D., Robinson, C. J. and Jackson, S. 2012. Adaptive basin governance and the prospects for meeting Indigenous water claims. *Environmental Science & Policy*, Vol. 19–20, pp. 169–177. doi.org/10.1016/j.envsci.2012.03.005.

Bark, R., Hatton MacDonald, D., Connor, J., Crossmann, N. and Jackson S. 2011. Water values. I. Prosser (ed.), *Water: Science and Solutions for Australia*. Collingwood, Australia, CSIRO Publishing. www.publish.csiro.au/book/6557.

Barredo, I. J., Ambrušová, L., Nuijten, D., Viszlai, I. and Vysna, V. 2019. *Valuation and Payments for Forest Ecosystem Services in the pan-European region*. Final Report of the FOREST EUROPE Expert Group on Valuation and Payments for Forest Ecosystem Services. Bratislava, Ministerial Conference on the Protection of Forests in Europe, Liaison Unit Bratislava. foresteurope.org/wp-content/uploads/2016/08/PES_Final_report.pdf.

Barron, O., Riasat, A., Hodgson, G., Smith, D., Qureshi, E., McFarlane, D., Campos, E. and Zarzo, D. 2015. Feasibility assessment of desalination application in Australian traditional agriculture. *Desalination*, Vol. 364, pp. 33–45. doi.org/10.1016/j.desal.2014.07.024.

Barton, D. 2011. Capitalism for the long term. *Harvard Business Review*, March 2011. hbr.org/2011/03/capitalism-for-the-long-term.

Bate, R. N. and Dubourg, W. R. 1997. A net-back analysis of irrigated water demand in East Anglia. *Journal of Environmental Management*, Vol. 49, No. 3, pp. 311–322. doi.org/10.1006/jema.1996.9986.

Batker, D., De la Torre, I., Costanza, R., Swedeen, P., Day, J., Boumans, R. and Bagstad, K. 2010. *Gaining Ground: Wetlands, Hurricanes and the Economy: The Value of Restoring the Mississippi River Delta*. Tacoma, Wash., Earth Economics.

Beltrán, S. A. 2013. Pago por servicios ambientales hidrológicos en el estado de México [Payment for hidrological environmental services in the State of Mexico]. A. Lara, P. Laterra, R. Manson and G. Barrantes (eds.), *Servicios ecosistémicos hídricos: estudios de caso en América Latina y el Caribe* [Water ecosystem services: Case studies from Latin America and the Caribbean]. Valdivia, Chile, Red ProAgua CYTED Imprenta América. (In Spanish.)

Bennett, N. J., Whitty, T. S., Finkbeiner, E., Pittman, J., Bassett, H., Gelcich, S. and Allison, E. H. 2018. Environmental stewardship: A conceptual review and analytical framework. *Environmental Management*, Vol. 61, pp. 597–614. doi.org/10.1007/s00267-017-0993-2.

Benöhr, J. and González, T. 2017. *Los derechos de los ríos* [The rights of rivers]. rebelion.org/los-derechos-de-los-rios/. (In Spanish.)

Berbel, J., Borrego-Marin, M., Exposito, A., Giannoccaro, G., Montilla-Lopez, N. M. and Roseta-Palma, C. 2019. Analysis of irrigation water tariffs and taxes in Europe. *Water Policy*, Vol. 21, No. 4, pp. 806–825. doi.org/10.2166/wp.2019.197.

Bester, R., Blignaut, J. N., Van Niekerk, P. H. 2020. The cost-effectiveness of water augmentation and management: Assessing the Unit Reference Value. *Journal of the South African Institution of Civil Engineering*, Vol. 62, No. 2. doi.org/10.17159/2309-8775/2020/v62n2a5.

BIPE-BDO/FP2E (Fédération professionnelle des entreprises de l'eau). 2019. *Public Water and Wastewater Services in France, Social, Economic and Environmental Data*. BIPE/FP2E Report (7th edition). Paris, BIPE-BDO/FP2E. www.eureau.org/resources/publications/member-publications/5299-public-water-and-waste-water-services-in-france/file.

Birkenholtz, T. 2017. Assessing India's drip-irrigation boom: Efficiency, climate change and groundwater policy. *Water International*, Vol. 42, No. 6, pp. 663–677. doi.org/10.1080/02508060.2017.1351910.

Black, R., Laxminarayan, R., Temmerman, M. and Walker, N. 2016. *Reproductive, Maternal, Newborn, and Child Health*. Disease Control Priorities, Third Edition, Vol. 2. Washington, DC, World Bank. openknowledge.worldbank.org/handle/10986/23833. License: CC BY 3.0 IGO

Bogale, A. and Urgessa, B. 2012. Households' willingness to pay for improved rural water service provision: Application of contingent valuation method in Eastern Ethiopia. *Journal of Human Ecology*, Vol. 38, No. 2, pp. 145–154. doi.org/10.1080/09709274.2012.11906483.

Boiral, O., Heras-Saizarbitoria, I. and Brotherton, M. C. 2020. Improving environmental management through indigenous people's involvement. *Environmental Science & Policy*, Vol. 103, pp. 10–20. doi.org/10.1016/j.envsci.2019.10.006.

Boisson, S., Engels, D., Gordon, B. A., Medlicott, K. O., Neira, M. P., Montresor, A., Solomon, A. W. and Velleman, Y. 2016. Water, sanitation and hygiene for accelerating and sustaining progress on neglected tropical diseases: A new Global Strategy 2015–20. *International Health*, Vol. 8, Suppl. 1, pp. i19–i21. doi.org/10.1093/inthealth/ihv073.

Bolong, N., Ismail, A. F., Salim, M. R. and Matsuura, T. 2009. A review of the effects of emerging contaminants in wastewater and options for their removal. *Desalination*, Vol. 239, No. 1–3, pp. 229–246. doi.org/10.1016/j.desal.2008.03.020.

Bolt, K., Ruta, G. and Sarraf, M. 2005. *Estimating the Cost of Environmental Degradation: A Training Manual in English, French and Arabic*. Environment working paper series, No. 106. Washington, DC, World Bank Group. documents.worldbank.org/curated/en/652751468138260264/Estimating-the-cost-of-environmental-degradation-a-training-manual-in-English-French-and-Arabic.

Booysen, M. J., Visser, M. and Burger, R. 2019. Temporal case study of household behavioural response to Cape Town's "Day Zero" using smart meter data. *Water Research*, Vol. 149, pp. 414–420. doi.org/10.1016/j.watres.2018.11.035.

Borthakur, A. and Singh, P. 2020. Indigenous knowledge systems in sustainable water conservation and management. P. Singh, Y. Milshina, K. Tian, D. Gusain and J. P. Bassin (eds.), *Water Conservation and Wastewater Treatment in BRICS Nations*. Amsterdam/Oxford, UK/Cambridge, Mass., Elsevier, pp. 321–328. doi.org/10.1016/C2018-0-03850-5.

Braw, E. 2019. 2020 for the Future. *Foreign Policy*, 30 December 2019. foreignpolicy.com/2019/12/30/fridays-for-future-foreign-policy-bureacrats-officials-2019-greta-thunberg/.

Bresnihan, P. 2017. *Valuing Nature: Perspectives and Issues*. NESC Research Series Paper No. 11. Dublin, National Economic and Social Council (NESC). www.nesc.ie/publications/valuing-nature/.

Breuer, A., Leininger, J. and Tosun, J. 2019. *Integrated Policymaking: Choosing an Institutional Design for Implementing the Sustainable Development Goals (SDGs)*. Discussion Paper 2019. Bonn, Germany, German Development Institute. doi.org/10.23661/dp14.2019.

Brooker, S. 2010. Estimating the global distribution and disease burden of intestinal nematode infections: Adding up the numbers – A Review. *International Journal for Parasitology*, Vol. 40, No. 10, pp. 1137–1144. doi.org/10.1016/j.ijpara.2010.04.004.

Bullock, A. and Acreman, M. C. 2003. The role of wetlands in the hydrological cycle. *Hydrology and Earth System Sciences*, Vol. 7, No. 3, pp. 358–389. doi.org/10.5194/hess-7-358-2003.

Burchi, S. 2012. A comparative review of contemporary water resources legislation: Trends, developments and an agenda for reform. *Water International*, Vol 37, No. 6, pp. 613–627. doi.org/10.1080/02508060.2012.694800.

Bureau of Meteorology. 2017. *Good Practice Guidelines for Water Data Management Policy: World Water Data Initiative*. Melbourne, Australia, Bureau of Meteorology. public.wmo.int/en/resources/library/good-practice-guidelines-water-data-management-policy.

Burek, P., Satoh, Y., Fischer, G., Kahil, M. T., Scherzer, A., Tramberend, S., Nava, L. F., Wada, Y., Eisner, S., Flörke, M., Hanasaki, N., Magnuszewski, P., Cosgrove, B. and Wiberg, D. 2016. *Water Futures and Solution: Fast Track Initiative (Final Report)*. IIASA Working Paper. Laxenburg, Austria, International Institute for Applied Systems Analysis (IIASA). pure.iiasa.ac.at/id/eprint/13008/.

Burn, S., Hoang, M., Zarzo, D., Olewniak, F., Campos, E., Bolto, B. and Barron, O. 2015. Desalination techniques – A review of the opportunities for desalination in agriculture. *Desalination*, Vol. 364, pp. 2–16. doi.org/10.1016/j.desal.2015.01.041.

Business Roundtable. 2019. *Business Roundtable Redefines the Purpose of a Corporation to Promote 'An Economy That Serves All Americans'*. Business Roundtable website. www.businessroundtable.org/business-roundtable-redefines-the-purpose-of-a-corporation-to-promote-an-economy-that-serves-all-americans.

Buytaert, W., Zulkafli, Z., Grainger, S., Acosta, L., Alemie, T. C., Bastiaensen, J., De Bièvre, B., Bhusal, J., Clark, J., Dewulf, A., Foggin, M., Hannah, D. M., Hergarten, C., Isaeva, A., Karpouzoglou, T., Pandeya, B., Paudel, D., Sharma, K., Steenhuis, T., Tilahun, S., Van Hecken, G. and Zhumanova, M. 2014. Citizen science in hydrology and water resources: Opportunities for knowledge generation, ecosystem service management, and sustainable development. *Frontiers in Earth Science*, Vol. 2, No. 26. doi.org/10.3389/feart.2014.00026.

C

Caldera, U. and Breyer, C. 2020. Strengthening the global water supply through a decarbonised global desalination sector and improved irrigation systems. *Energy*, Vol. 200, Art. 117507. doi.org/10.1016/j.energy.2020.117507.

Capacci, S., Mazzocchi, M., Shankar, B., Brambila Macia, J., Verbeke, W., Pérez-Cueto, F. J. A., Koziol-Kozakowska, A., Piórecka, B., Niedzwiedzka, B., D'Adessa, D., Saba, A., Turrini, A., Aschemann-Witzel, J., Bech-Larsen, T., Strand, M., Smillie, L., Wills, J. and Traill, B. W. 2012. Policies to promote healthy eating in Europe: A structured review of policies and their effectiveness. *Nutrition Reviews*, Vol. 70, No. 3, pp. 188–200. doi.org/10.1111/j.1753-4887.2011.00442.x.

Carey, J. M. and Sunding, D. L. 2001. Emerging markets in water: A comparative institutional analysis of the Central Valley and the Colorado-Big Thompson projects. *Natural Resources Journal*, Vol. 41, No. 2, pp. 283–328.

Carrillo-Guerrero, Y., Glenn, E. P. and Hinojosa-Huerta, O. 2013. Water budget for agricultural and aquatic ecosystems in the delta of the Colorado River, Mexico: Implications for obtaining water for the environment. *Ecological Engineering*, Vol. 59, pp. 41–51. doi.org/10.1016/j.ecoleng.2013.04.047.

CDP. 2017. *A Turning Tide: Tracking Corporate Action on Water Security*. CDP Global Water Report 2017. London, CDP. www.cdp.net/en/research/global-reports/global-water-report-2017.

_____. 2018. *Treading Water: Corporate Responses to Rising Water Challenges*. CDP Global Water Report 2018. London, CDP. www.cdp.net/en/research/global-reports/global-water-report-2018.

_____. 2020. *Cleaning Up Their Act: Are Companies Responding to the Risks and Opportunities posed by Water Pollution?* CDP Global Water Report 2019. London, CDP. www.cdp.net/en/research/global-reports/cleaning-up-their-act.

Ceres. 2012. *The Ceres Aqua Gauge: A Framework for 21st Century Water Risk Management*. Boston, Mass., Ceres. www.ceres.org/sites/default/files/reports/2017-03/Ceres_AquaGauge_All_101113.pdf.

Chan, K. M. A., Balvanera, P., Benessaiah, K., Chapman, M., Díaz, S., Gómez-Baggethun, E., Gould, R., Hannahs, N., Jaxi, K., Klain, S., Luck, G. W., Martín-Lópezk, B., Barbara Muraca, B., Norton, B., Ott, K., Pascual, U., Satterfield, T., Tadaki, M., Taggart, J. and Turner, N. 2016. Why protect nature? Rethinking values and the environment. *Proceedings of the National Academy of Sciences of the United States of America*, Vol. 113, No. 6, pp. 1462–1465. doi.org/10.1073/pnas.1525002113.

Chan, K. M. A., Gould, R. K. and Pascual, U. 2018. Editorial overview: Relational values: what are they, and what's the fuss about? *Current Opinion in Environmental Sustainability*, Vol. 35, pp. A1–A7. doi.org/10.1016/j.cosust.2018.11.003.

Chenoweth, J., López-Avilés, A., Morse, S. and Druckman, A. 2016. Water consumption and subjective wellbeing: An analysis of British households. *Ecological Economics*, Vol. 130, pp. 186–194. doi.org/10.1016/j.ecolecon.2016.07.006.

Chitty, A. and Esteves-Mills, J. 2015. *WASH and Maternal and Newborn Health: Time to Act*. Policy Brief. London, London School of Hygiene and Tropical Medicine. www.lshtm.ac.uk/sites/default/files/2017-07/Policy%20Brief%20-%20WASH%20%26%20MNH.pdf.

Cho, A., Fischer, A., Doyle, M., Levy, M., Kim-Blanco, P. and Webb, R. 2017. *The Value of Water Information: Overcoming the Global Data Drought*. White Paper. New York, Xylem Inc., Rye Brook. xylem.com/waterdata.

Chowdhooree, I., 2019. Indigenous knowledge for enhancing community resilience: An experience from the south-western coastal region of Bangladesh. *International Journal of Disaster Risk Reduction*, Vol. 40, Art. 101259. doi.org/10.1016/j.ijdrr.2019.101259.

Christian-Smith, J., Levy, M. C. and Gleick, P. H. 2011. *Impacts of the California Drought from 2007 to 2009*. Executive Summary. Oakland, Calif., Pacific Institute. pacinst.org/publication/impacts-of-the-drought-2007-2009/.

Civiltà dell'Acqua Centro Internazionale. n.d. *Water and Traditional Knowledge: Learn from the Past for a Sustainable Future*. Paris, UNESCO. www.unesco.org/new/fileadmin/MULTIMEDIA/FIELD/Venice/pdf/special_events/bozza_scheda_DOW_6_1.0.pdf.

Cleaver, F. 1995. Water as a weapon: The history of water supply development in Nkayi District, Zimbabwe. *Environment and History*, Vol. 1, No. 3, pp. 313–333. doi.org/10.3197/096734095779522564.

Coalition for Inclusive Capitalism. n.d. Coalition for Inclusive Capitalism website. www.inc-cap.com/.

Cohen-Shacham, E., Walters, G., Janzen, C. and Maginnis, S. (eds.). 2016. *Nature-Based Solutions to Address Global Societal Challenges*. Gland, Switzerland, International Union for Conservation of nature (IUCN). doi.org/10.2305/IUCN.CH.2016.13.en.

COMEST (World Commission on the Ethics of Scientific Knowledge and Technology). 2018. *Report of COMEST on: "Water Ethics: Ocean, Freshwater, Coastal Areas"*. Paris, UNESCO. unesdoc.unesco.org/ark:/48223/pf0000265449.

Comisari, P., Feng, L. and Freeman, B. 2011. *Valuation of Water Resources and Water Infrastructure Assets*. Australian Bureau of Statistics. unstats.un.org/unsd/envaccounting/londongroup/meeting17/LG17_12.pdf.

Comité national de l'eau. 2019. *Rapport d'analyse de l'expérimentation pour une tarification sociale de l'eau* [Analysis report of experimentation with a social water tariff]. Direction de l'eau et de la biodiversité/Direction générale des collectivités locales, Ministère de la Transition écologique/Ministère de la Cohésion des territoires et des Relations avec les collectivités territoriales. www.ecologie.gouv.fr/sites/default/files/Rapport_experimentation_eau_loi-Brottes_2019_0.pdf. (In French.)

Comprehensive Assessment of Water Management in Agriculture. 2007. *Water for Food, Water for Life: A Comprehensive Assessment of Water Management in Agriculture*. London/Colombo, Earthscan/International Water Management Institute (IWMI).

Conniff, R. 2012. What's wrong with putting a price on nature? *YaleEnvironment360*, 18 October 2012. e360.yale.edu/features/ecosystem_services_whats_wrong_with_putting_a_price_on_nature.

Constitución de la República de Ecuador [Constitution of the Republic of Ecuador]. 2008. Last update: 13 July 2011. www.oas.org/juridico/pdfs/mesicic4_ecu_const.pdf. (In Spanish.)

Convention on Biological Diversity. 1992. Rio de Janeiro, 5 June 1992. treaties.un.org/pages/ViewDetails.aspx?src=TREATY&mtdsg_no=XXVII-8&chapter=27.

Cooke, B. and Kothari, U. (eds.). 2001. *Participation. The New Tyranny?* London, Zed Books.

Corcoran, E., Nellemann, C., Baker, E., Bos, R., Osborn, D. and Savelli, H. 2010. *Sick Water? The Central Role of Wastewater Management in Sustainable Development: A Rapid Response Assessment*. Nairobi/Arendal, Norway, UNEP/UN-Habitat/GRID-Arendal (United Nations Environment Programme/United Nations Human Settlements Programme). wedocs.unep.org/handle/20.500.11822/9156.

Cornish, G., Bosworth, B., Perry, C. and Burke, J. 2004. *Water Charging in Irrigated Agriculture: An Analysis of International Experience*. FAO Water Report No. 28. Rome, Food and Agriculture Organization of the United Nations (FAO). www.fao.org/3/y5690e/y5690e00.htm.

Costanza, R., D'Arge, R., De Groot, R., Farber, S., Grasso, M., Hannon, B., Naeem, S., Limburg, K., Paruelo, J., O'Neill, R.V., Raskin, R., Sutton, P. and Van den Belt, M. 1997. The value of the world's ecosystem services and natural capital. *Nature*, Vol. 387, pp. 253–260.

Costanza, R., De Groot, R., Sutton, P., Van der Ploeg, S., Anderson, S. J., Kubiszewski, I., Farber, S. and Turner, R. K. 2014. Changes in the global value of ecosystem services. *Global Environmental Change*, Vol. 26, pp. 152–158. doi.org/10.1016/j.gloenvcha.2014.04.002.

CRED (Centre for Research on the Epidemiology of Disasters). 2020. *Natural Disasters 2019: Now is the Time to not give up*. Brussels, CRED. www.emdat.be/natural-disasters-2019-now-time-not-give.

Croal, P., Tetreault, C. and members of the IAIA IP section. 2012. *Respecting Indigenous Peoples and Traditional Knowledge*. Fargo, ND, International Association of Impact Assessments. www.iaia.org/uploads/pdf/SP9_Indigenous_Peoples_Traditional_Knowledge.pdf.

Cuaton, G. P. and Su, Y. 2020. Local-indigenous knowledge on disaster risk reduction: Insights from the Mamanwa indigenous peoples in Basey, Samar after Typhoon Haiyan in the Philippines. *International Journal of Disaster Risk Reduction*, Vol. 48, Art. 101596. doi.org/10.1016/j.ijdrr.2020.101596.

D

Da Costa, V., Jobard, E., Marquay, J., Ollagnon, M., Plat, B. and Radureau, S. 2015. *Public Water and Wastewater Services in France: Economic, Social, and Environmental Data*. Paris, BIPE/Fédération professionnelle des entreprises de l'eau (FP2E). www.fp2e.org/userfiles/files/publication/RAPPORT_BIPE_GB_ENTIER.pdf.

Dahl, G. and Megerssa, G. 1990. The sources of life: Boran concepts of wells and water. G. Pálsson (ed.), *From Water to World-Making. African Models and Arid Lands*. Uppsala, the Scandinavia Institute of African Studies, pp. 21-37.

Dalhuisen, J. M., Florax, R. J. G. M., De Groot, H. L. F. and Nijkamp, P. 2003. Price and income elasticities of residential water demand: A meta-analysis. *Land Economics*, Vol. 79, No. 2, pp. 292–308. doi.org/10.2307/3146872.

Damania. R., Desbureaux, S., Hyland, M., Islam, A., Moore, S., Rodella, A., Russ, J. and Zaveri, E. 2017. *Uncharted Waters: The New Economics of Water Scarcity and Variability*. Volume 2. Technical Background Papers. Washington, DC, World Bank. openknowledge.worldbank.org/handle/10986/28096. License: CC BY 3.0 IGO.

Damania, R., Desbureaux, S., Rodella, A. S., Russ, J. and Zaveri, E. 2019a. *Quality Unknown: The Invisible Water Crisis*. Washington, DC, The World Bank. openknowledge.worldbank.org/handle/10986/32245. License: CC BY 3.0 IGO

_____. 2019b. *Quality Unknown: Technical Appendixes*. Washington, DC, World Bank. openknowledge.worldbank.org/bitstream/handle/10986/32245/211459App.pdf?sequence=5&isAllowed=y. License: Creative Commons Attribution CC BY 3.0 IGO.

Davidson, B., Hellegers, P. and Namara, R. E. 2019. Why irrigation water pricing is not widely used. *Current Opinion in Environmental Sustainability*, Vol. 40, pp. 1–6. doi.org/10.1016/j.cosust.2019.06.001.

Debaere, P. and Li, T. 2020. The effects of water markets: Evidence from Rio Grande. *Advances in Water Resources*, Vol. 145, Art. 103700. doi.org/10.1016/j.advwatres.2020.103700.

De Groot, R., Brander, L., Van der Ploeg, S., Costanza, R., Bernard, F., Braat, L., Christie, M., Crossman, N., Ghermandi, A., Hein, L., Hussain, S., Kumar, P., McVittie, A., Portela, R., Rodriguez, L. C., Ten Brink, P. and Van Beukering, P. 2012. Global estimates of the value of ecosystems and their services in monetary units. *Ecosystem Services*, Vol. 1, No. 1, pp. 50–61. doi.org/10.1016/j.ecoser.2012.07.005.

De Groot, R. S., Stuip, M. A. M., Finlayson, C. M. and Davidson, N. 2006. *Valuing Wetlands: Guidance for Valuing the Benefits derived from Wetland Ecosystem Services*. Ramsar Technical Report No. 3/CBD Technical Series No. 27. Gland, Switzerland/Montreal, PQ, Ramsar Convention Secretariat/Secretariat of the Convention on Biological Diversity (CBD). www.cbd.int/doc/publications/cbd-ts-27.pdf.

De la Cruz, A., Medina A. and Tang, Y. 2019. *Owners of the World's Listed Companies*. OECD Capital Market Series. Paris, Organisation for Economic Co-operation and Development (OECD). www.oecd.org/corporate/Owners-of-the-Worlds-Listed-Companies.pdf.

Del Giacco, L. J., Drusiani, R., Lucentini, L. and Murtas, S. 2017. Water as a weapon in ancient times: Considerations of technical and ethical aspects. *Water Supply*, Vol. 17, No. 5, pp. 1490–1498. doi.org/10.2166/ws.2017.043.

De Oliveira, J. A. P. and Paleo, U. F. 2016. Lost in participation: How local knowledge was overlooked in land use planning and risk governance in Tōhoku, Japan. *Land Use Policy*, Vol. 52, pp. 543–551. doi.org/10.1016/j.landusepol.2014.09.023.

Devoto, F., Duflo, E., Dupas, P., Pariente, W. and Pons, V. 2012. Happiness on tap: Piped water adoption in urban Morocco. *American Economic Journal: Economic Policy*, Vol. 4, No. 4, pp.68–99. doi.org/10.1257/pol.4.4.68.

Diao, X. and Roe, T. 2000. The win-win effect of joint water market and trade reform on interest groups in irrigated agriculture in Morocco. A. Dinar (ed.), *The Political Economy of Water Pricing Reforms*. New York, Oxford University Press. documents1.worldbank.org/curated/en/199301468771050868/pdf/multi-page.pdf.

Di Baldassarre, G. Wanders, N., AghaKouchak, A., Kuil, L., Rangecroft, S., Veldkamp, T. I. E., Garcia, M., Van Oel, P., Breinl, K. and Van Loon, A. 2018. Water shortages worsened by reservoir effects. *Nature Sustainability*, Vol. 1, pp. 617–622. doi.org/10.1038/s41893-018-0159-0.

D'Odorico, P., Chiarelli, D. D., Rosa, L., Bini, A., Zilberman, D. and Rulli, M. C. 2020. The global value of water in agriculture. *Proceedings of the National Academy of Sciences of the United States of America*, Vol. 117, No. 36, pp. 21985–21993. doi.org/10.1073/pnas.2005835117.

Domènech, L. 2015. Improving irrigation access to combat food insecurity and undernutrition: A review. *Global Food Security*, Vol. 6, pp. 24–33. doi.org/10.1016/j.gfs.2015.09.001.

Dussaillant, I., Berthier, E., Brun, F., Masiokas, M., Hugonnet, R., Favier, V., Rabatel, A., Pitte, P. and Ruiz, L. 2019. Two decades of glacier mass loss along the Andes. *Nature Geoscience*, Vol. 12, pp. 802–808. doi.org/10.1038/s41561-019-0432-5.

Earthwatch Institute. n.d. *Citizen Science*. Freshwater Watch. Earthwatch Europe website. freshwaterwatch.thewaterhub.org/our-data/citizen-science.

E

EASAC (European Academies' Science Advisory Council). 2018. *Extreme Weather Events in Europe: Preparing for Climate Change Adaptation: An Update on EASAC's 2013 Study*. Halle, Germany, EASAC. easac.eu/publications/details/extreme-weather-events-in-europe/.

Eckstein, G., D'Andrea, A., Marshall, V., O'Donnell, E., Talbot-Jones, J., Curran, D. and O'Bryan, K. 2018. Conferring legal personality on the world's rivers: A brief intellectual assessment. *Water International*, Vol. 44, No. 6–7, pp. 804–829. doi.org/10.1080/02508060.2019.1631558.

ECSA (European Citizen Science Association). 2015. *Ten Principles of Citizen Science*. ecsa.citizen-science.net/documents/.

EEA (European Environmental Agency). 2012. *Towards Efficient Use of Water Resources in Europe*. Report No. 1/2012. Copenhagen, EEA. www.eea.europa.eu/publications/towards-efficient-use-of-water.

____. 2018. *Industrial Waste Water Treatment – Pressures on Europe's Environment*. EEA Report No 23/2018. Luxembourg, Publications Office of the European Union. www.eea.europa.eu/publications/industrial-waste-water-treatment-pressures.

____. 2019. *Industrial Pollution in Europe*. Indicator Assessment. EEA website. www.eea.europa.eu/data-and-maps/indicators/industrial-pollution-in-europe-3/assessment.

Embid, A. and Martín, L. 2017. *El Nexo entre el agua, la energía y la alimentación en América Latina y el Caribe: planificación, marco normativo e identificación de interconexiones prioritarias* [The Nexus between water, energy and food in Latin America and the Caribbean: Planning, normative framework and identification of priority connections]. Série Recursos Naturales e Infraestructura No. 179 (LC/TS.2017/16). Santiago, United Nations Economic Commission for Latin America and Caribbean (UNECLAC). www.cepal.org/es/publicaciones/41069-nexo-agua-la-energia-la-alimentacion-america-latina-caribe-planificacion-marco. (In Spanish.)

Emerton, L. and Bos, E. 2004. *Value: Counting Ecosystems as an Economic Part of Water Infrastructure*. Gland, Switzerland/Cambridge, UK, International Union for Conservation of Nature (IUCN). doi.org/10.13140/2.1.1470.1121.

Engels, S., Pagiola, S. and Wunder, S. 2008. Designing payments for environmental services in theory and practice: An overview of the issues. *Ecological Economics*, Vol. 65, No. 4, pp. 663–674. doi.org/10.1016/j.ecolecon.2008.03.011.

Ercin, A. E. and Hoekstra, A. Y. 2012. *Carbon and Water Footprints: Concepts, Methodologies and Policy Responses*. WWDR4, Side Publication Series No. 04. Paris, United Nations World Water Assessment Programme (WWAP), United Nations Educational, Scientific and Cultural Organization (UNESCO). www.unesco.org/new/en/natural-sciences/environment/water/wwap/publications/side-publications/carbon-and-water-footprints-concepts-methodologies-and-policy-responses/.

Escott, H., Beavis, S. and Reeves, A. 2015. Incentives and constraints to indigenous engagement in water management. *Land Use Policy*, Vol. 49, pp. 382–393. doi.org/10.1016/j.landusepol.2015.08.003.

Espey, M., Espey, J. and Shaw, W. D. 1997. Price elasticity of residential demand for water: A meta-analysis. *Water Resources Research*, Vol. 33, No. 6, pp. 1369–1374. doi.org/10.1029/97WR00571.

Esteves-Mills, J. and Cumming, O. 2016. *The Impact of WASH on Key Health & Social Outcomes*. DFID Evidence Paper. Sanitation and Hygiene Applied Research for Equity (SHARE)/United Nations Children's Fund (UNICEF). www.unicef.org/wash/files/The_Impact_of_WASH_on_Key_Social_and_Health_Outcomes_Review_of_Evidence.pdf.

European Commission. 2019a. *Fitness Check of the Water Framework Directive and the Floods Directive*. SWD (2019) 439 final, Brussels, European Union. ec.europa.eu/environment/water/fitness_check_of_the_eu_water_legislation/documents/Water%20Fitness%20Check%20-%20SWD(2019)439%20-%20web.pdf.

____. 2019b. *EU Guidance on Integrating Ecosystems and their Services into Decision-Making*. SWD (2019) 305 final, Brussels, European Union. ec.europa.eu/environment/nature/ecosystems/pdf/SWD_2019_305_F1_STAFF_WORKING_PAPER_EN_V2_P1_1042629.PDF.

European Parliament/Council of the European Union. 2000. Directive 2000/60/EC of the European Parliament and the Council of 23 October 2000 establishing a framework for Community action in the field of water policy. *Official Journal of the European Communities*, L 327. eur-lex.europa.eu/legal-content/EN/TXT/?uri=CELEX:32000L0060.

F

FAO (Food and Agriculture Organization of the United Nations). 1984. *Systematic Index of International Water Resources Treaties, Declarations, Acts and Cases, by Basin*, Legislative Study No. 34. Rome, FAO. www.ircwash.org/sites/default/files/820-INT78-18710.pdf.

____. 2004. *Economic Valuation of Water Resources in Agriculture: From the Sectoral to a Functional Perspective of Natural Resource Management*. FAO Water Report No. 27. Rome, FAO. www.fao.org/3/y5582e/y5582e00.htm.

____. 2010a. *The Wealth of Waste: The Economics of Wastewater Use in Agriculture*. FAO Water Report No. 35. Rome, FAO. www.fao.org/3/i1629e/i1629e.pdf.

____. 2010b. *Sustainable Diets and Biodiversity: Direction and Solution for Policy, Research and Action*. Proceedings of the International Scientific Symposium: Biodiversity and Sustainable Diets United Against Hunger, 3–5 November 2010. Rome, FAO. www.fao.org/3/a-i3004e.pdf.

_____. 2011a. *The State of the World's Land and Water Resources for Food and Agriculture: Managing Systems of Risk*. London, Earthscan/Rome, FAO. www.fao.org/nr/solaw/solaw-home/en/.

_____. 2011b. *Save and Grow: A Policymaker's Guide to the Sustainable Intensification of Smallholder Crop Production*. Rome, FAO. www.fao.org/3/I2215E/i2215e.pdf.

_____. 2012a. *Irrigation Water Requirement and Water Withdrawal by Country*. FAO AQUASTAT Report. Rome, FAO. www.fao.org/nr/water/aquastat/water_use_agr/irrigationwateruse.pdf.

_____. 2012b. *Coping with Water Scarcity: An Action Framework for Agriculture and Food Security*. FAO Water Report No. 38. Rome, FAO. www.fao.org/3/a-i3015e.pdf.

_____. 2013a. *The State of Food and Agriculture 2013 – Food Systems for Better Nutrition*. Rome, FAO. www.fao.org/publications/sofa/2013/en/.

_____. 2013b. *Multiple Uses of Water Services in Large Irrigation Systems. Auditing and Planning Modernization: The MASSMUS approach*. Irrigation and Drainage Paper No. 67. Rome, FAO. www.fao.org/3/i3414e/i3414e.pdf.

_____. 2013c. *Climate-Smart Agriculture Sourcebook*. Rome, FAO. www.fao.org/3/i3325e/i3325e.pdf.

_____. 2014a. *The State of World Fisheries and Aquaculture: Opportunities and Challenges*. Rome, FAO. www.fao.org/3/a-i3720e.pdf.

_____.2014b. *Turning Family Farm Activity into Decent Work*. Information material. Rome, FAO. www.fao.org/fileadmin/user_upload/fao_ilo/pdf/FF_DRE.pdf.

_____. 2014c. *The Water–Energy–Food Nexus: A New Approach in Support of Food Security and Sustainable Agriculture*. Rome, FAO. www.fao.org/3/a-bl496e.pdf.

_____. 2015. *Evaporation from Artificial Lakes and Reservoirs*. FAO AQUASTAT reports. Rome, FAO. www.fao.org/documents/card/en/c/04499d76-fd6f-4360-adaf-796dfd422050/.

_____. 2016. *El riego en América del Sur, Centroamérica y Caribe en cifras* [Irrigation in South America, Central America and the Caribbean in numbers]. Encuesta AQUASTAT 2015. Rome, FAO. www.fao.org/publications/card/es/c/CA3580ES. (In Spanish.)

_____. 2017a. *Water for Sustainable Food and Agriculture: A Report Produced for the G20 Presidency of Germany*. Rome, FAO. www.fao.org/3/a-i7959e.pdf.

_____. 2017b. *The Future of Food and Agriculture: Trends and Challenges*. Rome, FAO. www.fao.org/3/a-i6583e.pdf.

_____. 2018a. *The Future of Food and Agriculture: Alternative Pathways to 2050*. Rome, FAO. www.fao.org/policy-support/tools-and-publications/resources-details/en/c/1259562/. Licence: CC BY-NC-SA 3.0 IGO.

_____. 2018b. *Progress on Level of Water Stress – Global Baseline for SDG 6 Indicator 6.4.2*. Rome, FAO/UN-Water. www.unwater.org/publications/progress-on-level-of-water-stress-642/. Licence: CC BY-NC-SA 3.0 IGO.

_____. 2019a. *The State of Food and Agriculture 2019. Moving Forward on Food Loss and Waste Reduction*. Rome, FAO. www.fao.org/3/ca6030en/ca6030en.pdf.

_____. 2019b. *Incorporating Environmental Flows into "Water Stress" Indicator 6.4.2 – Guidelines for a Minimum Standard Method for Global Reporting*. Rome, FAO. www.fao.org/3/ca3097en/CA3097EN.pdf. Licence: CC BY-NC-SA 3.0 IGO.

_____. 2019c. *Water Use in Livestock Production Systems and Supply Chains – Guidelines for Assessment (Version 1)*. Livestock Environmental Assessment and Performance (LEAP) Partnership. Rome, FAO. www.fao.org/3/ca5685en/ca5685en.pdf.

_____. 2020a. *Impacts of Coronavirus on Food Security and Nutrition in Asia and the Pacific: Building more Resilient Food Systems*. Bangkok, FAO. doi.org/10.4060/ca9473en.

_____. 2020b. *SMART Irrigation – SMART WASH: Solutions in Response to the Pandemic Crisis in Africa*. Land and Water Discussion Paper No. 16. Rome, FAO. www.fao.org/3/cb1306en/CB1306EN.pdf.

_____. 2020c. *Setting Regional Priorities to Manage Water for Agriculture under Conditions of Water Scarcity*. FAO Regional Conference for Asia and the Pacific. Thimphu. www.fao.org/3/nb841en/nb841en.pdf.

_____. 2020d. *WaPOR Database Methodology: Version 2 Release, April 2020*. Rome, FAO. doi.org/10.4060/ca9894en.

_____. n.d.a. *Water and Gender*. FAO Land and Water Division. www.fao.org/land-water/water/watergovernance/water-gender/en/ (Accessed August 2020).

_____. n.d.b. *Building Water Access for a COVID-19 Response: Multiple Water Use Systems, Water Stations, Air-to-Water Non Conventional Technologies*. FAO website. www.fao.org/land-water/overview/covid19/access/en/

_____. n.d.c. *WaPOR: The FAO Portal to Monitor Water Productivity through Open Access of Remotely Sensed Derived Data*. wapor.apps.fao.org/home/WAPOR_2/1.

FAO/IFAD/UNICEF/WFP/WHO (Food and Agriculture Organization of the United Nations/International Fund for Agricultural Development/United Nations Children's Fund/World Food Programme/World Health Organization). 2020. *The State of Food Security and Nutrition in the World 2020: Transforming Food Systems for Affordable Healthy Diets*. Rome, FAO. doi.org/10.4060/ca9692en.

FAO/WWC (Food and Agriculture Organization of the United Nations/World Water Council). 2015. *Towards a Water and Food Secure Future: Critical Perspectives for Policy-Makers*. White Paper. Rome/Marseille, France, FAO/WWC. www.fao.org/3/a-i4560e.pdf.

Farolfi, S., Mabugu, R. E. and Ntshingila, S. N. 2007. Domestic water use and values in Swaziland: A contingent valuation analysis. *Agrekon*, Vol. 46, No. 1, pp. 157–170. doi.org/10.1080/03031853.2007.9523766.

Faurès, J. M. and Santini, G. (eds.). 2008. *Water and the Rural Poor: Interventions for Improving Livelihoods in Sub-Saharan Africa*. Rome, Food and Agriculture Organization of the United Nations. www.fao.org/3/i0132e/i0132e00.htm.

Fekete, B. M., Loose, U., Pietroniro, A. and Robarts, R. D. 2012. Rational for monitoring discharge on the ground. *Journal of Hydrometeorology*, Vol. 13, No. 6, pp. 1977–1986. doi.org/10.1175/JHM-D-11-0126.1.

Fernández-Arévalo, T., Lizarralde, I., Fdz-Polanco, F., Pérez-Elvira, S. I., Garrido, J. M., Puig, S., Poch, M., Grau and P., Ayesa, E. 2017. Quantitative assessment of energy and resource recovery in wastewater treatment plants based on plant-wide simulations. *Water Research*, Vol. 118, pp. 272–288. doi.org/10.1016/j.watres.2017.04.001.

Fischer, G. 2018. Transforming the global food system. *Nature*, Vol. 562, pp. 501–502. doi.org/10.1038/d41586-018-07094-6.

Fish, R., Church, A., Willis, C., Winter, M., Tratalos, J. A., Haines-Young, R. and Potschin, M. 2016a. Making space for cultural ecosystem services: Insights from a study of the UK nature improvement initiative. *Ecosystem Services*, Vol. 21, Part B, pp. 329–343. doi.org/10.1016/j.ecoser.2016.09.017.

Fish, R., Church, A. and Winter, M. 2016b. Conceptualising cultural ecosystem services: A novel framework for research and critical engagement. *Ecosystem Services*, Volume 21, Part B, pp. 208–217. doi.org/10.1016/j.ecoser.2016.09.002.

Foster, V., Gomez-Lobo, A. and Halpern, J. 2000. *Designing Direct Subsidies for Water and Sanitation: Panama – A Case Study*. Policy Research Working Paper No. 2344. Washington, DC, World Bank. openknowledge.worldbank.org/handle/10986/21582. License: CC BY 3.0 IGO.

Frija, A., Chebil, A. and Abdelkafi, B. 2012. Irrigation water use efficiency in collective irrigated schemes of Tunisia: Determinants and potential irrigation cost reduction. *Agricultural Economics Review*, Vol. 13, No. 1, pp. 39–48. doi.org/10.22004/ag.econ.253493.

Frijns, J., Hofman, J. and Nederlof, N. 2013. The potential of (waste)water as energy carrier. *Energy Conversion and Management*, Vol. 65, pp. 357–363. doi.org/10.1016/j.enconman.2012.08.023.

Fritz, S., See, L., Carlson, T., Haklay, M., Haklay, M., Oliver, J. L., Fraisl, D., Mondardini, R., Brocklehurst, M., Shanley, L. A., Schade, S., Wehn, U., Abrate, T., Anstee, J., Arnold, S., Billot, M., Campbell, J., Espey, J., Gold, M., Hager, G., He, S., Hepburn, L., Hsu, A., Long, D., Masó, J., McCallum, I., Muniafu, M., Moorthy, I., Obersteiner, M., Parker, A. J., Weisspflug, M. and West, S. 2019. Citizen science and the United Nations Sustainable Development Goals. *Nature Sustainability*, Vol. 2, pp. 922–930. doi.org/10.1038/s41893-019-0390-3.

GAHI (Global Atlas of Helminth Infections). n.d. *The Global Burden of Disease Study Estimates the Magnitude of Health Loss due to Diseases and Injuries*. GAHI website. London Applied & Spatial Epidemiology Research Group (LASER)/London School of Hygiene and Tropical Medicine. www.thiswormyworld.org/worms/global-burden.

Gardner, J., Doyle, M. and Patterson, L. 2017. *Estimating the Value of Public Water Data*. Working paper NI WP 17-05. Durham, NC, Duke University. nicholasinstitute.duke.edu/content/estimating-value-public-water-data.

Garrick, D. E., Hall, J., Dobson, A., Damania, R., Grafton, R., Hope, R., Hepburn, C., Bark, R., Boltz, F., De Stefano, L., O'Donnell, E., Matthews, N. and Money, A. 2017. Valuing water for sustainable development. *Science*, Vol. 358, No. 6366, pp. 1003-1005. doi.org/10.1126/science.aao4942.

Garrick, D. E., De Stefano, L., Turley, L., Jorgensen, I., Aguilar-Barajas, I., Schreiner, B., De Souza Leão, R., O'Donnell, E. and Horne, A. 2019. *Dividing the Water, Sharing the Benefits: Lessons from Rural-to-Urban Water Reallocation*. Washington, DC, World Bank. openknowledge.worldbank.org/handle/10986/32050. License: CC BY 3.0 IGO.

Garrick, D. E., Hanemann, M. and Hepburn, C. 2020a. Rethinking the economics of water: An assessment. *Oxford Review of Economic Policy*, Vol. 36, No.1, pp.1–23. doi.org/10.1093/oxrep/grz035.

Garrick, D. E., Iseman, T., Gilson, G., Brozovic, N., O'Donnell, E., Matthews, N., Miralles-Wilhelm, F., Wight, C. and Young, W. 2020b. Scalable solutions to freshwater scarcity: Advancing theories of change to incentivise sustainable water use. *Water Security*, Vol. 9, Art. 100055. doi.org/10.1016/j.wasec.2019.100055.

Gaupp, F., Hall, J. and Dadson, S. 2015. The role of storage capacity in coping with intra- and inter-annual water variability in large river basins. *Environmental Research Letters*, Vol. 10, No. 12, Art. 125001. doi.org/10.1088/1748-9326/10/12/125001.

Gaynor, N. 2014. The tyranny of participation revisited: International support to local governance in Burundi. *Community Development Journal*, Vol. 49, No. 2, pp. 295–310. doi.org/10.1093/cdj/bst031.

GCEC (Global Commission on the Economy and Climate). 2016. *The Sustainable Infrastructure Imperative: Financing for Better Growth and Development*. The 2016 New Climate Economy Report. GCEC, The New Climate Economy. newclimateeconomy.report/2016.

George, M. W., Hotchkiss, R. H. and Huffaker, R. 2017. Reservoir sustainability and sediment management. *Journal of Water Resources Planning and Management*, Vol. 143, No. 3, Art. 04016077. doi.org/10.1061/(ASCE)WR.1943-5452.0000720.

Ghani, A. N. A. 2016. Economic Assessment of Ecosystem Services –The Methodology and Findings. *Proceedings of the International Seminar on the Ecogydrology Management of Putrajaya Lake and Wetland*. Putrajaya, Malaysia, 19–20 January 2016.

GHS (Ghana Health Service). 2013. *2013 Annual report*.

Giordano, M. and Shah, T. 2014. From IWRM back to integrated water resources management. *International Journal of Water Resources Development*, Vol. 30, No. 3, pp. 364–376. doi.org/10.1080/07900627.2013.851521.

Giordano, M., Turral, H., Scheierling, S. M., Treguer, D. O. and McCornick, P. G. 2017. *Beyond 'More Crop per Drop': Evolving Thinking on Agricultural Water Productivity*. IWMI Research Report No. 169. Colombo, International Water Management Institute (IWMI)/Washington, DC, World Bank. doi.org/10.5337/2017.202.

Gilvear, D., Beevers, L., O'Keeffe, J. and Acreman, M. 2017. Environmental water regimes and natural capital – Free-flowing ecosystem services. A. C. Horne, J. A. Webb, M. J. Stewardson, B. Richter and M. Acreman (eds.), *Water for the Environment: From Policy and Science to Implementation and Management*. London, Academic Press.

Global High-Level Panel on Water and Peace. 2017. *A Matter of Survival. Report of the Global High-Level Panel on Water and Peace*. Geneva, Geneva Water Hub. www.genevawaterhub.org/resource/matter-survival.

Gonzalez Sanchez, R., Seliger, R., Fahl, F., De Felice, L., Ouarda, T. B. and Farinosi, F. 2020. Freshwater use of the energy sector in Africa. *Applied Energy*, Vol. 270, Art. 115171. doi.org/10.1016/j.apenergy.2020.115171.

Gosling, S. N. and Arnell, N. W. 2016. A global assessment of the impact of climate change on water scarcity. *Climatic Change*, Vol. 134, pp. 371–385. doi.org/10.1007/s10584-013-0853-x.

Gould, I. M. 2010. Alexander Gordon, puerperal sepsis, and modern theories of infection control – Semmelweis in perspective. *The Lancet Infectious Diseases*, Vol. 10, No, 4, pp. 275–278. doi.org/10.1016/S1473-3099(09)70304-4.

Government of New Zealand. 2019. *The Wellbeing Budget 2019*. Government of New Zealand. treasury.govt.nz/publications/wellbeing-budget/wellbeing-budget-2019.

Government of Rwanda. 2019. *Natural Capital Accounts for Water*, Version 1.0. Kigali, NISR, Ministry of Environment. doi.org/10.13140/RG.2.2.23507.32806.

Grafton, R. Q. and Wheeler, S. A. 2018. Economics of water recovery in the Murray-Darling Basin, Australia. *Annual Review of Resource Economics*, Vol. 10, No. 1, pp. 487–510. doi.org/10.1146/annurev-resource-100517-023039.

Grafton, R. Q., Williams, J., Perry, C. J., Molle, F., Ringler, C., Steduto, P., Udall, B., Wheeler, S. A., Wang, Y., Garrick, D. and Allen, R. G. 2018. The paradox of irrigation efficiency. *Science*, Vol. 361, No. 6404, pp. 748–50. doi.org/10.1126/science.aat9314.

Green, P., Vörösmarty, C., Harrison, I. and Farrell, T. 2015. Freshwater ecosystem services supporting humans: Pivoting from water crisis to water solutions. *Global Environmental Change*, Vol. 34, pp. 108–118. doi.org/10.1016/j.gloenvcha.2015.06.007.

Greve, P., Kahil, T., Mochizuki, J., Schinko, T., Satoh, Y., Burek, P., Fischer, G., Tramberend, S., Burtscher, R., Langan, S. and Wada, Y. 2018. Global assessment of water challenges under uncertainty in water scarcity projections. *Nature Sustainability*, Vol. 1, pp. 486-494. doi.org/10.1038/s41893-018-0134-9.

Grill, G., Lehner, B., Thieme, M., Geenen, B., Tickner, D., Antonelli, F., Babu, S., Borrelli, P., Cheng, L., Crochetiere, H., Ehalt Macedo, H., Filgueiras, R., Goichot, M., Higgins, J., Hogan, Z., Lip, B., McClain, M. E., Meng, J., Mulligan, M., Nilsson, C., Olden, J. D., Opperman, J. J., Petry, P., Reidy Liermann, C., Sáenz, L., Salinas-Rodríguez, S., Schelle, P., Schmitt, R. J. P., Snider, J., Tan, F., Tockner, K., Valdujo, P. H., Van Soesbergen, A. and Zarfl, C. 2019. Mapping the world's free-flowing rivers. *Nature*, Vol. 569, pp. 215–221. doi.org/10.1038/s41586-019-1111-9.

GRIPP (Groundwater Solutions Initiative for Policy and Practice). n.d. *Groundwater-Based Natural Infrastructure (GBNI)*. GRIPP website. International Water Management Institute (IWMI). gripp.iwmi.org/natural-infrastructure/. (Accessed August 2020).

Grizzetti, B., Liquete, C., Antunes, P., Carvalho, L., Geamănă, N., Giucă, R., Leone, M., McConnell, S., Predad, R., Santos, R., Turkelboom, F., Vădineanu, A. and Woods, H. 2016. Ecosystem services for water policy: Insights across Europe. *Environmental Science & Policy*, Vol. 66, pp. 179–190. doi.org/10.1016/j.envsci.2016.09.006.

Groenfeldt, D. 2019. *Water Ethics. A Values Approach to Solving the Water Crisis*. 2nd edition. London, Earthscan Routledge.

Grossman, D., Doyle, M. and Buckley, N. 2015. *Data Intelligence for 21st Century Water Management: A Report from the 2015 Aspen-Nicholas Water Forum*. Washington, DC, The Aspen Institute. www.aspeninstitute.org/publications/data-intelligence-21st-century-water-management-report-2015-aspen-nicholas-water-forum/.

Guardiola, J., García-Rubio, M. A. and Guidi-Gutiérrez, E. 2014. Water access and subjective well-being: The case of Sucre, Bolivia. *Applied Research in Quality of Life*, Vol. 9, No. 2, pp. 367–385. doi.org/10.1007/s11482-013-9218-x.

Guardiola, J., González-Gómez, F. and Lendechy Grajales, Á. 2013. The influence of water access in subjective well-being: Some evidence in Yucatan, Mexico. *Social Indicators Research*, Vol. 110, No. 1, pp. 207–218. doi.org/10.1007/s11205-011-9925-3.

Gulland, J., Hone, S. and Pohlner, H. 2020. *Position Paper on Valuing Water in Bangladesh*. Washington, DC, 2030 Water Resources Group. www.2030wrg.org/wp-content/uploads/2020/11/Position-Paper-on-Valuing-Water-in-Bangladesh.pdf.

GWOPA (Global Water Operators Partnership Alliance). 2020. *What Water and Sanitation Operators can do in the Fight against COVID-19*. GWOPA website. gwopa.org/what-water-and-sanitation-operators-can-do-in-the-fight-against-covid-19/.

GWP (Global Water Partnership). 2000. *Integrated Water Resources Management*. TAC Background paper No. 4. Stockholm, GWP. www.gwp.org/globalassets/global/toolbox/publications/background-papers/04-integrated-water-resources-management-2000-english.pdf.

_____. 2009. *A Handbook for Integrated Water Resources Management in Basins*. Stockholm, GWP/International Network of Basin Organizations (INBO). www.gwp.org/globalassets/global/toolbox/references/a-handbook-for-integrated-water-resources-management-in-basins-inbo-gwp-2009-english.pdf.

Hadj-Hammou, J., Loiselle, S., Ophof, D. and Thornhill, I. 2017. Getting the full picture: Assessing the complementarity of citizen science and agency monitoring data. *PLoS ONE*, Vol. 12, No. 12, e0188507. doi.org/10.1371/journal.pone.0188507.

Hagenvoort, J., Ortega-Reig, M., Botella, S., García, C., De Luis, A. and Palau-Salvador, G. 2019. Reusing treated waste-water from a circular economy perspective – The case of the Real Acequia de Moncada in Valencia (Spain). *Water*, Vol. 11, No. 9, No. 1830. doi.org/10.3390/w11091830.

Hagerty, N. 2019. *Liquid constrained in California: Estimating the potential gains from water markets*. MIT Working Paper.

Hanjra, M. A. and Qureshi, M. E. 2010. Global water crisis and future food security in an era of climate change. *Food Policy*, Vol. 35, No. 5, pp. 365–377. doi.org/10.1016/j.foodpol.2010.05.006.

Hansjürgens, B., Droste, N. and Tockner, K. 2016. Neglected values of major water engineering projects: Ecosystem services, social impacts, and economic valuation. R. F. Hüttl, O. Bens, C. Bismuth and S. Hoechstetter (eds.), *Society–Water–Technology: A Critical Appraisal of Major Water Engineering Projects*. Cham, Switzerland, Springer International Publishing.

Harmsworth, G., Awatere, S. and Mahuru, R. 2016. Indigenous Māori values and perspectives to inform freshwater management in Aotearoa-New Zealand. *Ecology and Society*, Vol. 21, No. 4, Art. 9. doi.org/10.5751/ES-08804-210409.

Harrington, K. 2015. *Saudi Arabia Creates New Solar-Powered Desalination Technology*. AIChEi (American Institute of Chemical Engineers), 16 October. www.aiche.org/chenected/2015/10/saudi-arabia-creates-new-solar-powered-desalination-technology.

Hasan, E., Tarhule, A., Hong, Y. Moore III, B. 2019. Assessment of physical water scarcity in Africa using GRACE and TRMM satellite data. *Remote Sensing*, Vol. 11, Art. 904. doi.org//10.3390/rs11080904.

Hayman, E. R. 2018. *Héen Aawashaayi Shaawat / Marrying the Water: The Tlingit, the Tagish, and the Making of Place*. Phd Thesis. Munich, Germany, Faculty of Geography, Ludwig-Maximilians University. doi.org/10.5282/edoc.22368.

Hein, C. (ed.). 2020. *Adaptive Strategies for Water Heritage – Past, Present and Future*. Springer International Publishing. doi.org/10.1007/978-3-030-00268-8.

Heineken. 2019a. *Heineken announces 'Every Drop' Water Ambition for 2030*. Media release. www.theheinekencompany.com/newsroom/heineken-announces-every-drop-water-ambition-for-2030/.

_____. 2019b. Every Drop Counts. Heineken website. www.theheinekencompany.com/newsroom/every-drop-counts/.

Hellegers, P. and Leflaive, X. 2015. Water allocation reform: What makes it so difficult. *Water International*, Vol. 40, No. 2, pp. 273–285. doi.org/10.1080/02508060.2015.1008266.

Hellegers, P. and Van Halsema, G. E. 2019. Weighing economic values against societal needs: Questioning the roles of valuing water in practice. *Water Policy*, Vol. 21, No. 3, pp. 514–525. doi.org/10.2166/wp.2019.048.

Helliwell, J. F., Layard, R., Sachs, J. and De Neve, J. (eds.). 2020. *World Happiness Report 2020*. New York, Sustainable Development Solutions Network. worldhappiness.report/ed/2020/.

Hellum, A., Kameri Mbote, P. and Van Koppen, B. (eds.). 2015. *Water is life: Women's human rights in national and local water governance in Southern and Eastern Africa*. Harare, Weaver Press.

Hermans, L. M., Van Halsema, G. E. and Mahoo, H. F. 2006. Building a mosaic of values to support local water resources management. *Water Policy*, Vol. 8, No. 5, pp. 415–434. doi.org/10.2166/wp.2006.051.

Hester, G., Carsell, K. and Ford, D. 2006. *Benefits of the USGS Stream Gauging Program – Users and Uses of US streamflow Data*. National Hydrologic Water Council. water.usgs.gov/osw/pubs/nhwc_report.pdf.

HLPW (High Level Panel on Water). 2017a. *Value Water*. Unpublished note.

_____. 2017b. *Bellagio Principles on Valuing Water*. Bellagio, Italy. sustainabledevelopment.un.org/content/documents/15591Bellagio_principles_on_valuing_water_final_version_in_word.pdf.

_____. 2018. *Making Every Drop Count: An Agenda for Water Action*. High Level Panel on Water Outcome Document. sustainabledevelopment.un.org/content/documents/17825HLPW_Outcome.pdf.

Hoekstra, A. Y. and Chapagain, A. K. 2007. Water footprints of nations: Water use by people as a function of their consumption pattern. *Water Resources Management*, Vol. 21, pp. 35–48. doi.org/10.1007/s11269-006-9039-x.

Hoekstra, A. Y., Chapagain, A. K., Aldaya, M. M. and Mekonnen, M. M. 2011. *The Water Footprint Assessment Manual: Setting the Global Standard*. London/Washington, DC, Earthscan.

Hoekstra, A. Y. and Mekonnen, M. M. 2012. The water footprint of humanity. *Proceedings of the National Academy of Sciences of the United States of America*, Vol. 109, No. 9, pp. 3232–3237. doi.org/10.1073/pnas.1109936109.

Hoekstra, R. 2019. *Replacing GDP by 2030 – Towards a Common Language for the Well-Being and Sustainability Community*. Cambridge, UK, Cambridge University Press. doi.org/10.1017/9781108608558.

Hoff, H. 2011. *Understanding the Nexus*. Background paper for the Bonn 2011 Conference: The Water, Energy and Food Security Nexus. Stockholm, Stockholm Environment Institute (SEI). www.sei.org/publications/understanding-the-nexus/.

House, S., Ferron, S., Sommer, M. and Cavill, S. 2014. *Violence, Gender & WASH: A Practitioner's Toolkit – Making Water, Sanitation and Hygiene Safer through Improved Programming and Services*. London, WaterAid/Sanitation and Hygiene Applied Research for Equity (SHARE).

Horne, A. C., O'Donnell, E. L., Acreman, M., McClain, M. E., Poff, N. L, Webb, J. A., Stewardson, M. J., Bond, N. R., Richter, B., Arthington, A. H., Tharme, R. E., Garrick, D. E., Daniell, K. A., Conallin, J. C., Thomas, G. A. and Hart, B. T. 2017a. Moving forward – the implementation challenge for environmental water management. A. C. Horne, J. A. Webb, M. J. Stewardson, B. Richter, and M. Acreman (eds.), *Water for the Environment: From Policy and Science to Implementation and Management*. Cambridge, Mass., Academic Press, pp. 649–673. doi.org/10.1016/B978-0-12-803907-6.00027-9.

Horne, A. C., O'Donnell, E. L. and Tharme, R. E. 2017b. Mechanisms to allocate environmental water. A. C. Horne, J. A. Webb, M. J. Stewardson, B. Richter, B. and M. Acreman (eds.), *Water for the Environment: From Policy and Science to Implementation and Management*. Cambridge, Mass., Academic Press, pp. 361–398. doi.org/10.1016/B978-0-12-803907-6.00017-6.

HRC (Human Rights Council). 2010. *Resolution adopted by the Human Rights Council. The Human Right to Safe Drinking Water and Sanitation*. Eighteenth session of Human Rights Council, A/HRC/RES/18/1.

HSAC (Hydropower Sustainability Assessment Council). 2018. *Hydropower Sustainability Assessment Protocol*. London, International Hydropower Association (IHA). www.hydrosustainability.org/assessment-protocol.

Hsiao, T. C., Steduto, P. and Fereres, E. 2007. A systematic and quantitative approach to improve water use efficiency in agriculture. *Irrigation Science*, Vol. 25, No. 3, pp. 209–231. doi.org/10.1007/s00271-007-0063-2.

Hugh, B. 2019. *By, for, and of the People: How Citizen Science Enhances Water Security*. NewSecurityBeat website. Wilson Center. www.newsecuritybeat.org/2019/12/by-for-people-citizen-science-enhances-water-security/.

Hurford, A. P., McCartney, M. P., Harou, J. J., Dalton, J., Smith, D. M. and Odada, E. 2020. Balancing services from built and natural assets via river basin trade-off analysis. *Ecosystem Services*, Vol. 45, Art. 101144. doi.org/10.1016/j.ecoser.2020.101144.

Hutton, G. 2012. *Monitoring "Affordability" of Water and Sanitation Services after 2015: Review of Global Indicator Options*. A paper submitted to the United Nations Office of the High Commission for Human Rights.

_____. 2013. Global costs and benefits of reaching universal coverage of sanitation and drinking-water supply. *Journal of Water and Health*, Vol.11, No. 1, pp. 1–12. doi.org/10.2166/wh.2012.105.

_____. 2018. Global benefits and costs of achieving universal coverage of basic water and sanitation services as part of the 2030 Agenda for Sustainable Development. B. Lomborg (ed.), *Prioritizing Development*. Cambridge, UK, Cambridge University Press, pp. 422–445. doi.org/10.1017/9781108233767.025.

Hutton, G. and Chase, C. 2017. Water supply, sanitation, and hygiene. C. N. Mock, R. Nugent, O. Kobusingye and K. R. Smith (eds.), Injury Prevention and Environmental Health Third Edition, Vol. 7, *Injury Prevention and Environmental Health*. Washington, DC, The International Bank for Reconstruction and Development/The World Bank. openknowledge.worldbank.org/handle/10986/28576. License: CC BY 3.0 IGO.

Hutton, G. and Varughese, M. 2016. *The Costs of Meeting the 2030 Sustainable Development Goal Targets on Drinking Water, Sanitation, and Hygiene Summary Report*. Washington DC, World Bank. openknowledge.worldbank.org/handle/10986/23681. License: CC BY 3.0 IGO.

IBNet Tariffs database (International Benchmarking Network for Water and Sanitation Utilities Tariffs database). 2018. *IBNET Tariffs DB*. tariffs.ib-net.org/sites.

ICOMOS (International Council of Monuments and Sites). 2015. *Cultural Heritages of Water: The Cultural Heritages of Water in the Middle East and Maghreb*. Thematic Study, first edition. Charenton-le-Pont, France, ICOMOS. www.icomos.org/images/DOCUMENTS/World_Heritage/CH%20of%20water_201507_opt.pdf.

_____. 2019. *The Future of Our Pasts: Engaging Cultural Heritage in Climate Action*. Paris, ICOMOS. www.icomos.org/en/77-articles-en-francais/59522-icomos-releases-future-of-our-pasts-report-to-increase-engagement-of-cultural-heritage-in-climate-action.

ICWE (International Conference on Water and the Environment). 1992. *The Dublin Statement and Report of the Conference*. ICWE: Development issues for the 21st century. Dublin, 26–31 January.

IDA (International Desalination Association). 2020. *Desalination and Water Reuse by the Numbers*. IDA website. idadesal.org/.

IEA (International Energy Agency). 2016. *Water Energy Nexus, Excerpt from the World Energy Outlook 2016*. Paris, Organisation for Economic Co-operation and Development (OECD)/IEA. www.iea.org/reports/water-energy-nexus.

_____. 2020. *Renewable Energy Market Update: Outlook for 2020 and 2021*. www.iea.org/reports/renewable-energy-market-update.

IFPRI (International Food Policy Research Institute). 2019. *2019 Global Food Policy Report*. Washington, DC., IFPRI. doi.org/10.2499/9780896293502.

IHA (International Hydropower Association). 2010. *Hydropower Sustainability Assessment Protocol*. London, IHA. www.hydrosustainability.org/assessment-protocol.

_____. 2020. *Hydropower Sustainability Guidelines on Good International Industry Practice*. London, IHA. www.hydropower.org/publications/hydropower-sustainability-guidelines.

Imamura, K., Takano, K. T., Mori, N., Nakashizuka, T. and Managi, S. 2016. Attitudes toward disaster-prevention risk in Japanese coastal areas: Analysis of civil preference. *Natural Hazards*, Vol. 82, pp. 209–226. doi.org/10.1007/s11069-016-2210-7.

Instituto Nacional de Estadística y Geografía. 2016. *Encuesta Nacional de Ingresos y Gastos de los Hogares* [National Survey of Household Income and Expenditure]. Mexico, Instituto Nacional de Estadística y Geografía. www.inegi.org.mx/programas/enigh/nc/2016/. (In Spanish).

International Health Conference. 1946. *Constitution of the World Health Organization*. www.who.int/governance/eb/who_constitution_en.pdf.

International Rivers. 2012. *Right Priorities for Africa's Power Sector: An Evaluation of Dams under the Programme of Infrastructure Development for Africa (PIDA)*. Pretoria, International Rivers.

IPBES (Intergovernmental Science-Policy Platform on Biodiversity and Ecosystem Services). 2019a. *Global Assessment Report on Biodiversity and Ecosystem Services of the Intergovernmental Science-Policy Platform on Biodiversity and Ecosystem Services*. E. S. Brondizio, J. Settele, S. Díaz and H. T. Ngo (eds.). Bonn, Germany, IPBES secretariat. www.ipbes.net/global-assessment.

_____. 2019b. *Summary for Policymakers of the Global Assessment Report on Biodiversity and Ecosystem Services of the Intergovernmental Science-Policy Platform on Biodiversity and Ecosystem Services*. S. Díaz, J. Settele, E. S. Brondízio, H. T. Ngo, M. Guèze, J. Agard, A. Arneth, P. Balvanera, K. A. Brauman, S. H. M. Butchart, K. M. A. Chan, L. A. Garibaldi, K. Ichii, J. Liu, S. M. Subramanian, G. F. Midgley, P. Miloslavich, Z. Molnár, D. Obura, A. Pfaff, S. Polasky, A. Purvis, J. Razzaque, B. Reyers, R. Roy Chowdhury, Y. J. Shin, I. J. Visseren-Hamakers, K. J. Willis and C. N. Zayas (eds.). Bonn, Germany, IPBES secretariat. doi.org/10.5281/zenodo.3553579.

_____. n.d. Indigenous and local knowledge in IPBES. IPBES website. ipbes.net/indigenous-local-knowledge.

IPCC (Intergovernmental Panel on Climate Change). 2018. *Global Warming of 1.5°C. An IPCC Special Report on the Impacts of Global Warming of 1.5°C above Pre-Industrial Levels and Related Global Greenhouse Gas Emission Pathways, in the Context of Strengthening the Global Response to the Threat of Climate Change, Sustainable Development, and Efforts to Eradicate Poverty*. Masson-Delmotte, V., P. Zhai, H.-O. Pörtner, D. Roberts, J. Skea, P.R. Shukla, A. Pirani, W. Moufouma-Okia, C. Péan, R. Pidcock, S. Connors, J.B.R. Matthews, Y. Chen, X. Zhou, M.I. Gomis, E. Lonnoy, T. Maycock, M. Tignor, and T. Waterfield (eds.). www.ipcc.ch/sr15/.

IWA (International Water Association). 2019. *Digital water: Industry Leaders Chart the Transformation Journey*. London, IWA. iwa-network.org/wp-content/uploads/2015/12/IWA_2019_Digital_Water_Report.pdf.

IWGIA (International Work Group for Indigenous Affairs). 2019. *The Indigenous World 2019*. Copenhagen, IWGIA. www.iwgia.org/images/documents/indigenous-world/IndigenousWorld2019_UK.pdf.

Jackson, S. 2017. How much water does a culture need? Environmental water management's cultural challenge and indigenous responses. A.C. Horne, E. L. O'Donnell, J. A. Webb, M. J. Stewardson, M. Acreman and B. Richter (eds.), *Water for the Environment: From Policy and Science to Implementation and Management*. London, Academic Press, pp. 173–188. doi.org/10.1016/B978-0-12-803907-6.00009-7.

Jackson, S. and Langton, M. 2012. Trends in the recognition of indigenous water needs in Australian water reform: The limitations of 'cultural' entitlements in achieving water equity. *Journal of Water Law*, Vol. 22, No. 2, pp. 109–123. doi.org/10.1016/j.landusepol.2020.104869.

Jägermeyr, J., Gerten, D., Heinke, J., Schaphoff, S., Kummu, M. and Lucht, W. 2015. Water savings potentials of irrigation systems: Global simulation of processes and linkages. *Hydrology and Earth System Science*, Vol. 19, pp. 3073–3091. doi.org/10.5194/hess-19-3073-2015.

Jägermeyr, J., Pastor, A., Biemans, H. and Gerten, D. 2017. Reconciling irrigated food production with environmental flows for Sustainable Development Goals implementation. *Nature Communications*, Vol. 8, Art. 15900. doi.org/10.1038/ncomms15900.

Jalava, M., Guillaume, J. H. A., Kummu, M., Porkka, M., Siebert, S. and Varis, O. 2016. Diet change and food loss reduction: What is their combined impact on global water use and scarcity? *Earth's Future*, Vol. 4, pp. 62–78. doi.org/10.1002/2015EF000327.

James, A. J., Bahadur, A. V., Verma, S., Reid, P. and Biswas, S. 2018. *Climate-Resilient Water Management: An Operational Framework from South Asia. Learning paper*. New Delhi, Action on Climate Today.

Japanese Ministry of Environment. 2010. *Conserving Water by Recharging Groundwater in Kumamoto*. www.biodic.go.jp/biodiversity/shiraberu/policy/pes/en/water/water03.html.

_____. 2015. *Groundwater Conservation and Tap Water Management: Experience of Kumamoto City, Japan*. Asia Low-Carbon Cities Platform Case Study. www.env.go.jp/earth/coop/lowcarbon-asia/english/localgov3/data/kumamoto_20150305_01.pdf.

Jax, K., Calestani, M., Chan, K. M. A., Eser, U., Keune, H., Muraca, B., O'Brien, L., Potthast, T., Voget-Kleschin, L. and Wittmer, H. 2018. Caring for nature matters: A relational approach for understanding nature's contributions to human well-being. *Current Opinion in Environmental Sustainability*, Vol. 35, pp. 1–8. doi.org/10.1016/j.cosust.2018.10.009.

Jeuland, M. 2020. The economics of dams. *Oxford Review of Economic Policy*, Vol. 36, No. 1, pp. 45–68. doi.org/10.1093/oxrep/grz028.

Jiménez, A., Molina, M. F. and Le Deunff, H. 2014. Indigenous peoples and industry water users: Mapping the conflicts worldwide. *Aquatic Procedia*, Vol. 5, pp. 69–80. doi.org/10.1016/j.aqpro.2015.10.009.

Johnston, B., Hiwasaki, L., Klaver, I., Ramos-Castillo, A. and Strang, V. (eds.). 2012. *Water, Cultural Diversity, and Global Environmental Change: Emerging Trends, Sustainable Futures?* Dordrecht, The Netherlands, Springer.

Jones, E., Qadir, M., Van Vliet, M. T. H., Smakhtin, V. and Kang, S. 2019. The state of desalination and brine production: A global outlook. *Science of The Total Environment*, Vol. 657, pp. 1343–1356. doi.org/10.1016/j.scitotenv.2018.12.076.

Justus, J., Colyvan, M., Regan, H. and Maguire, L. 2019. Buying into conservation: Intrinsic versus instrumental value. *Trends in Ecology & Evolution*, Vol. 24, No. 4, pp. 187–191. doi.org/10.1016/j.tree.2008.11.011.

K

Kablouti, G. 2015. Cost of water use: A driver of future investments into water-efficient thermal power plants? *Aquatic Procedia*, Vol. 5, pp. 31–43. doi.org/10.1016/j.aqpro.2015.10.006.

Kaliba, A. R., Norman, D. W. and Chang, Y. M. 2003. Willingness to pay to improve domestic water supply in rural areas of Central Tanzania: Implications for policy. *The International Journal of Sustainable Development & World Ecology*, Vol. 10, No. 2, pp. 119–132. doi.org/10.1080/13504500309469791.

Kendy, E., Molden, D., Steenhuis, T. S., Liu, C. and Wang, J. 2003. *Policies Drain the North China Plain: Agricultural Policy and Groundwater Depletion in Luancheng County, 1949–2000*. Research Report No. 71. Colombo, International Water management Institute (IWMI). www.iwmi.cgiar.org/Publications/IWMI_Research_Reports/PDF/pub071/Report71.pdf.

Khadem, M., Rougé, C., Harou, J. J., Hansen, K. M., Medellin-Azuara, J. and Lund, J. R. 2018. Estimating the economic value of interannual reservoir storage in water resource systems. *Water Resources Research*, Vol. 54, No. 11, pp. 8890–8908. doi.org/10.1029/2017WR022336.

Kingdom, B., Lloyd-Owen, D., Trémolet, S., Kayaga, S. and Ikeda, J. 2018. *Better Use of Capital to Deliver Sustainable Water Supply and Sanitation Services: Practical Examples and Suggested Next Steps*. Washington, DC, World Bank. openknowledge.worldbank.org/handle/10986/30870. License: CC BY 3.0 IGO.

Kingdom of Cambodia. 2015. *Cambodia Socio-Economic Survey 2015*. Phnom Penh, National Institute of Statistics/Ministry of Planning. www.nis.gov.kh/nis/CSES/Final%20Report%20CSES%202015.pdf.

Kjellén, M. 2018. Wastewater governance and the local, regional and global environments. *Water Alternatives,* Vol. 11, No. 2, pp. 219–237.

Klimes, M. and Yaari, E. A. 2019. Water security in the Middle East – Opportunities and challenges for water diplomacy. A. Jägerskog, M. Schulz and A. Swain (eds.), *Routledge Handbook on Middle East Security*. London, Routledge.

Krause, F. and Strang, V. 2016. Thinking relationships through water. *Society and Natural Resources*, Vol. 29, No. 6, pp. 633–638. doi.org/10.1080/08941920.2016.1151714.

Kumamoto City. 2020a. *A World-Class Pure Groundwater City Kumamoto, Japan*. Kumamoto City website. www.city.kumamoto.jp/kankyo/hpkiji/pub/Detail.aspx?c_id=5&id=20548.

_____. 2020b. 第 3 次熊本市地下水保全プラン [R2（2020）年度～R6（2024）年度] [The 3rd Kumamoto City Groundwater Conservation Plan 2020-2024]. www.city.kumamoto.jp/common/UploadFileDsp.aspx?c_id=5&id=27658&sub_id=1&flid=201535. (In Japanese.)

_____. 2020c. *A World Class Pure Groundwater City Kumamoto, Japan*. www.city.kumamoto.jp/kankyo/common/UploadFileDsp.aspx?c_id=5&id=20442&set_doc=1&set_file_field=1. (In Japanese.)

_____. 2020d. 白川中流域水田を活用した地下水かん養事業 [Groundwater Recharge in Kumamoto City]. www.city.kumamoto.jp/common/UploadFileDsp.aspx?c_id=5&id=20453&sub_id=3&flid=218653. (In Japanese.)

Kummu, M., De Moel, H., Porkka, M., Siebert, S., Varis, O. and Ward, P. J. 2012. Lost food, wasted resources: Global food supply chain losses and their impacts on freshwater, cropland, and fertiliser use. *Science of The Total Environment*, Vol. 438, pp. 477–489. doi.org/10.1016/j.scitotenv.2012.08.092.

Kummu, M., Ward, P. J., De Moel, H. and Varis, O. 2010. Is physical water scarcity a new phenomenon? Global assessment of water shortage over the last two millennia. *Environmental Research Letters*, Vol. 5, No. 3, Art. 034006. doi.org/10.1088/1748-9326/5/3/034006.

Lackey, K. and Fillmore, L. 2017. *Energy Management for Water Utilities in Latin America and the Caribbean: Exploring Energy Efficiency and Energy Recovery Potential in Wastewater Treatment Plants.* Washington, DC/Alexandria, Va., The World Bank Group/Water Environment Research Foundation. pubdocs.worldbank.org/en/392871496427784755/Task-B-WERF1T14-web.pdf.

Laituri, M. and Sternlieb, F. 2014. Water data systems: Science, practice, and policy. *Journal of Contemporary Water Research & Education*, Vol. 153, No. 1, pp. 1–3. doi.org/10.1111/j.1936-704X.2014.03174.x.

Lamers, J. P. A. and Khamzina, A. 2008. Fuelwood production in the degraded agricultural areas of the Aral Sea Basin, Uzbekistan. *Bois et Forêts des Tropiques*, Vol. 297, No. 3, pp. 47–57.

Lange, G. M. 2006. Water valuation case studies in Namibia. G. M. Lange and R. M. Hassan, *The Economics of Water Management in Southern Africa: An Environmental Accounting Approach.* Cheltenham, United Kingdom, Edward Elgar Publishing, pp. 44–113.

Lary, D. 2001. Drowned earth: The strategic breaching of the Yellow River Dyke, 1938. *War in History*, Vol. 8, No. 2, pp. 191–207.

Laurent, F., Leturcq, G., Mello, I., Corbonnois, J. and Verdum, R. 2011. La diffusion du semis direct au Brésil, diversité des pratiques et logiques territoriales: L'exemple de la région d'Itaipu au Paraná [The spread of direct seeding in Brazil, diversity of practices and territorial approaches: The example of the Itaipu region in Paraná]. *Confins*, Vol. 12. doi.org/10.4000/confins.7143. (In French.)

LeRoy Poff, N., Brown, C. M., Grantham, T. E., Matthews, J. H., Palmer, M. A., Spence, C. M., Wilby, R., Haasnoot, M., Mendoza, G. F., Dominique, K. C. and Baeza, A. 2015. Sustainable water management under future uncertainty with eco-engineering decision scaling. *Nature Climate Change*, Vol. 6, pp. 25–34. doi.org/10.1038/nclimate2765.

Levidow, L., Zaccaria, D., Maia, R., Vivas, E., Todorovic, M. and Scardigno, A. 2014. Improving water-efficient irrigation: Prospects and difficulties of innovative practices. *Agricultural Water Management*, Vol. 146, pp. 84–94. doi.org/10.1016/j.agwat.2014.07.012.

Lewis, T. 2020. Eight persistent myths about the COVID-19 pandemic and why people believe them. *Scientific American*, 12 October 2020. www.scientificamerican.com/article/eight-persistent-covid-19-myths-and-why-people-believe-them/.

Liebenberg, L., Steventon, J., Brahman, N., Benadie, K., Minye, J., Langwane, H. and Xhukwe, Q. 2017. Smartphone Icon User Interface design for non-literate trackers and its implications for an inclusive citizen science. *Biological Conservation*, Vol. 208, pp. 155–162. doi.org/10.1016/j.biocon.2016.04.033.

Lipper, L., Thornton, P., Campbell, B. M., Baedeker, T., Braimoh, A., Bwalya, M., Caron, P., Cattaneo, A., Garrity, D., Henry, K., Hottle, R., Jackson, L., Jarvis, A., Kossam, F., Mann, W., McCharty, N., Meyback, A., Neufeldt, H., Remington, T., Sen, P. T., Sessa, R., Shula, R., Tibu, A. and Torquebiau, E. F. 2014. Climate-smart agriculture for food security. *Nature Climate Change*, Vol. 4, pp. 1068–1072. doi.org/10.1038/nclimate2437.

Liu, X., Feng, X., Ciais, P. and Fu, B. 2019. Widespread decline in terrestrial water storage and its link to teleconnections across Asia and Eastern Europe. *Hydrology and Earth System Sciences*, Vol. 24, pp. 3663–3676. doi.org/10.5194/hess-2019-281.

López, S. T., De los Angeles Barrionuevo, M. and Rodríguez-Labajos, B. 2019. Water accounts in decision-making processes of urban water management: Benefits, limitations and implications in a real implementation. *Sustainable Cities and Society*, Vol. 50, Art. 101676. doi.org/10.1016/j.scs.2019.101676.

Lopez-Gunn, E., Zorrilla, P., Prieto, F. and Llamas, M. R. 2012. Lost in translation? Water efficiency in Spanish agriculture. *Agricultural Water Management*, Vol. 108, pp. 83–95. doi.org/10.1016/j.agwat.2012.01.005.

Lu, C. and Tian, H. 2017. Global nitrogen and phosphorus fertilizer use for agriculture production in the past half century: Shifted hot spots and nutrient imbalance. *Earth System Science Data*, Vol. 9, pp. 181–192. doi.org/10.5194/essd-9-181-2017.

Lubell, M. and Edelenbos, J. 2013. Integrated Water Resources Management. *International Journal of Water Governance*, Vol. 1, No. 3–4, pp. 177–196. doi.org/10.7564/13-IJWG14.

Luo, T., Krishnan, D. and Sen, S. 2018. *Parched Power: Water Demands, Risks, and Opportunities for India's Power Sector.* Working Paper. Washington, DC, World Resources Institute (WRI). www.wri.org/publication/parched-power.

Mach, K. J., Kraan, C. M., Adger, W. N., Buhaug, H., Burke, M., Fearon, J. D., Field, C. B., Hendrix, C. S., Maystadt, J., O'Loughlin, J., Roessler, P., Scheffran, J., Schultz, K. A. and Von Uexkull, N. 2019. Climate as a risk factor for armed conflict. *Nature*, Vol. 571, pp. 193–197. doi.org/10.1038/s41586-019-1300-6.

Maclean, K., Robinson, C. J. and Natcher, D. 2014. Consensus building or constructive conflict? Aboriginal discursive strategies to enhance participation in natural resource management in Australia and Canada. *Society & Natural Resources*, Vol. 28, No. 2, pp. 1–15. doi.org/10.1080/08941920.2014.928396.

Maclean, K. and The Bana Yarralji Bubu Inc. 2015. Crossing cultural boundaries: Integrating Indigenous water knowledge into water governance through co-research in the Queensland Wet Tropics, Australia. *Geoforum*, Vol. 59, pp. 142–152. doi.org/10.1016/j.geoforum.2014.12.008.

Maes, J., Teller, A., Erhard, M., Grizzetti, B., Barredo, J. I., Paracchini, M. L., Condé, S., Somma, F., Orgiazzi, A., Jones, A., Zulian, A., Vallecilo, S., Petersen, J. E., Marquardt, D., Kovacevic, V., Abdul Malak, D., Marin, A. I., Czúcz, B., Mauri, A., Loffler, P., Bastrup-Birk, A., Biala, K., Christiansen, T. and Werner, B. 2018. *Mapping and Assessment of Ecosystems and their Services: An Analytical Framework for Ecosystem Condition.* Luxembourg, Publications office of the European Union. ec.europa.eu/environment/nature/knowledge/ecosystem_assessment/pdf/5th%20MAES%20report.pdf.

Mahasuweerachai, P. and Pangjai, S. 2018. Does piped water improve happiness? A case from Asian rural communities. *Journal of Happiness Studies*, Vol. 19, No. 5, pp. 1329–1346. doi.org/10.1007/s10902-017-9875-9.

Mahdavi, T., Bagheri, A. and Hosseini, S. A. 2019. Applying the System of Environmental and Economic Accounts for Water (SEEA-Water) for integrated assessment of water security in an aquifer scale – Case study: Azarshahr aquifer, Iran. *Groundwater for Sustainable Development*, Vol. 9, Art. 100261. doi.org/10.1016/j.gsd.2019.100261.

Makey, L. and Awatere, S. 2018. *He mahere pāhekoheko mō Kaipara Moana* – Integrated ecosystem-based management for Kaipara Harbour, Aotearoa New Zealand. *Society & Natural Resources*, Vol. 31, No. 12, pp. 1400–1418. doi.org/10.1080/08941920.2018.1484972.

Makondo, C. C. and Thomas, D. S. G. 2018. Climate change adaptation: Linking indigenous knowledge with western science for effective adaptation. *Environmental Science & Policy*, Vol. 88, pp. 83–91. doi.org/10.1016/j.envsci.2018.06.014.

Makropoulos, C., Nikolopoulos, D., Palmen, L., Kools, S., Segrave, A., Vries, D., Koop, S., Van Alphen, H. J., Vonk, E., Van Thienen, P. and Rozos, E. 2018. A resilience assessment method for urban water systems. *Urban Water Journal,* Vol. 15, No. 4, pp. 316–328. doi.org/10.1080/1573062X.2018.1457166.

Maktabifard, M., Zaborowska, E. and Makinia, J. 2018. Achieving energy neutrality in wastewater treatment plants through energy savings and enhancing renewable energy production. *Reviews in Environmental Science and Biotechnology*, Vol. 17, pp. 655–689. doi.org/10.1007/s11157-018-9478-x.

Mandela, D. 2020. Construction of Agadir desalination project in Morocco on track. *Construction Review Online*, 3 March 2020. constructionreviewonline.com/2020/03/construction-of-agadir-desalination-project-in-morocco-on-track/.

Manson, R., Barrantes, G. and Bauche Petersen, P. 2013. Lecciones de Costa Rica y México para el desarrollo y fortalecimiento de programas de pago por servicios ambientales hidrológicos en América Latina [Lessons from Costa Rica and Mexico for the development and strengthening of payment for hydrological environmental services programmes in Latin America]. A. Lara, P. Laterra, R. Manson and G. Barrantes (eds.), *Servicios ecosistémicos hídricos: estudios de caso en América Latina y el Caribe* [Water ecosystem services: Case studies from Latin America and the Caribbean]. Valdivia, Chile, Red ProAgua CYTED Imprenta América. (In Spanish.)

Markantonis, V., Dondeynaz, C., Latinopoulos, D., Bithas, K., Trichakis, I., M'Po, Y. N. T. and Carmona Moreno, C. 2018. Values and preferences for domestic water use: A study from the transboundary river basin of Mékrou (West Africa). *Water,* Vol. 10, No. 9, p. 1232. doi.org/10.3390/w10091232.

Mayer, B. K., Baker, L. A., Boyer, T. H., Drechsel, P., Gifford, M., Hanjra, M. A., Parameswaran, P., Stoltzfus, J., Westerhoff, P. and Rittmann, B. E. 2016. Total value of phosphorus recovery. *Environmental Science & Technology*, Vol. 50, pp. 6606–6620. doi.org/10.1021/acs.est.6b01239.

Mayor, B. 2020. Unraveling the historical economies of scale and learning effects for desalination technologies. *Water Resources Research,* Vol. 56, e2019WR025841. doi.org/10.1029/2019WR025841.

McCabe, M. F., Rodell, M., Alsdorf, D. E., Miralles, D. G., Uijlenhoet, R., Wagner, W., Lucieer, A., Houborg, R., Verhoest, N. E. C., Franz, T. E., Shi, J., Gao, H. and Wood, E. F. 2017. The future of earth observation in hydrology. *Hydrology and Earth System Sciences*, Vol. 21, pp. 3879–3914. doi.org/10.5194/hess-21-3879-2017.

McCartney, M., Foudi, S., Muthuwatta, L., Sood, A., Simons, G., Hunink, J., Vercruysse, K., Omuombo, C. 2019. *Quantifying the Services of Natural and Built Infrastructure in the Context of Climate Change: The Case of the Tana River Basin, Kenya*. IWMI Research Report No. 174. Colombo, International Water Management Institute (IWMI). doi.org/10.5337/2019.200.

McDonald, R. I. and Shemie, D. 2014. *Urban Water Blueprint: Mapping Conservation Solutions to the Global Water Challenge*. Washington, DC, The Nature Conservancy. water.nature.org/waterblueprint/#/intro=true.

McKinley, D. C., Miller Rushing, A. J., Ballard, H. L., Bonney, R., Brown, H., Cook-Patton, S. C., Evans, D. M., French, R. A., Parrish, J. K., Phillips, T. B., Ryan, S. F., Shanley, L. A., Shirk, J. L., Stepenuck, K. F., Weltzin, J. F., Wiggins, A., Boyle, O. D., Briggs, R. D., Chapin III, S. F., Hewitt, D. A., Preuss, P. W. and Soukup, M. A. 2017. Citizen science can improve conservation science, natural resource management, and environmental protection. *Biological Conservation*, Vol. 208, pp. 15–28. doi.org/10.1016/j.biocon.2016.05.015.

McKinsey & Company. 2011. *Resource Revolution: Meeting the World's Energy, Materials, Food, and Water Needs*. McKinsey & Company. www.mckinsey.com/business-functions/sustainability/our-insights/resource-revolution.

Mekonnen, M. and Hoekstra A. 2011a. The green, blue and grey water footprint of crops and derived crop products. *Hydrology and Earth System Sciences*, Vol. 15, pp. 1577–1600. doi.org/10.5194/hess-15-1577-2011.

_____. 2011b. *Average Water Footprint of Industrial Products per Unit of Industrial Value Added (1996-2005)*. Dataset. 4TU.ResearchData. Delft, The Netherlands, Delft University of Technology. doi.org/10.4121/uuid:44c6e294-3a56-4bb4-b288-9588ca01d0c5.

_____. 2016. Four billion people facing severe water scarcity. *Science Advances*, Vol. 2, No. 2, e1500323. doi.org/10.1126/sciadv.1500323.

Mekonnen, M. M., Pahlow, M., Aldaya, M. M., Zarate, E. and Hoekstra, A. Y. 2015. Sustainability, efficiency and equitability of water consumption and pollution in Latin America and the Caribbean. *Sustainability*, Vol. 2, No. 7, pp. 2086–2112. doi.org/10.3390/su7022086.

Meldrum, J., Nettles-Anderson, S., Heath, G. and Macknick, J. 2013. Life cycle water use for electricity generation: A review and harmonization of literature estimates. *Environmental Research Letters*, Vol. 8, No. 1, Art. 015031. doi.org/10.1088/1748-9326/8/1/015031.

Mello, I. and Van Raij, B. 2006. No-till for sustainable agriculture in Brazil. *Proceedings of the World Association for Soil and Water Conservation*, P1, pp. 49–57.

Molden, D., Oweis, T., Steduto, P., Bindraban, P. S., Hanjra, M. A. and Kijne, J. 2010. Improving agricultural water productivity: Between optimism and caution. *Agricultural Water Management*, Vol. 97, No. 4, pp. 528–535. doi.org/10.1016/j.agwat.2009.03.023.

Molle, F. and Tanouti, O. 2017. Squaring the circle: Agricultural intensification vs. water conservation in Morocco. *Agricultural Water Management*, Vol. 192, pp. 170–179. doi.org/10.1016/j.agwat.2017.07.009.

Mommen, B., Humphries-Waaand, K. and Gwavuya, S. 2017. Does women's participation in water committees affect management and water system performance in rural Vanuatu? *Waterlines*, Vol. 36, No. 3, pp. 216–232. doi.org/10.3362/1756-3488.16-00026.

Morgan, A., Laporte-Bisquit, M., Williams, T. and Maggo, D. 2020. *Right Tool for the Job: Tools and Approaches for Companies and Investors to Assess Water Risks and Shared Water Challenges*. Gland/Geneva, Switzerland, WWF International/World Business Council for Sustainable Development (WBCSD). www.wbcsd.org/Programs/Food-and-Nature/Water/Resources/Right-tool-for-the-job.

Morimoto, R. and Hope, C. 2004. Applying a cost-benefit analysis model to the Three Gorges project in China. *Impact Assessment and Project Appraisal*, Vol. 22, No. 3, pp. 205–220. doi.org/10.3152/147154604781765888.

Mukherjee, P. 2020. *India's Vulnerable and Voiceless Groups speak out at Rishikesh*. Water Supply and Sanitation Collaborative Council (WSSCC) website. www.wsscc.org/2020/01/14/indias-vulnerable-and-voiceless-groups-speak-out-at-rishikesh/.

Muller, M., Biswas, A., Martin-Hurtado, R. and Tortajada, C. 2015. Built infrastructure is essential. *Science*, Vol. 349, No. 6248, pp. 585–586. doi.org/10.1126/science.aac7606.

MunichRe. 2020. *Tropical Cyclones cause Highest Losses: Natural Disasters of 2019 in Figures*. MunichRe website. www.munichre.com/topics-online/en/climate-change-and-natural-disasters/natural-disasters/natural-disasters-of-2019-in-figures-tropical-cyclones-cause-highest-losses.html.

N

Nadeem, A. M., Cheo, R. and Shaoan, H. 2018. Multidimensional analysis of water poverty and subjective well-being: A case study on local household variation in Faisalabad, Pakistan. *Social Indicators Research*, Vol. 138, pp. 207–224. doi.org/10.1007/s11205-017-1652-y.

NASAC (Network of African Science Academies). 2014. *The Grand Challenge of Water Security in Africa: Recommendations to Policymakers*. NASAC. nasaconline.org/wp-content/uploads/2016/05/The-Grand-Challenge-of-Water-Security-in-Africa-Recommendations-to-Policymakers.pdf.

National Action Plan on Business and Human Rights. n.d. *Small & Medium-Sized Enterprises*. National Action Plan on Business and Human Right website. globalnaps.org/issue/small-medium-enterprises-smes/.

National Water Commission. 2004. *Intergovernmental Agreement on a National Water Initiative between the Commonwealth of Australia and the Governments of New South Wales, Victoria, Queensland, South Australia, the Australian Capital Territory and the Northern Territory*. www.pc.gov.au/inquiries/completed/water-reform/national-water-initiative-agreement-2004.pdf.

Natural Capital Coalition. 2016. *Natural Capital Protocol*. www.naturalcapitalcoalition.org/protocol.

Nauges, C. and Whittington, D. 2010. Estimation of water demand in developing countries: An overview. *The World Bank Research Observer*, Vol. 25, No. 2, pp. 263–94. doi.org/10.1093/wbro/lkp016.

_____. 2017. Evaluating the performance of alternative municipal water tariff designs: Quantifying the tradeoffs between equity, economic efficiency, and cost recovery. *World Development*, Vol. 91, pp. 125–143. doi.org/10.1016/j.worlddev.2016.10.014.

Newborne, P. and Dalton, J. 2016. *Water Management and Stewardship: Taking Stock of Corporate Water Behaviour*. Gland, Switzerland/London, International Union for Conservation of Nature/Overseas Development Institute (IUCN/ODI). doi.org/10.2305/IUCN.CH.2016.16.en.

_____. 2019. *Corporate Water Management and Stewardship – Signs of Evolution towards Sustainability*. ODI briefing note. London, Overseas Development Institute (ODI). www.odi.org/sites/odi.org.uk/files/resource-documents/12994.pdf.

Novo, C. 2019. Africa's largest desalination plant to be built in Morocco. *Smart Water Magazine*, 8 July 2019. smartwatermagazine.com/news/smart-water-magazine/africas-largest-desalination-plant-be-built-morocco.

O

O'Brien, G. C., Dickens, C., Hines, E., Wepener, V., Stassen, R., Quayle, L., Fouchy, K., MacKenzie, J., Graham, P. M. and Landis, W. G. 2018. A regional-scale ecological risk framework for environmental flow evaluations. *Hydrology and Earth System Sciences*, Vol. 22, No. 2, pp. 957–975. doi.org/10.5194/hess-22-957-2018.

O'Brien, G. C., Dickens, C., Stassen, R., Van Weert, F. 2020. Sustainable floodplains: Linking e-flows to floodplain management, ecosystems and livelihoods. *Sustainability*, Vol. 12, Art. 10578. doi.org/10.3390/su122410578.

O'Donnell, M. 2011. *NAILSMA – TRaCK Project 6.2: Indigenous Rights in Water in Northern Australia*. Darwin, Australia, Charles Darwin University/Tropical Rivers and Coastal Knowledge/The North Australian Indigenous Land and Sea Management Alliance Ltd (TraCK/NAILSMA). www.nespnorthern.edu.au/wp-content/uploads/2016/02/TRaCKPub6.2Final_Mar11-Michael-ODonnel.web_.pdf.

OECD (Organisation for Economic Co-operation and Development). 2012. *OECD Environmental Outlook to 2050: The Consequences of Inaction. Key Facts and Figures*. Paris, OECD Publishing. www.oecd.org/env/indicators-modelling-outlooks/49910023.pdf.

_____. 2014. *Greening Household Behaviour: Overview from the 2011 Survey – Revised edition, OECD Studies on Environmental Policy and Household Behaviour*. Paris, OECD Publishing. doi.org/10.1787/9789264214651-en.

_____. 2015a. *The Potential Benefits of Trans-Boundary Cooperation in Georgia and Azerbaijan-Kura River Basin*. Final Report. www.oecd.org/env/outreach/EAP(2015)%2011%20%20THE%20POTENTIAL%20BENEFITS%20OF%20TRANS.pdf.

_____. 2015b. *Stakeholder Engagement for Inclusive Water Governance*. OECD Studies on Water. Paris, OECD Publishing. doi.org/10.1787/9789264231122-en.

_____. 2016. *Better Policies for Sustainable Development 2016: A New Framework for Policy Coherence*. Paris, OECD Publishing. doi.org/10.1787/9789264256996-en.

_____. 2017a. *Diffuse Pollution, Degraded Waters: Emerging Policy Solutions*. Paris, OECD Publishing. doi.org/10.1787/9789264269064-en.

_____. 2017b. *Technical Note on Estimates of Infrastructure Investment Needs. Background note to the report Investing in Climate, Investing in Growth*. OECD. www.oecd.org/env/cc/g20-climate/Technical-note-estimates-of-infrastructure-investment-needs.pdf.

_____. 2017c. *Getting Governments Organised to Deliver on the Sustainable Development Goals*. Summary Report and Next Steps. New York, OECD. www.oecd.org/gov/SDGs-Summary-Report-WEB.pdf.

_____. 2018. *Financing Water: Investing in Sustainable Growth*. Policy Perspectives. OECD Environment Policy Paper No.11. OECD. www.oecd.org/water/Policy-Paper-Financing-Water-Investing-in-Sustainable-Growth.pdf.

_____. 2019. *Biodiversity: Finance and the Economic and Business Case for Action*. Report prepared for the G7 Environment Ministers' Meeting, 5–6 May 2019. www.oecd.org/env/resources/biodiversity/biodiversity-finance-and-the-economic-and-business-case-for-action.htm.

_____. 2020. *Financing Water Supply, Sanitation and Flood Protection: Challenges in EU Member States and Policy Options*. OECD Studies on Water. Paris, OECD Publishing. doi.org/10.1787/6893cdac-en.

Oestigaard, T. 2005. *Water and World Religions: An Introduction*. Bergen, Norway, SFU & SMR.

Onder, H. and Yilmaz, M. 2005. Underground dams: A tool of sustainable development and management of groundwater resources. *European Water*, Vol. 11, No. 12, pp. 35–45.

Onuma, A. and Tsuge, T. 2018. Comparing green infrastructure as ecosystem-based disaster risk reduction with gray infrastructure in terms of costs and benefits under uncertainty: A theoretical approach. *International Journal of Disaster Risk Reduction*, Vol. 32, pp. 22–28. doi.org/10.1016/j.ijdrr.2018.01.025.

Opperman, J., Grill, G., and Hartmann, J. 2015. *The Power of Rivers: Finding Balance between Energy and Conservation in Hydropower Development*. Washington, DC, The Nature Conservancy. www.nature.org/media/freshwater/power-of-rivers-report.pdf.

Oweis, T. 2014. The need for a paradigm change: Agriculture in the water-scarce MENA region. G. Holst-Warhaft, T. Steenhuis and F. de Châtel (eds.), *Water Scarcity, Security and Democracy: A Mediterranean Mosaic*. Global Water Partnership (GWP) Mediterranean/Cornell University/The Atkinson Center for a Sustainable Future. www.gwp.org/globalassets/global/gwp-med-files/news-and-activities/various/gwp-med-final-publication-online_with-cover.pdf.

P

Pahl-Wostl, C. 2020. Adaptive and sustainable water management: From improved conceptual foundations to transformative change. *International Journal of Water Resources Development*, Vol. 36, No. 2–3, pp. 397–415. doi.org/10.1080/07900627.2020.1721268.

Pahl-Wostl, C., Knieper, C., Lukat, E., Meergans, F., Schoderer, M., Schütze, N., Schweigatz, D., Dombrowsky, I., Lenschow, A., Steine, U., Thield, A., Tröltzsche, J. and Thiel, A. 2020. Enhancing the capacity of water governance to deal with complex management challenges: A framework of analysis. *Environmental Science & Policy*, Vol. 107, pp. 23–35. doi.org/10.1016/j.envsci.2020.02.011.

Pakistan Bureau of Statistics, n.d. *Household Integrated Economic Survey/Household Integrated Income and Consumption Survey 2015-16*. Government of Pakistan. www.pbs.gov.pk/content/hies-hiics-2015-16-microdata.

Palatnik, R. R. 2019. The economic value of seawater desalination – The case of Israel. G. Wittwer (ed.), *Economy-Wide Modeling of Water at Regional and Global Scales*. Singapore, Springer. pp. 193–208.

Parliament of New Zealand. 2017. *Te Awa Tupua (Whanganui River Claims Settlement) Act 2017*. www.legislation.govt.nz/act/public/2017/0007/latest/whole.html.

Parsons, M. and Fisher, K. 2019. Indigenous peoples and transformations in freshwater governance and management. *Current Opinion in Environmental Sustainability*, Vol. 20, pp. 1–16. doi.org/10.1016/j.cosust.2020.03.006.

Parsons, M., Nalau, J., Fisher, K. and Brown, C. 2019. Disrupting path dependency: Making room for indigenous knowledge in river management. *Global Environmental Change*, Vol. 56, pp. 95–113. doi.org/10.1016/j.gloenvcha.2019.03.008.

PBL Netherlands Environmental Assessment Agency. 2018. *The Geography of Future Water Challenges*. The Hague, PBL Netherlands Environmental Assessment Agency. www.pbl.nl/en/publications/the-geography-of-future-water-challenges.

Pedrero, F., Aziz, F. and Hussein, H. 2018. Mediterranean Youth for Water Network (MedYWat): Connecting the youth from the MED. *Journal on Food, Agriculture and Society*, Vol. 6, No. 2, pp. 70–71. www.thefutureoffoodjournal.com/index.php/FOFJ/article/view/43/36.

Perez-Pineda, F. and Quintanilla-Armijo, C. 2013. Estimating willingness-to-pay and financial feasibility in small water projects in El Salvador. *Journal of Business Research*, Vol. 66, No. 10, pp. 1750–1758. doi.org/10.1016/j.jbusres.2013.01.014.

Pistocchi, A., Bleninger, T., Breyer, C., Caldera, U., Dorati, C., Ganora, D., Millan, M. M., Paton, C., Poullis, D., Herrero, F. S. and Sapiano, M. 2020. Can seawater desalination be a win-win fix to our water cycle? *Water Research*, Vol. 182, Art. 115906. doi.org/10.1016/j.watres.2020.115906.

PMNCH (The Partnership for Maternal, Newborn and Child Health). 2014. *PMNCH Knowledge Summary #30: Water, Sanitation and Hygiene – The Impact on RMNCH*. www.who.int/pmnch/knowledge/publications/summaries/ks30/en/.

Poff, N. L., Tharme, R. E. and Arthington, A. H. 2017. Evolution of environmental flows assessment science, principles, and methodologies. A.C. Horne, E. L. O'Donnell, J. A. Webb, M. J. Stewardson, M. Acreman and B. Richter (eds.), *Water for the Environment: From Policy and Science to Implementation and Management*. London, Academic Press, pp. 203–236. doi.org/10.1016/B978-0-12-803907-6.00011-5.

Priscoli, J. D. 2012. Reflections on the nexus of politics, ethics, religion and contemporary water resources decisions. *Water Policy*, Vol. 14, No. S1, pp. 21–40. doi.org/10.2166/wp.2012.002.

Priscoli, J. D. and Wolf, A. T. 2009. *Managing and Transforming Water Conflicts*. Cambridge, UK, Cambridge University Press. doi.org/10.1017/CBO9780511551536.

Prosser, I. (ed.). 2010. *Water: Science and Solutions for Australia*. Collingwood, Australia, CSIRO Publishing. www.publish.csiro.au/book/6557.

Prüss-Üstün, A., Bos, R., Gore, F. and Bartram, J. 2008. *Safer Water, Better Health: Costs, Benefits and Sustainability of Interventions to Protect and Promote Health*. Geneva, World Health Organization (WHO). apps.who.int/iris/handle/10665/43840.

Prüss-Üstün, A., Wolf, J., Bartram, J., Clasen, T., Cumming, O., Freeman, M., Gordon, B., Hunter, P. R., Medlicott, K. and Johnston, R. 2019. Burden of disease from inadequate water, sanitation and hygiene for selected adverse health outcomes: An updated analysis with a focus on low- and middle-income countries. *International Journal of Hygiene and Environmental Health*, Vol. 222, No. 5, pp. 765–777. doi.org/10.1016/j.ijheh.2019.05.004.

Q

Qadir, M., Drechsel, P., Cisneros, B. J., Kim, Y., Pramanik, A., Mehta, P. and Olaniyan, O. 2020. Global and regional potential of wastewater as a water, nutrient, and energy source. *Natural Resources Forum*, Vol. 44, No. 1, pp. 40–51. doi.org/10.1111/1477-8947.12187.

Qadir, M., Martius, C., Khamzina, A. and Lamers, J. P. A. 2010. Harnessing renewable energy from abandoned salt-affected lands and saline drainage networks in the dry areas. A. El-Beltagy and M. C. Saxena (eds.), *Proceedings of the Ninth International Conference on Development of Drylands: Sustainable Development in Drylands – Meeting the Challenge of Global Climate Change, 7–10 November 2008, Alexandria, Egypt*. International Dryland Development Commission (IDDC), pp. 836-845.

R

Ramazotti, M. 1996. *Readings in African Customary Water Law*. FAO Legislative Study No. 58. Rome, Food and Agriculture Organization of the United Nations (FAO). www.fao.org/publications/card/fr/c/W0046B/.

Reig, P., Larson, W., Vionnet S. and Bayart, J. B. 2019. *Volumetric Water Benefit Accounting (VBWA): A Method for Implementing and Valuing Water Stewardship Activities*. WRI Working Paper. Washington, DC, World Resources Institute (WRI). www.wri.org/publication/volumetric-water-benefit-accounting.

Renzetti, S. and Dupont, D. 2003. *The Value of Water in Manufacturing*, CSERGE Working Paper ECM 03-03. Norwich, UK, University of East Anglia's Centre for Social and Economic Research on the Global Environment.

Republic of Zambia Central Statistical Office. 2016. *2015 Living Conditions Monitoring Survey Report*. Lusaka. www.zamstats.gov.zm/phocadownload/Living_Conditions/2015%20Living%20Conditions%20Monitoring%20Survey%20Report.pdf.

République française. 2015. *Code de l'action sociale et des familles* [Legal framework on social action and families]. www.legifrance.gouv.fr/codes/texte_lc/LEGITEXT000006074069/. (In French.)

____. 2019. *Loi n° 2019-1461 du 27 décembre 2019 relative à l'engagement dans la vie locale et à la proximité de l'action publique* [Law nr. 2019-1416 of 27 December 2019 regarding involvement in local life and the proximity of public action]. www.legifrance.gouv.fr/jorf/id/JORFTEXT000039681877/#JORFARTI000039681967. (In French.)

Richey, A. S., Thomas, B. F., Lo, M., Reager, J. T., Famiglietti, J. S., Voss, K., Swenson, S. and Rodell, M. 2015. Quantifying renewable groundwater stress with GRACE. *Water Resources Research*, Vol. 51, No. 7, pp. 5217–5238. doi.org/10.1002/2015WR017349.

Ringler, C. and Zhu, T. 2015. Water resources and food security. *Agronomy Journal*, Vol. 107, No. 4, pp. 1533–1538. doi.org/10.2134/agronj14.0256.

Ritchie, H. and Roser, M. 2018. Water use and stress. *OurWorldInData.org*. ourworldindata.org/water-use-stress.

Rockström, J., Hatibu, N., Oweis, T. Y., Wani, S. P., Barron, J., Bruggeman, A., Farahani, J., Karlsberg, L. and Qiang, Z. 2007. Managing water in rainfed agriculture. Comprehensive Assessment of Water Management in Agriculture, *Water for Food, Water for Life: A Comprehensive Assessment of Water Management in Agriculture*. Colombo, International Water Management Institute (IWMI), pp. 315–352.

Rockström, J., Karlberg, L., Wani, S. P., Barron, J., Hatibu, N., Oweis, T., Bruggeman, A., Farahani, J. and Qiang, Z. 2010. Managing water in rainfed agriculture – The need for a paradigm shift. *Agricultural Water Management*, Vol. 97, No. 4, pp. 543–550. doi.org/10.1016/j.agwat.2009.09.009.

Rodriguez, D. J., Serrano, H. A., Delgado, A., Nolasco, D. and Saltiel, G. 2020. *From Waste to Resource: Shifting Paradigms for Smarter Wastewater Interventions in Latin America and the Caribbean*. Washington, DC, World Bank. openknowledge.worldbank.org/handle/10986/33436. License: CC BY 3.0 IGO.

Rogers, P., Bhatia, R. and Huber, A. 1998. *Water as a Social and Economic Good: How to put the Principle into Practice*. Paper prepared for the meeting of the Technical Advisory Committee of the Global Water Partnership in Namibia. Washington, DC, World Bank.

Roidt, M. and Avellán, T. 2019. Learning from integrated management approaches to implement the Nexus. *Journal of Environmental Management*, Vol. 237, No. 5, pp. 609–616. doi.org/10.1016/j.jenvman.2019.02.106.

Rosegrant, M. W., Ringler, C., Msangi, S., Sulser, T. B., Zhu, T. and Cline, S. A. 2008. *International Model for Policy Analysis of Agricultural Commodities and Trade (IMPACT): Model Description*. Washington, DC, International Food Policy Research Institute (IFPRI).

Russi, D., Ten Brink, P., Farmer, A., Badura, T., Coates, D., Förster, J., Kumar, R. and Davidson, N. 2013. *The Economics of Ecosystems and Biodiversity for Water and Wetlands*. London/Brussels/Gland, Institute for European Environmental Policy (IEEP)/Ramsar Secretariat. teebweb.org/publications/water-wetlands/.

Rüßmann, M., Lorenz, M., Gerbert, P., Waldner, M., Justus, J., Engel, P. and Harnisch, M. 2015. *Industry 4.0: The Future of Productivity and Growth in Manufacturing Industries*. The Boston Consulting Group. image-src.bcg.com/Images/Industry_40_Future_of_Productivity_April_2015_tcm74-61694.pdf.

S

Sadoff, C. W. and Grey, D. 2003. Beyond the river: The benefits of cooperation on international rivers. *Water Policy*, Vol. 4, No. 6, pp. 389–403. doi.org/10.2166/wst.2003.0365.

_____. 2005. Cooperation on international rivers: A continuum for securing and sharing benefits. *Water International*, Vol. 30, No. 4, pp. 420–427. doi.org/10.1080/02508060508691886.

Sadoff, C. W., Hall, J., Grey, D., Aerts, J., Ait-Kadi, M., Brown, C., Cox, A., Dadson, S., Garrick, D. and Kelman, J. 2015. *Securing Water, Sustaining Growth*. Report of the GWP/OECD Task Force on Water Security and Sustainable Growth. Oxford, UK, University of Oxford. gwp.org/globalassets/global/about-gwp/publications/the-global-dialogue/securing-water-sustaining-growth.pdf.

Salminen, J. M., Veiste, P. J., Koskiaho, J. T. and Tikkanen, S. 2018. Improving data quality, applicability and transparency of national water accounts – A case study for Finland. *Water Resources and Economics*, Vol. 24, pp. 25–39. doi.org/10.1016/j.wre.2018.05.001.

Sánchez, A. M. R. 2015. Los pagos por servicios ambientales hidrológicos. Examen de las experiencias de Costa Rica, México, Ecuador y Colombia [Payment for hydrological environmental services: Analysis of the experiences of Costa Rica, Mexico, Ecuador and Colombia]. *Ambiente y Desarrollo* [Environment and Development], Vol. 19, No. 36, pp. 110–115.

Saravia-Matus, S. L., Aguirre Hörmann, P. and Berdegué, J. A. 2019. Environmental efficiency in the agricultural sector of Latin America and the Caribbean 1990–2015: Are greenhouse gas emissions reducing while agricultural production is increasing? *Ecological Indicators*, Vol. 102, pp. 338–348. doi.org/10.1016/j.ecolind.2019.02.050.

Sato, T., Qadir, M., Yamamoto, S., Endo, T. and Zahoor, A. 2013. Global, regional, and country level need for data on wastewater generation, treatment, and use. *Agricultural Water Management*, Vol. 130, pp. 1–13. doi.org/10.1016/j.agwat.2013.08.007.

Scanlon, B. R., Zhang, Z., Save, H., Sun, A. Y., Schmied, H. M., Van Beek, L. P., Wiese, D. N., Wada, Y., Long, D., Reedy, R. C. and Longuevergne, L. 2018. Global models underestimate large decadal declining and rising water storage trends relative to GRACE satellite data. *Proceedings of the National Academy of Sciences of the United States of America*, Vol. 115, No. 6, pp. E1080–E1089. doi.org/10.1073/pnas.1704665115.

Schaar, J. 2019. *A Confluence of Crises: On Water, Climate and Security in the Middle East and North Africa*. Stockholm International Peace Research Institute (SIPRI) Insights on Peace and Security No. 2019/4. Solna, Sweden, SIPRI. www.sipri.org/publications/2019/sipri-insights-peace-and-security/confluence-crises-water-climate-and-security-middle-east-and-north-africa.

Scheierling, S. M. and Tréguer, D. O. 2018. *Beyond Crop per Drop: Assessing Agricultural Water Productivity and Efficiency in a Maturing Water Economy*. International Development in Focus. Washington, DC, World Bank. openknowledge.worldbank.org/handle/10986/29922. License: CC BY 3.0 IGO.

Schenk, C., Roquier, B., Soutter, M. and Mermoud, A. 2009. A system model for water management. *Environmental Management*, Vol. 43, No. 3, pp. 458–469. doi.org/10.1007/s00267-008-9254-8.

Schiffler, M. 2014. *The Economics of Groundwater Management in Arid Countries: Theory, International Experience and a Case Study of Jordan* (No. 11). London, Routledge.

Schreiner, B. and Van Koppen, B. 2018. *Establishing Hybrid Water Use Right Systems in Sub-Saharan Africa: A Practical Guide for Managers*. Pretoria, Pegasys Institute/International Water Management Institute (IWMI).

Schulz, C., Martin-Ortega, J. and Glenk, K. 2018. Value landscapes and their impact on public water policy preferences. *Global Environmental Change-Human and Policy Dimensions*, Vol. 53, pp. 209–224. doi.org/10.1016/j.gloenvcha.2018.09.015.

Scott, C. A., Vicuña, S., Blanco-Gutiérrez, I., Meza, F. and Varela-Ortega, C. 2014. Irrigation efficiency and water-policy implications for river basin resilience. *Hydrology and Earth System Sciences*, Vol. 18, No. 4, pp. 1339–1348. doi.org/10.5194/hess-18-1339-2014.

Scottish Government. n.d. *Non-Market Values*. Scottish Forestry website. forestry.gov.scot/sustainable-forestry/economic-research/non-market-values.

Seidl, C., Wheeler, S. A. and Zuo, A. 2020a. Treating water markets like stock markets: Key water market reform lessons in the Murray-Darling Basin. *Journal of Hydrology*, Vol. 581, Art. 124399. doi.org/10.1016/j.jhydrol.2019.124399.

____. 2020b. High turbidity: Water valuation and accounting in the Murray-Darling Basin. *Agricultural Water Management,* Vol. 230, Art. 105929. doi.org/10.1016/j.agwat.2019.105929.

Shah, T. 2005. Groundwater and human development: Challenges and opportunities in livelihoods and environment. *Water, Science & Technology*, Vol. 51, No. 8, pp. 27–37. doi.org/10.2166/wst.2005.0217.

Shokhrukh-Mirzo, J., Varis, O. and Keskinen, M. 2015. Sharing benefits in transboundary rivers: An experimental case study of Central Asian water-energy-agriculture nexus. *Water*, Vol. 7, pp. 4778–4805. doi.org/10.3390/w7094778.

Siebert, S., Burke, J., Faures, J. M., Frenken, K., Hoogeveen, J., Döll, P. and Portmann, F. T. 2010. Groundwater use for irrigation – a global inventory. *Hydrology and Earth System Science*, Vol. 14, pp. 1863–1880. doi.org/10.5194/hess-14-1863-2010.

SIWI (Stockholm International Water Institute). 2018. *Building a Resilient Future through Water.* Policy Brief. www.siwi.org/wp-content/uploads/2018/06/building-a-resilient-future_20180704_WEB.pdf.

Skinner, J. and Haas, L. J. 2014. *Watered Down? A Review of Social and Environmental Safeguards for Large Dam Projects*. Natural Resource Issues No. 28. London, International Institute for Environment and Development (IIED). pubs.iied.org/17517IIED/.

Sommer, M., Chandraratna, S., Cavill, S., Mahon, T. and Phillips-Howard, P. 2016. Managing menstruation in the workplace: An overlooked issue in low- and middle-income countries. International Journal for Equity in Health, Vol. 15, No. 86. doi.org/10.1186/s12939-016-0379-8.

Son, H. N., Chi, D. T. L. and Kingsbury, A. 2019. Indigenous knowledge and climate change adaptation of ethnic minorities in the mountainous regions of Vietnam: A case study of the Yao people in Bac Kan Province. *Agricultural Systems*, Vol. 176, Art. 102683. doi.org/10.1016/j.agsy.2019.102683.

Springmann, M., Clark, M., Mason-D'Croz, D., Wiebe, K., Bodirsky, B. L., Lassaletta, L., De Vries, W., Vermeulen, S. J., Herrero, M., Carlson, K. M., Jonell, M., Troell, M., DeClerck, F., Gordon, L. J., Zurayk, R., Scarborough, P., Rayner, M., Loken, B., Fanzo, J., Godfray, H. G. J., Tilman, D., Rockström, J. and Willett, W. 2018. Options for keeping the food system within environmental limits. *Nature*, Vol. 562, pp. 519–525. doi.org/10.1038/s41586-018-0594-0.

Stacklin, C. 2012. *The Value of Wastewater: An Econometric Evaluation of Recoverable Resources in Wastewater for Reuse.* WEF Proceedings, New Orleans, La., New Orleans Morial Convention Center.

Statistics Canada. 2016. *Human Activity and the Environment: Freshwater in Canada*. Ottawa, Minister of Industry. www150.statcan.gc.ca/n1/en/pub/16-201-x/16-201-x2017000-eng.pdf?st=z39q7UEE.

____. 2018. *Physical Flow Accounts: Water Use, 2015*. www150.statcan.gc.ca/n1/daily-quotidien/180711/dq180711c-eng.htm.

____. 2020a. *Total Water Costs in Manufacturing Industries, by Water Cost Component and Industry (x 1,000)*. Table 38-10-0064-01 (formerly CANSIM 153-0076). doi.org/10.25318/3810006401-eng.

____. 2020b. *Total Water Costs in Mineral Extraction and Thermal-Electric Power Generation Industries, by Water Cost Component, by Industry (x 1,000)*. Table 38-10-0085-01 (formerly CANSIM 153-0097). doi.org/10.25318/3810008501-eng.

Stats NZ. 2017. *Asset Value of Water and Other Renewables for Electricity Generation: 2007–15*. Wellington, Stats NZ Tatauranga Aotearoa. www.stats.govt.nz/reports/asset-value-of-water-and-other-renewables-for-electricity-generation-200715.

Stevenson, E. G. J., Greene, L. E., Maes, K. C., Ambelu, A., Alemu, Y., Rheingans, T. R. and Hadley, C. 2012. Water insecurity in 3 dimensions: An anthropological perspective on water and women's psychosocial distress in Ethiopia. *Social Science & Medicine*, Vol. 75, No. 2, pp. 392–400. doi.org/10.1016/j.socscimed.2012.03.022.

Stewart, B. 2015. Measuring what we manage – the importance of hydrological data to water resources management. *Proceedings of the International Association of the Hydrological Sciences*, Vol. 366, pp. 80–85. doi.org/10.5194/piahs-366-80-2015.

Stillwell, A. S. 2019. *Is Water Price an Effective Means to Reduce Cooling Water Consumption at Thermal Power Plants?* Global Water Forum website. globalwaterforum.org/2019/07/15/is-water-price-an-effective-means-to-reduce-cooling-water-consumption-at-thermal-power-plants/.

Stokstad, E. 1999. Scarcity of rain, stream gages threatens forecasts. *Science*, Vol. 285, No. 5431, pp. 1199–1200. doi.org/10.1126/science.285.5431.1199.

Sun, Q., Miao, C., Duan, Q., Ashouri, H., Sorooshian, S. and Hsu, K. L. 2018. A review of global precipitation data sets: Data sources, estimation, and intercomparisons. *Reviews of Geophysics*, Vol. 56, No. 1, pp. 79-107. doi.org/10.1002/2017RG000574.

Søreide, T. 2016. *Corruption and Criminal Justice: Bridging Economic and Legal Perspectives*. Cheltenham, UK/Northampton, Mass., Edward Elgar. doi.org/10.4337/9781784715984.

T

Tarallo, S., Shaw, A., Kohl, P. and Eschborn, R. 2015. *A Guide to Net-Zero Energy Solutions for Water Resource Recovery Facilities* (ENER1C12). Alexandria, Va./London, Water Environment Research Foundation (WERF)/International Wate Association (IWA) Publishing.

Teague, J., Johnston, E. A. and Graham, J. P. 2014. Water, sanitation, hygiene, and nutrition: Successes, challenges, and implications for integration. *International Journal of Public Health*, Vol. 59, No. 6, pp. 913–921. doi.org/10.1007/s00038-014-0580-8.

Te Aho, L. 2018. Te Mana o te Wai: An indigenous perspective on rivers and river management. *River Research and Application*, Vol. 35, No. 10, pp. 1–7. doi.org/10.1002/rra.3365.

TEEB (The Economics of Ecosystems and Biodiversity). 2010. *The Economics of Ecosystems and Biodiversity in Local and Regional Policy and Management*. London and Washington, DC, Earthscan. www.teebweb.org/publication/teeb-for-local-and-regional-policy-makers-2/.

Teichmann, M. and Berghöfer, A. 2010. TEEBcase River Elbe flood regulation options with ecological benefits, Germany. Largely based on: Grossmann, M., Hartje, V. and Meyerhoff, J. 2010. *Ökonomische Bewertung naturverträglicher Hochwasservorsorge an der Elbe: Naturschutz und biologische Vielfalt* [Economic assessment of nature-compatible flood prevention on the Elbe. Nature conservation and biological diversity] 89. Bonn, Germany, Federal Agency for Nature Conservation. www.teebweb.org/wp-content/uploads/2013/01/River-Elbe-flood-regulation-options-with-ecological-benefits-Germany.pdf. (In German.)

Tetzlaff, D., Carey, S. K., McNamara, J. P., Laudon, H. and Soulsby, C. 2017. The essential value of long-term experimental data for hydrology and water management. *Water Resources Research*, Vol. 53, No. 4, pp. 2598–2604. doi.org/10.1002/2017WR020838.

Thakar, K. 2019. Women are visibly missing from the water dialogue. *Smart Water Magazine*, 12 November 2019. smartwatermagazine.com/news/siwi/kanika-thakar-siwi-women-are-visibly-missing-water-dialogue.

Tharakan, J. 2015. Indigenous knowledge systems – A rich appropriate technology resource. *African Journal of Science, Technology, Innovation and Development*, Vol. 7, No. 1, pp. 52–57. doi.org/10.1080/20421338.2014.987987.

The Rockefeller Foundation/Arup. 2014. *City Resilience Framework: City Resilience Index*. The Rockefeller Foundation/Arup. www.rockefellerfoundation.org/wp-content/uploads/City-Resilience-Framework-2015.pdf.

The Value of Water Campaign. 2017. *The Economic Benefits of Investing in Water Infrastructure*. http://thevalueofwater.org/sites/default/files/Economic%20Impact%20of%20Investing%20in%20Water%20Infrastructure_VOW_FINAL_pages.pdf.

Thünen Institute. n.d. *Data Base Forest Service*. Institute of International Forestry and Forest Economics. Thünen Institute website. www.thuenen.de/en/wf/figures-facts/environmental-valuation/data-base-for%adest-services/. (Accessed October 2020).

Tilman, D. and Clark, M. 2014. Global diets link environmental sustainability and human health. *Nature*, Vol. 515, pp. 518–522. doi.org/10.1038/nature13959.

Timboe, I., Pharr, K. and Matthews, J. H. 2019. *Watering the NDCs: National Climate Planning for 2020 and Beyond. How Water-Aware Climate Policies can Strengthen Climate Change Mitigation & Adaptation Goals*. Corvallis, Oreg., Alliance for Global Water Adaptation (AGWA). www.wateringthendcs.org.

Tipa, G. and Nelson, K. 2012. Environmental flow assessments: A participatory process enabling Mauri cultural values to inform flow regime setting. B. Johnston, L. Hiwasaki, I. Klaver, A. Ramos Castillo and V. Strang (eds.), *Water, Cultural Diversity, and Global Environmental Change*. Dordrecht, The Netherlands, Springer, pp. 467–491. doi.org/10.1007/978-94-007-1774-9_32.

TNC (The Nature Conservancy). 2018. *Water Funds*. Field Guide. Washington, DC. TNC. s3.amazonaws.com/tnc-craft/library/2018-WF-Field-Guide_online-final.pdf?mtime=20190314215347.

Trivedi, A. 2018. *Women Are the Secret Weapon for Better Water Management*. Water Resources Institute website. www.wri.org/blog/2018/10/women-are-secret-weapon-better-water-management.

U

Uganda Bureau of Statistics. 2020. *Uganda National Panel Survey 2015-2016*. Kampala.

UNDESA (United Nations Department for Economic and Social Affairs). 2012. *SEEA-Water. System of Environment-Economic Accounting for Water*. New York, United Nations. unstats.un.org/unsd/publication/seriesf/Seriesf_100e.pdf.

_____. n.d.a. *Transboundary Waters*. International Decade for Action 'Water for Life' 2005–2015. www.un.org/waterforlifedecade/transboundary_waters.shtml.

_____. n.d.b. *United Nations Global SDG Database*. unstats.un.org/sdgs/indicators/database/ (Accessed November 2020.)

UNDP (United Nations Development Programme). 2005. *Central Asia Human Development Report. Bringing Down Barriers: Regional Cooperation for Human Development and Human Security*. Bratislava, UNDP. hdr.undp.org/sites/default/files/central_asia_2005_en.pdf.

_____. 2006. *Human Development Report 2006 – Beyond Scarcity: Power, Poverty and the Global Water Crisis*. New York, UNDP. www.undp.org/content/undp/en/home/librarypage/hdr/human-development-report-2006.html.

_____. 2020. *Human Development Report 2020. The Next Frontier. Human Development and the Anthropocene*. New York, UNDP. hdr.undp.org/sites/default/files/hdr2020.pdf.

UNDP (United Nations Development Programme)/Huairou Commission. 2012. *Seeing Beyond the State: Grassroots Women's Perspectives on Corruption and Anti-Corruption*. New York, UNDP/Huairou Commission. www.undp.org/content/dam/undp/library/Democratic%20Governance/Anti-corruption/Grassroots%20women%20and%20anti-corruption.pdf.

UNECA/AU/AfDB (United Nations Economic Commission for Africa/African Union/African Development Bank). 2003. *Africa Water Vision for 2025: Equitable and Sustainable Use of Water for Socioeconomic Development*. Addis Ababa, UNECA. www.afdb.org/fileadmin/uploads/afdb/Documents/Generic-Documents/african%20water%20vision%202025%20to%20be%20sent%20to%20wwf5.pdf.

UNECE (United Nations Economic Commission for Europe). 1992. *Convention on the Protection and Use of Transboundary Watercourses and International Lakes*. Helsinki, 17 March 1992, UNECE. unece.org/environment-policy/water/about-the-convention/introduction.

_____. 2015. *Policy Guidance Note on the Benefits of Transboundary Water Cooperation: Identification, Assessment and Communication*. New York/Geneva, United Nations. unece.org/fileadmin/DAM/env/water/publications/WAT_Benefits_of_Transboundary_Cooperation/ECE_MP.WAT_47_PolicyGuidanceNote_BenefitsCooperation_1522750_E_pdf_web.pdf.

_____. 2017. *Assessment of the Water-Food-Energy-Ecosystem Nexus and Benefits of Transboundary Cooperation in the Drina River Basin*. New York/Geneva, United Nations.

_____. 2019. *Scoping the Benefits of Transboundary Water Cooperation in the NWSAS Basin*. Policy Brief – Draft annotated outline. Geneva, UNECE. www.unece.org/fileadmin/DAM/env/water/meetings/2019/18-19_June_Tunis/ENG-18062019-NWSAS_benefits_policy_brief_twopager_final.pdf.

UNECLAC (United Nations Commission for Latin America and the Caribbean). Forthcoming. *Flagship of Natural Resources and Development*.

UN Environment (United Nations Environment Programme). 2019. *Global Environment Outlook – GEO-6: Healthy Planet, Healthy People*. Cambridge, UK, Cambridge University Press. doi.org/10.1017/9781108627146.

UNEP (United Nations Environment Programme). 2002. *Vital Water Graphics: An Overview of the State of the World's Fresh and Marine Waters*. Nairobi, UNEP. digitallibrary.un.org/record/491441.

_____. 2016. *A Snapshot of the World's Water Quality: Towards a Global Assessment*. Nairobi, UNEP. uneplive.unep.org/media/docs/assessments/unep_wwqa_report_web.pdf.

UNEP/UNEP-DHI/IUCN/TNC (United Nations Environment Programme/UNEP-DHI Partnership – Centre on Water and Environment/International Union for Conservation of Nature/The Nature Conservancy). 2014. *Green Infrastructure Guide for Water Management*. Ecosystem-based management approaches for water-related infrastructure projects. UNEP. wedocs.unep.org/bitstream/handle/20.500.11822/9291/-Green%20infrastructure%3a%20guide%20for%20water%20management%20%20-2014unep-dhigroup-green-infrastructure-guide-en.pdf?sequence=3&isAllowed=y.

UNEP-WCMC (United Nations Environment Programme – World Conservation Monitoring Centre). 2016. *The State of Biodiversity in Latin America and the Caribbean: A Mid-Term Review of Progress towards the Aichi Biodiversity Targets*. Paris, UNEP. www.cbd.int/gbo/gbo4/outlook-grulac-en.pdf.

UNESCAP (United Nations Economic and Social Commission for Asia and the Pacific). 2019. *Tackling Water Pollution and Promoting Efficient Water Use in Industries*. Regional perspectives – Environment and Development Policy Brief 2019/3. UNESCAP. www.unescap.org/sites/default/files/Policy%20Brief%202_12June.pdf.

UNESCAP/UNESCO/ILO/UN Environment (United Nations Economic and Social Commission for Asia and the Pacific/United Nations Educational, Scientific and Cultural Organization/International Labour Organization/United Nations Environmental Programme). 2018. *SDG6 Goal Profile. Clean Water and Sanitation – Ensure Availability and Sustainable Management of Water and Sanitation for all*. UN-Water. www.unescap.org/sites/default/files/SDG%206%20Goal%20Profile_0.pdf.

UNESCO (United Nations Educational, Scientific and Cultural Organization). 2002. *Records of the General Conference, 31st session, Paris, 15 October to 3 November 2001, Vol. 1: Resolutions*. Paris, UNESCO. unesdoc.unesco.org/ark:/48223/pf0000124687.page=67.

_____. 2011. Water. Its role in human evolution. *World Heritage*, No. 59. Paris, UNESCO.

_____. 2017. *Global Education Monitoring Report Summary 2017/18: Accountability in Education: Meeting Our Commitments*. Paris, UNESCO. unesdoc.unesco.org/ark:/48223/pf0000259338.

_____. n.d. *Local and Indigenous Knowledge Systems (LINKS)*. Paris, UNESCO. en.unesco.org/links.

UNESCO Bangkok Office. 2017. *Cultural Mapping*. UNESCO Bangkok Office website. bangkok.unesco.org/content/cultural-mapping.

UNESCO Regional Office for Eastern Africa. 2020. *Biennial Programme Synthesis Report: Implementation Period 2018–2019*. Nairobi, UNESCO Regional Office for Eastern Africa. en.unesco.org/sites/default/files/natural_science_nairobi_office_biennial_report_2018-19.pdf.

UNESCO/UNECE/UN-Water. 2018. *Progress on Transboundary Water Cooperation – Global Baseline for SDG Indicator 6.5.2*. Paris, UNESCO. www.unwater.org/publications/progress-on-transboundary-water-cooperation-652/.

UNESCO/UN-Water. 2020. *The United Nations World Water Development Report 2020: Water and Climate Change*. Paris, UNESCO. en.unesco.org/themes/water-security/wwap/wwdr/2020.

UNESCWA (United Nations Economic and Social Commission for Western Asia). 2017. *Wastewater: An Arab Perspective*. Beirut, UNESCWA. www.unescwa.org/sites/www.unescwa.org/files/page_attachments/l1700174_web_-_waste_water_-_march_2017_0.pdf.

_____. 2019a. *Moving towards Water Security in the Arab Region*. Beirut, UNESCWA. www.unescwa.org/publications/moving-towards-achieving-water-security-arab-region.

_____. 2019b. *Status Report on the Implementation of Integrated Water Resources Management in the Arab Region: Progress on SDG indicator 6.5.1*. Beirut, UNESCWA. www.unescwa.org/sites/www.unescwa.org/files/publications/files/implementation-integrated-water-resources-management-arab-countries-english.pdf.

_____. 2020a. *Arab Sustainable Development Report 2020*. Beirut, UNESCWA. asdr.unescwa.org/.

_____. 2020b. *Regional Emergency Response to Mitigate the Impact of COVID-19*. Policy Brief. UNESCWA. www.unescwa.org/sites/www.unescwa.org/files/publications/files/20-00116_rer_mitigatingimpact_covid-19_eng_april8.pdf#overlay-context=publications/socioeconomic-impact-covid-19-policy-briefs.

UNESCWA et al. 2017. *Arab Climate Change Assessment Report: Main Report*. Beirut, UNESCWA. www.riccar.org/sites/default/files/riccar/RICCAR%20Publications/Pdfs/Main%20Report/Arab%20Climate%20Change%20Assessment%20Report-%20Main%20Report_2017.pdf.

UNFPA (United Nations Population Fund). n.d. *The Human Rights-Based Approach*. UNFPA website. www.unfpa.org/human-rights-based-approach.

UNGA (United Nations General Assembly). 2007. *United Nations Declaration on the Rights of Indigenous Peoples*. Resolution adopted by the General Assembly on 13 September 2007. Sixty-first session. A/RES/61/295. http://undocs.org/en/A/RES/61/295.

_____. 2010. *The Human Right to Water and Sanitation*. Resolution adopted by the General Assembly on 28 July 2010. Sixty-fourth Session. A/RES/64/292. undocs.org/A/RES/64/292.

_____. 2015. *Transforming Our World: The 2030 Agenda for Sustainable Development*. Resolution adopted by the General Assembly on 25 September 2015. Seventieth session, A/RES/70/1. undocs.org/A/RES/70/1.

_____. 2016. *The Human Rights to Safe Drinking Water and Sanitation*. Resolution adopted by the General Assembly on 17 December 2015. Seventieth Session. A/RES/70/169. undocs.org/A/RES/70/169.

_____. 2019. *Report of the Special Rapporteur on the Human Rights to Safe Drinking Water and Sanitation*. Sixty-fourth session. A/74/197. undocs.org/A/74/197.

UN-Habitat (United Nations Human Settlements Programme). 2020. *Cities and COVID-19*. unhabitat.org/sites/default/files/2020/05/13_may_2020_-_key_messages_un-habitat_and_covid-19.pdf.

UN-Habitat/UNICEF (United Nations Human Settlement Programme/United Nations Children's Fund). 2020. *Interim Technical Note on Water, Sanitation and Hygiene for COVID-19 Response in Slums and Informal Urban Settlements*. UN-Habitat/UNICEF. unhabitat.org/sites/default/files/2020/05/un-habitat-unicef_wash_technical_note-_urban_wash_for_covid_in_informal_settlements.pdf.

UNICEF (United Nations Children's Fund). 2012. *Water, Sanitation and Hygiene (WASH) in Schools*. New York, United Nations Children's Fund. www.unicef.org/publications/files/CFS_WASH_E_web.pdf.

_____. 2016. *Collecting Water is often a Colossal Waste of Time for Women and Girls*. Press release, 29 August. UNICEF website. www.unicef.org/press-releases/unicef-collecting-water-often-colossal-waste-time-women-and-girls.

_____. 2019a. *Water under Fire: For every Child, Water and Sanitation in Complex Emergencies*. New York, UNICEF. www.unicef.org/media/51286/file.

_____. 2019b. *Guide to Menstrual Hygiene Materials*. New York, UNICEF. www.unicef.org/wash/files/UNICEF-Guide-menstrual-hygiene-materials-2019.pdf.

UNICEF/WHO (United Nations Children's Fund/World Health Organization). 2021. *The Measurement and Monitoring of Water Supply, Sanitation and Hygiene (WASH) Affordability: A Missing Element of Monitoring of Sustainable Development Goal (SDG) Targets 6.1 and 6.2*. New York/Geneva, UNICEF/WHO.

UNICEF/WHO/The World Bank Group (United Nations Children's Fund/World Health Organization). 2020. *Levels and Trends in Child Malnutrition: Key Findings of the 2020 Edition of the Joint Child Malnutrition Estimates*. Geneva, WHO. www.who.int/publications/i/item/jme-2020-edition.

UNIDO (United Nations Industrial Development Organization). 2017. *Accelerating Clean Energy through Industry 4.0: Manufacturing the Next Revolution*. T. Nagasawa, C. Pillay, G. Beier, K. Fritzsche, F. Pougel, T. K. Takama and I. Bobashev. Vienna, UNIDO. www.unido.org/sites/default/files/2017-08/REPORT_Accelerating_clean_energy_through_Industry_4.0.Final_0.pdf.

_____. n.d. *Fostering Eco-Industrial Parks in Viet Nam*. UNIDO website. www.unido.org/stories/fostering-eco-industrial-parks-viet-nam.

UNISDR (The United Nations Office for Disaster Risk Reduction). 2015. *Sendai Framework for Disaster Risk Reduction 2015–2030*. Geneva, UNISDR. www.undrr.org/publication/sendai-framework-disaster-risk-reduction-2015-2030.

United Nations. 2013. *Basin Wide Groundwater Management using the System of Nature: Kumamoto City, Japan*. 'Water for Life' UN-Water Best Practices Award, 2013 edition: Winners. www.un.org/waterforlifedecade/winners2013.shtml.

_____. 2014. *System of Environmental- Economic Accounting 2012— Central Framework*. United Nations, New York. unstats.un.org/unsd/envaccounting/seearev/seea_cf_final_en.pdf.

_____. 2018. *Sustainable Development Goal 6: Synthesis Report 2018 on Water and Sanitation*. New York, United Nations. www.unwater.org/publication_categories/sdg-6-synthesis-report-2018-on-water-and-sanitation/.

United Nations/UNESCO (United Nations Educational, Scientific and Cultural Organization). 2018. *Progress on Transboundary Water Cooperation 2018 Global Baseline for SDG Indicator 6.5.2*. Paris/New York, United Nations/UNESCO.

University of Cambridge. n.d. *What is a Value Chain? Definitions and Characteristics*. Cambridge Institute for Sustainability Leadership. University of Cambridge website. www.cisl.cam.ac.uk/education/graduate-study/pgcerts/value-chain-defs.

UNPFA (United Nations Population Fund). 2014. *The Power of 1.8 Billion – Adolescents, Youth and the Transformation of the Future*. UNPFA State of World Population 2014. New York, UNFPA www.unfpa.org/sites/default/files/pub-pdf/EN-SWOP14-Report_FINAL-web.pdf.

UNSDG (United Nations Sustainable Development Group). 2020. *Policy Brief: COVID-19 in an Urban World*. unsdg.un.org/resources/policy-brief-covid-19-urban-world.

UN-Water. 2020. *UN-Water launch Analytical Brief on Unconventional Water Resources*. Geneva, Switzerland, UN-Water. www.unwater.org/un-water-launch-analytical-brief-on-unconventional-water-resources/.

Uphoff, N. and Dazzo, F. B. 2016. Making rice production more environmentally-friendly. *Environments*, Vol. 3, No. 2, Art. 12. doi.org/10.3390/environments3020012.

Van der Ploeg, S. and De Groot, R. S. 2010. *The TEEB Valuation Database: A Searchable Database of 1310 Estimates of Monetary Values of Ecosystems Services*. Wageningen, The Netherlands, Foundation for Sustainable Development.

V

Van Vliet, M. T. H., Flörke, M. and Wada, Y. 2017. Quality matters for water scarcity. *Nature Geoscience*, Vol. 10, pp. 800–802. doi.org/10.1038/ngeo3047.

Van Wesenbeeck, B. K., Lange, G. M., Jongman, B., Bosche, L. V., Nieboer, H., Meliane, I., Holm-Nielsen, N. B., IJff, S., Balog, S. A. B., Kurukulasuriya, P. H., Kaupa, S. M. and Taishi, Y. 2017. *Implementing Nature-Based Flood Protection: Principles and Implementation Guidance*. Washington, DC, World Bank. documents1.worldbank.org/curated/en/739421509427698706/pdf/Implementing-nature-based-flood-protection-principles-and-implementation-guidance.pdf.

Vásquez, W. F. and Espaillat, R. 2016. Willingness to pay for reliable supplies of safe drinking water in Guatemala: A referendum contingent valuation study. *Urban Water Journal*, Vol. 13, No. 3, pp. 284–292. doi.org/10.1080/1573062X.2014.991741.

Villarroel Walker, R., Beck, M. B. and Hall, J. W. 2012. Water – and nutrient and energy – systems in urbanizing watersheds. *Frontiers of Environmental Science & Engineering*, Vol. 6, No. 5, pp. 596–611. doi.org/10.1007/s11783-012-0445-4.

Vilmin, L., Mogollón, J. M., Beusen, A. H. W. and Bouwman, A. F. 2018. Forms and subannual variability of nitrogen and phosphorus loading to global river networks over the 20th century. *Global Planetary Change*, Vol. 163, pp. 67–85. doi.org/10.1016/j.gloplacha.2018.02.007.

Völker, S. and Kistemann, T. 2011. The impact of blue space on human health and well-being – Salutogenetic health effects of inland surface waters: A review. *International Journal of Hygiene and Environmental Health*, Vol. 214, No. 6, pp. 449–460. doi.org/10.1016/j.ijheh.2011.05.001.

Von Lossow, T. 2016. The Rebirth of Water as a Weapon: IS in Syria and Iraq. *The International Spectator*, Vol. 51, No. 3, pp. 82–99. doi.org/10.1080/03932729.2016.1213063.

Vörösmarty, C. J., McIntyre, P. B., Gessner, M. O., Dudgeon, D., Prusevich, A., Green, P., Glidden, S., Bunn, S. E., Sullivan, C. A., Liermann, C. R. and Davies, P. M. 2010. Global threats to human water security and river biodiversity. *Nature*, Vol. 467, pp. 555–561. doi.org/10.1038/nature09440.

Vörösmarty, C. J., Rodríguez Osuna, V., Cak, A. D., Bhaduri, A., Bunn, S. E., Corsi, F., Gastelumendi, J., Green, P. A., Harrison, I., Lawford, R., Marcotullio, P. J., McClain, M., McDonald, R., McIntyre, P., Palmer, M., Robarts, R. D., Szöllösi-Nagy, A., Tessler, Z. and Uhlenbrook, S. 2018. Ecosystem-based water security and the Sustainable Development Goals (SDGs). *Ecohydrology & Hydrobiology*, Vol. 18, No. 4, pp. 317–333. doi.org/10.1016/j.ecohyd.2018.07.004.

Voulvoulis, N. 2018. Water reuse from a circular economy perspective and potential risks from an unregulated approach. *Current Opinion in Environmental Science & Health*, Vol. 2, pp. 32–45. doi.org/10.1016/j.coesh.2018.01.005.

VWI (Valuing Water Initiative). 2020. *Valuing Water: A Conceptual Framework for making Better Decisions Impacting Water*. Valuing Water Initiative.

W

Wada, Y. 2016. Modeling groundwater depletion at regional and global scales: Present state and future prospects. *Surveys in Geophysics*, Vol. 37, pp. 419–451. doi.org/10.1007/s10712-015-9347-x.

Wada, Y., Van Beek, L. P. H., Wanders, N. and Bierkens, M. F. P. 2013. Human water consumption intensifies hydrological drought worldwide. *Environmental Research Letters*, Vol. 8, No. 3, Art. 034036. doi.org/10.1088/1748-9326/8/3/034036.

Waitangi Tribunal. 1999. *The Waitangi River Report*. Wellington, GP Publications.

Walker, I., Ordonez, F., Serrano, P. and Halpern, J. 2000. *Pricing, Subsidies and the Poor: Demand for Improved Water Services in Central America*. World Bank Policy Research Working Paper, No. 2468. Washington, DC, World Bank. openknowledge.worldbank.org/handle/10986/19770. License: CC BY 3.0 IGO.

Wang, C. 2018. Scientific culture and the construction of a world leader in science and technology. *Cultures of Science*, Vol. 1, No. 1, pp. 1–13. doi.org/10.1177/209660831800100102.

Ward, A. J., Arola, K., Brewster, E. T., Mehta, C. M. and Batstone, D. J. 2018. Nutrient recovery from wastewater through pilot scale electrodialysis. *Water Research*, Vol. 135, pp. 57–65. doi.org/10.1016/j.watres.2018.02.021.

Ward, F. A. and Pulido-Velazquez, M. 2008. Water conservation in irrigation can increase water use. *Proceedings of the National Academy of Sciences of the United States of America*, Vol. 105, No. 47, pp. 18215–18220. doi.org/10.1073/pnas.0805554105.

_____. 2009. Incentive pricing and cost recovery at the basin scale. *Journal of Environmental Management*, Vol 90, pp. 293–313. doi.org/10.1016/j.jenvman.2007.09.009.

Water Footprint Network. n.d. *What is a Water Footprint?* Water Footprint Network website. waterfootprint.org/en/water-footprint/what-is-water-footprint/.

Water Integrity Network. 2016. *The Water Integrity Global Outlook 2016*. Berlin, Water Integrity Network. www.waterintegritynetwork.net/wigo/.

Waterlution. 2020. *Impact & Learnings of the Great Canoe Journey*. Oakville, Ont., Waterlution. waterlution.org/wp-content/uploads/2020/05/GCJ-Impact-and-Learning-Report-1.pdf.

WBCSD (World Business Council for Sustainable Development). 2012. *Water Valuation: Building the Business Case*. Geneva/Washington, DC, WBCSD. www.wbcsd.org/Programs/Food-and-Nature/Water/Resources/Water-valuation-Building-the-business-case.

_____. 2013. *Business Guide to Water Valuation: An Introduction to Concepts and Techniques*. Geneva/Washington, DC, WBCSD. www.wbcsd.org/Programs/Food-and-Nature/Water/Resources/Business-Guide-to-Water-Valuation-an-introduction-to-concepts-and-techniques.

_____. 2018. *WASH Pledge Impact Report: Maximizing the Business Contribution towards Water, Sanitation and Hygiene*. Geneva, WBCSD. www.wbcsd.org/Programs/Food-and-Nature/Water/Water-stewardship/WASH-access-to-water-sanitation-and-hygiene/Resources/WASH-Pledge-impact-report-Maximizing-the-business-contribution-towards-water-sanitation-and-hygiene.

Wehn de Montalvo, U. and Alaerts, G. 2013. Leadership in knowledge and capacity development in the water sector: A status review. *Water Policy*, Vol. 15, No. S2, pp. 1–14. doi.org/10.2166/wp.2013.109.

Wheeler, S. A., Carmody, E., Grafton, R. Q., Kingsford, R. T. and Zuo, A. 2020. The rebound effect on water extraction from subsidising irrigation infrastructure in Australia. *Resources, Conservation and Recycling*, Vol. 159, Art. 104755. doi.org/10.1016/j.resconrec.2020.104755.

Whitelaw, E. and MacMullan, E. 2002. A Framework for Estimating the Costs and Benefits of Dam Removal: Sound cost–benefit analyses of removing dams account for subsidies and externalities, for both the short and long run, and place the estimated costs and benefits in the appropriate economic context. *BioScience*, Vol. 52, No. 8, pp. 724–730. doi.org/10.1641/0006-3568(2002)052[0724:AFFETC]2.0.CO;2.

Whittington, D., Nauges, C., Fuente, D. and Wu, X. 2015. A diagnostic tool for estimating the incidence of subsidies delivered by water utilities in low- and medium-income countries, with illustrative simulations. *Utilities Policy*, Vol. 34, pp. 70–81. doi.org/10.1016/j.jup.2014.12.007.

WHO (World Health Organization). 2012. *Global Costs and Benefits of Drinking-Water Supply and Sanitation Interventions to Reach the MDG Target and Universal Coverage*. Geneva, World Health Organisation. www.who.int/water_sanitation_health/publications/global_costs/en/.

_____. 2015. *Investing to Overcome the Global Impact of Neglected Tropical Diseases*. Third WHO report on neglected tropical diseases. Geneva, WHO. www.who.int/neglected_diseases/9789241564861/en/.

_____. 2017. *UN-Water Global Analysis and Assessment of Sanitation and Drinking-Water (GLAAS) 2017 Report: Financing Universal Water, Sanitation and Hygiene under the Sustainable Development Goals*. Geneva, WHO. www.unwater.org/publications/un-water-glaas-2017-financing-universal-water-sanitation-hygiene-sustainable-development-goals/.

_____. 2020a. *Recommendations to Member States to Improve Hand Hygiene Practices to Help Prevent the Transmission of the COVID-19 Virus*. Interim guidance 1 April 2020. WHO. www.who.int/publications/i/item/recommendations-to-member-states-to-improve-hand-hygiene-practices-to-help-prevent-the-transmission-of-the-covid-19-virus.

_____. 2020b. *Schistosomiasis. Key Facts*. WHO website. www.who.int/news-room/fact-sheets/detail/schistosomiasis.

_____. 2020c. *Trachoma. Key Facts*. WHO website. www.who.int/news-room/fact-sheets/detail/trachoma.

_____. 2020d. *Soil-Transmitted Helminth Infections. Key Facts*. WHO website. www.who.int/news-room/fact-sheets/detail/soil-transmitted-helminth-infections.

_____. 2020e. *Hygiene: UN-Water GLAAS Findings on National Policies, Plans, Targets and Finance*. Geneva, WHO. www.unwater.org/publications/hygiene-un-water-glaas-findings-on-national-policies-plans-targets-and-finance/. Licence: CC BY-NC-SA 3.0 IGO.

_____. n.d. *Burden of Disease SDG 3.9.2 – Mortality Rate attributed to Unsafe Water, Unsafe Sanitation and Lack of Hygiene (Exposure to Unsafe Water, Sanitation and Hygiene for All (WASH))*. Global Health Observatory data repository, WHO. apps.who.int/gho/data/node.main.INADEQUATEWSH?lang=en.

WHO/UNICEF (World Health Organization/United Nations Children's Fund). 2016. *Inequalities in Sanitation and Drinking Water in Latin America and the Caribbean*. washdata.org/report/lac-snapshot-wash-2016-en.

_____. 2017a. *Progress on Drinking Water, Sanitation and Hygiene: 2017 Update and SDG Baselines*. Geneva/New York, WHO/UNICEF. www.unicef.org/publications/index_96611.html.

_____. 2017b. *WASH in the 2030 Agenda: New Global Indicators for Drinking Water, Sanitation and Hygiene*. Geneva/New York, WHO/UNICEF. www.who.int/water_sanitation_health/monitoring/coverage/wash-post-2015-brochure/en/.

_____. 2018. *Drinking Water, Sanitation and Hygiene in Schools: Global Baseline Report 2018*. New York/Geneva, UNICEF/WHO. www.unicef.org/media/47671/file/JMP-WASH-in-Schools-ENG.pdf.

_____. 2019a. *Progress on Household Drinking Water, Sanitation and Hygiene 2000–2017. Special Focus on Inequalities*. New York, UNICEF/WHO. data.unicef.org/resources/progress-drinking-water-sanitation-hygiene-2019/.

_____. 2019b. *Water, Sanitation and Hygiene in Health Care Facilities: Practical Steps to Achieve Universal Access*. Geneva, World Health Organization. apps.who.int/iris/handle/10665/311618.

WHO/UNICEF/UNFPA/World Bank/UN Population Division (World Health Organization/United Nations Children's Fund/United Nations Population Fund). 2019. *Trends in Maternal Mortality: 2000 to 2017*. Geneva, WHO. https://apps.who.int/iris/handle/10665/327596.

Willems, W. and Van Schaik, H. (eds.). 2015. *Water and Heritage: Material, Conceptual and Spiritual Connections*. Leiden, The Netherlands, Sidestone Press. www.sidestone.com/books/water-heritage.

Willett, W., Rockström, J., Loken, B., Springmann, M., Lang, T., Vermeulen, S., Garnett, T., Tilman, D., DeClerck, F., Wood, A., Jonell, M., Clarck, M., Gornon, L. J., Fanzo, J., Hawkes, C., Zurayk, R., Rivera, J. A., De Vries, J., Sibanda, L. M., Afshim, A., Chaudhary, A., Herrero, M., Agustina, R., Branca, F., Lartey, A., Fan, S., Crona, B., Fox, E., Bignet, V., Troell, M., Lindahl, T., Singh, S., Cornell, S. E., Reddy, K. S., Narain, S., Nishtar, S. and Murray, C. J. L. 2019. Food in the Anthropocene: The EAT–Lancet Commission on healthy diets from sustainable food systems. *Lancet*, Vol. 393, No. 10170, pp. 447–492. doi.org/10.1016/S0140-6736(18)31788-4.

Wisser, D., Frolking, S., Hagen, S. and Bierkens, M. F. 2013. Beyond peak reservoir storage? A global estimate of declining water storage capacity in large reservoirs. *Water Resources Research*, Vol. 49, No. 9, pp. 5732–5739. doi.org/10.1002/wrcr.20452.

WMO (World Meteorological Organization), 2009. *Guide to Hydrological Practices Volume II: Management of Water Resources and Application of Hydrological Practices*. WMO-No. 168, Sixth edition. Geneva, WMO. library.wmo.int/index.php?lvl=notice_display&id=543.

_____. 2019. *Guidance on Environmental Flows: Integrating E-flow Science with Fluvial Geomorphology to Maintain Ecosystem Services*. Geneva, WMO. library.wmo.int/doc_num.php?explnum_id=9808.

Wolf, A. 2017. *The Spirit of Dialogue: Lessons from Faith Traditions in Transforming Conflict*. Washington, DC, Island Press.

Wolf, J., Hunter P. R., Freeman, M. C., Cumming, O., Clasen, T., Bartram, J., Higgins, J. P. T., Johnston, R., Medlicott, K., Boisson, S. and Prüss-Ustün, A. 2018. Impact of drinking water, sanitation and handwashing with soap on childhood diarrhoeal disease: Updated meta-analysis and meta-regression. *Tropical Medicine and International Health*. Vol. 23, No. 5, pp. 508–525. doi.org/10.1111/tmi.13051.

World Bank. 2003. *Capacity Enhancement Indicators: Review of the Literature*. WBI Evaluation Studies No. EG03-72. Washington, DC, World Bank. documents.worldbank.org/en/publication/documents-reports/documentdetail/651641468762909851/capacity-enhancement-indicators-review-of-the-literature.

_____. 2007. *World Development Report 2008: Agriculture for Development*. Washington, DC, World Bank. openknowledge.worldbank.org/handle/10986/5990. License: CC BY 3.0 IGO.

_____. 2015. *Economic Assessment of Sanitation Interventions in Southeast Asia: A Six-Country Study conducted in Cambodia, Indonesia, Lao PDR, the Philippines, Vietnam and Yunnan Province (China) under the Economics of Sanitation Initiative*. Washington, DC, World Bank. www.wsp.org/sites/wsp/files/publications/WSP-ESI-EAP-Synthesis-Report.pdf.

_____. 2016a. *High and Dry: Climate Change, Water, and the Economy*. Washington, DC, World Bank. openknowledge.worldbank.org/handle/10986/23665. License: CC BY 3.0 IGO.

_____. 2016b. *Poverty and Shared Prosperity 2016: Taking on Inequality*. Washington, DC, World Bank. openknowledge.worldbank.org/handle/10986/25078. License: CC BY 3.0 IGO.

_____. 2016c. *Regional Power Trade. Unrealized Benefits for Central Asia for 2010–2014*. Washington, DC, World Bank. www.carecprogram.org/uploads/Regional-Power-Trade-Unrealized-Benefits-for-Central-Asia-for-2010-2014.pdf.

_____. 2017. *Implementing Nature-Based Flood Protection: Principles and Implementation Guidance*. Washington, DC, World Bank. documents1.worldbank.org/curated/en/739421509427698706/pdf/Implementing-nature-based-flood-protection-principles-and-implementation-guidance.pdf.

_____. 2018. *Menstrual Hygiene Management Enables Women and Girls to Reach Their Full Potential*. World Bank website. www.worldbank.org/en/news/feature/2018/05/25/menstrual-hygiene-management.

_____. 2019. *Women in Water Utilities: Breaking Barriers*. Washington, DC, World Bank. openknowledge.worldbank.org/handle/10986/32319. License: CC BY 3.0 IGO.

_____. 2020. *World Bank Open Data*. data.worldbank.org/ (Accessed September 2020)

World Commission on Dams. 2000. *Dams and Development: A New Framework for Decision-Making: The Report of the World Commission on Dams*. London, Earthscan.

World Economic Forum. 2018. *Harnessing the Fourth Industrial Revolution for Water*. Geneva, World Economic Forum. www3.weforum.org/docs/WEF_WR129_Harnessing_4IR_Water_Online.pdf.

_____. 2019. *The Global Risks Report 2019*. World Economic Forum. www.weforum.org/reports/the-global-risks-report-2019.

Worthington, A. C. and Hoffman, M. 2008. An empirical survey of residential water demand modelling. *Journal of Economic Surveys*, Vol. 22, No. 5, pp. 842–871. doi.org/10.1111/j.1467-6419.2008.00551.x.

WRI (World Resources Institute). 2019. WRI Aqueduct website. www.wri.org/aqueduct.

WWAP (UNESCO World Water Assessment Programme). 2012. *The United Nations World Water Development Report 4: Managing Water under Uncertainty and Risk*. Paris, UNESCO. www.unesco.org/new/en/natural-sciences/environment/water/wwap/wwdr/wwdr4-2012/.

_____. 2015. *The United Nations World Water Development Report 2015: Water for a Sustainable World*. Paris, UNESCO. www.unesco.org/new/en/natural-sciences/environment/water/wwap/wwdr/2015-water-for-a-sustainable-world/.

_____. 2016. *The United Nations World Water Development Report 2016: Water and Jobs*. Paris, UNESCO. unesdoc.unesco.org/ark:/48223/pf0000243938.

_____. 2017. *The United Nations World Water Development Report 2017. Wastewater: The Untapped Resource*. Paris, UNESCO. www.unesco.org/new/en/natural-sciences/environment/water/wwap/wwdr/2017-wastewater-the-untapped-resource/.

WWAP (World Water Assessment Programme)/UN-Water. 2018. *The United Nations World Water Development Report 2018: Nature-Based Solutions for Water*. Paris, UNESCO. www.unesco.org/new/en/natural-sciences/environment/water/wwap/wwdr/2018-nature-based-solutions/.

_____. 2019. *The United Nations World Water Development Report 2019: Leaving No One Behind*. Paris, UNESCO. en.unesco.org/themes/water-security/wwap/wwdr/2019.

WWC/OECD (World Water Council/Organisation for Economic Co-operation and Development). 2015. *Water: Fit to Finance? Catalyzing National Growth through Investment in Water Security*. Report of the High Level Panel of Financing Infrastructure for a Water-Secure World. World Water Council/Organisation for Economic Co-operation and Development (WWC/OECD). www.worldwatercouncil.org/sites/default/files/Thematics/WWC_OECD_Water_fit_to_finance_Report.pdf.

WWF (World Wide Fund for Nature). 2003. *An Investor's Guide to Dams*. DamRight! WWF's Dams Initiative. London, WWF. wwfint.awsassets.panda.org/downloads/investorsguidedams.pdf.

_____. 2019a. *Linking Water Risk and Financial Value – Part II: Review of Water Risk Valuation Tools*. WWF Germany. wwfint.awsassets.panda.org/downloads/wwf_waterrisk_financialvalue_part2_web.pdf.

_____. 2019b. *Valuing Water Database*. waterriskfilter.panda.org/en/Value/ValuationApproachFinder. (Accessed November 2020)

WWF/IFC (World Wildlife Fund/International Finance Corporation). 2015. *The Value of Water: A Framework for Understanding Water Valuation, Risk and Stewardship*. Discussion draft, August 2015. WWF/IFC. wwfint.awsassets.panda.org/downloads/the_value_of_water_discussion_draft_final_august_2015.pdf.

X

Xie, J. 2009. *Addressing China's Water Scarcity: Recommendations for Selected Water Resource Management Issues*. Washington DC, World Bank. openknowledge.worldbank.org/handle/10986/2585. License: CC BY 3.0 IGO.

Y

Yao, H., You, Z. and Liu, B. 2016. Economic estimation of the losses caused by surface water pollution accidents in China from the perspective of water bodies' functions. *International Journal of Environmental Research and Public Health*, Vol. 13, No. 2, Art. 154. doi.org/10.3390/ijerph13020154.

Yokwe, S. 2009. Water productivity in smallholder irrigation schemes in South Africa. *Agricultural Water Management*, Vol. 96, No. 8, pp. 1223–1228. doi.org/10.1016/j.agwat.2009.03.012.

Young, R. 1996. *Measuring Economic Benefits for Water Investments and Policies*. World Bank Technical Paper No. 338. Washington, DC, World Bank. elibrary.worldbank.org/doi/abs/10.1596/0-8213-3745-9.

Young, R. and Loomis, J. 2014. *Determining the Economic Value of Water: Concepts and Methods*. Second edition. Abingdon, UK, RFF Press and Routledge.

Yu, W. H. 2008. *Benefit Sharing in International Rivers: Findings from the Senegal River Basin, the Columbia River Basin, and the Lesotho Highlands Water Project*. Report no. 46456, Africa Region Water Resources Unit Working Paper 1. The World Bank. documents1.worldbank.org/curated/en/159191468193140438/pdf/464560NWP0P1121g0AFTWR0YU301PUBLIC1.pdf.

Zhu, T., Ringler, C. and Rosegrant, M. W. 2019. Viewing agricultural water management through a systems analysis lens. *Water Resources Research*, Vol. 55, No. 3, pp. 1778–1791. doi.org/10.1029/2017WR021007.

Zheng, Y., Ross, A., Villholth, K. G. and Dillon, P. (eds.). Forthcoming. *Managing Aquifer Recharge: A Showcase for Resilience and Sustainability*. UNESCO/IAH-GRIPP.

Zhulidov, A. V., Khlobystov, V. V., Robarts, R. D. and Pavlov, D. F. 2000. Critical analysis of water quality monitoring in the Russian Federation and former Soviet Union. *Canadian Journal of Fisheries and Aquatic Sciences*, Vol. 57, No. 9, pp. 1932–1939. doi.org/10.1139/cjfas-57-9-1932.

缩略语和缩写词

AWS	水资源管理联盟
BAFWAC	水与气候商业联盟
BCE	公元前
BCR	效益成本比
BOD	生化需氧量
CAPEX	资本支出
CAREC	中亚地区环境中心
CBA	成本—效益分析，或成本法
CDP	碳信息披露项目（旧称）
CE	公元
COSVF	结转存储值函数
COVID-19	新型冠状病毒感染
CSP	聚光太阳能
CSR	企业社会责任
CV	条件估值法
DALYs	伤残调整寿命年
DRR	减少灾害风险
EBA	基于生态系统的方法
EBITDA	未计利息、税项、折旧及摊销前的利润
ECSA	欧洲公众科学协会
EDF	法国电力公司
EED	环境性肠功能障碍
EIB	能源、工业和商业
ESD	可持续发展教育
ESG	环境、社会和治理
EU	欧盟
EWS	预警系统
FAO	联合国粮食及农业组织
FLW	粮食损失和浪费
FONAFIFO	国家林业融资基金（哥斯达黎加）
FP2E	私营水务运营商联合会（法国）
FSL	住房团结基金（法国）
GCC	海湾合作委员会
GCEC	全球经济和气候委员会
GDP	国内生产总值
GEMS	全球环境监测系统
GHG	温室气体
GHS	加纳国家卫生局
GLAAS	全球环境卫生和饮用水分析和评估
GRDC	全球径流数据中心
GWI	国际水务情报局
GWOPA	全球水务运营商伙伴联盟
GWP	全球水伙伴
HLPW	水问题高级别小组
HRBA	基于人权的方法
HRC	人权理事会
HSAC	水电可持续性评估协议
IAHS	国际水文科学协会
HSE	健康、安全和环境
IAHR	国际水利与环境工程学会
IBT	分段税率
ICOMOS	国际古迹遗址理事会
ICT	信息和通信技术
ICWC	水合作国际中心
IOA	国际脱盐协会
IEA	国际能源署
IFAD	国际农业发展基金
IFC	国际金融公司
IHA	国际水电协会
IHE-DELFT	荷兰国际水利环境工程学院
IPBES	生物多样性和生态系统服务政府间科学政策平台
IWGIA	土著事务国际工作组
IW:LEARN	国际水域学习交流和资源网络
IWMI	国际水资源管理研究所
IWRM	水资源综合管理
LAC	拉丁美洲和加勒比

LIK	本土知识
LOT	物联网
MAR	可管理的含水层补给
MDGs	千年发展目标
MHM	经期卫生管理
NGO	非政府组织
NOAA	美国国家海洋和大气管理局
NTD	被忽视的热带疾病
OECD	经济合作与发展组织
O&M	运营维护
OMVS	塞内加尔河流域开发局
OPEC	石油输出国组织
OPEX	运营支出
PCCP	从潜在冲突到合作潜力
PES	生态系统服务付费办法
PIDA	非洲基础设施发展计划
PIMMS	多服务点信息（法国）
POPs	持久性有机污染物
RBO	流域组织
RECP	资源高效型清洁生产
RVM	余值估计法
SDGs	可持续发展目标
SEEA	环境经济核算体系
SIWI	斯德哥尔摩国际水资源研究所
SME	中小型企业
SRI	水稻强化栽培系统
STH	土壤传播蠕虫病
SWPA	地表水污染事故
TBNA	跨界流域联动评估
TEEB	生态系统和生物多样性经济学
TEV	总经济价值
UK	英国
UN	联合国
UNDP	联合国开发计划署
UNECE	联合国欧洲经济委员会
UNEP	联合国环境规划署
UNEP-DHI	联合国环境规划署 – 丹麦水文研究所
UNESCO	联合国教育、科学及文化组织
UNECLAC	联合国拉丁美洲和加勒比经济委员会
UNESCO-IHP	联合国教科文组织政府间水文计划
UN-HABITAT	联合国人类住居规划署
UNESCAP	联合国亚洲及太平洋经济社会委员会
UNESCWA	联合国西亚经济社会委员会
UNFPA	联合国人口基金
UNGA	联合国大会
UNICEF	联合国儿童基金会
UNIDO	联合国工业发展组织
UNISDQ	联合国国际减灾战略
UNSDG	联合国可持续发展集团
URV	单位参考值
USA	美国
VWBA	体积水效益核算
VWI	珍惜水、爱护水的倡议组织
WaPOR	水分生产率开放门户
WARMA	水资源管理局（赞比亚）
WASH	供水、公共卫生设施和个人卫生服务
WAVES	财富核算与生态系统服务价值评估
WBCSD	世界可持续发展工商理事会
WBSCD	世界企区永续发展委员会
WFD	水框架指令
WFP	世界粮食计划署
WHO	世界卫生组织
WMO	世界气象组织
WSP	水利服务提供商
WPS	水、和平和安全
WTA	接受意愿
WTP	支付意愿
WWAP	世界水评估计划
WWF	世界自然基金会
WWTP	污水处理厂

框注、插图和表格

框注

插图

表格